自然怪象

小小生物真神奇
XIAO XIAO SHENG WU ZHEN SHEN QI

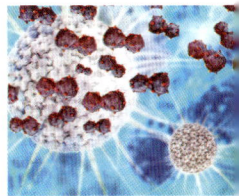

孙常福 / 编 著

中国大百科全书出版社

图书在版编目（CIP）数据

小小生物真神奇 / 孙常福编著. —北京：中国大百科全书出版社，2016.1
（探索发现之门）
ISBN 978-7-5000-9811-9

Ⅰ. ①小… Ⅱ. ①孙… Ⅲ. ①生物 – 青少年读物 Ⅳ. ①Q-49

中国版本图书馆CIP数据核字（2016）第 024467 号

责任编辑：徐君慧　徐世新
封面设计：大华文苑

出版发行：中国大百科全书出版社
（地址：北京阜成门北大街 17 号　邮政编码：100037　电话：010-88390718）
网址：http://www.ecph.com.cn
印刷：青岛乐喜力科技发展有限公司
开本：710 毫米 × 1000 毫米　1/16　印张：13　字数：200 千字
2016 年 1 月第 1 版　2019 年 1 月第 2 次印刷
书号：ISBN 978-7-5000-9811-9
定价：52.00 元

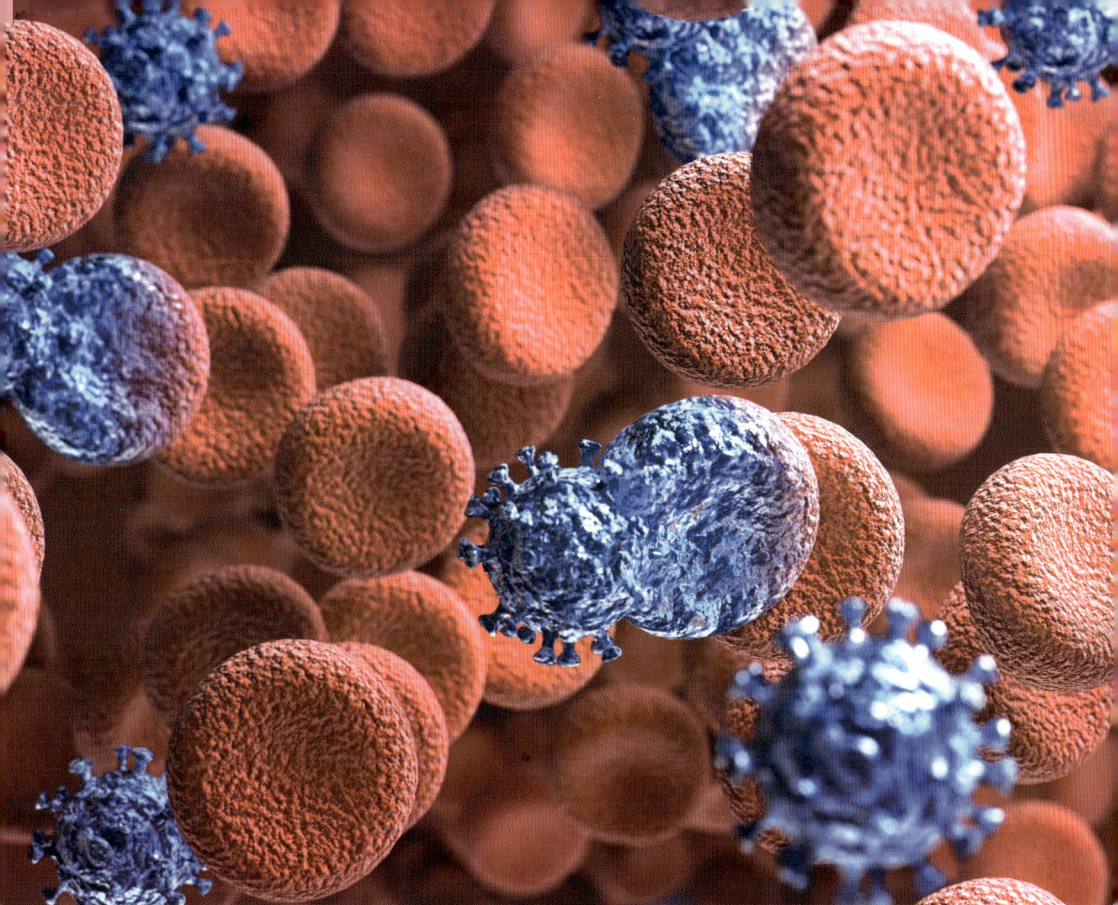

前 言
PREFACE

自然世界丰富多彩，我们吃的、穿的、用的都取之于自然。大自然用水、空气及一切资源养育着我们。自然环境是我们赖以生存的、永远离不开的保障。资源有限，自然有情，我们要爱护环境、关心自然、亲近自然、认识自然。

我们每天享受着大自然所带给我们的一切，然而又有谁能够清楚地知道我们生活在其中的大自然究竟是什么样子？大自然中有着许许多多奇妙的现象，这是大自然的语言，也是大自然的面纱，只有细心的人才能知晓。

在自然世界里，生物多样性的特点决定了自然界充满了许多神奇物种。在全球范围内，奇异植物可谓数不胜数——有一叶障目的"神草"，有会欣赏音乐及跳舞的植物，有能吃昆虫的花草……植物界真是多姿多彩，其中隐藏着无数疑问：葵花为什么总是围着太阳转？仙人掌为什么能在干旱的沙漠里生存？植物有性别之分吗？……

自然界物种千千万万，特别是在浩瀚的海洋中，蕴藏着丰富的生物资源，无奇不有，生动有趣。各种各样的物种或因环境变异，或因基因突变，呈现出缤纷多彩的生命体态。随着人类的探索发现，这些怪异物种逐渐被我们所认识，极大地丰富了人类的知识宝库。

在大自然中，微生物是一大类我们看不见的微小生物，通常要用光学显微镜和电子显微镜才能看清。微生物界是一个比人类世界要丰富得多的微观世界，包括细菌、病毒、真菌等。微生物虽然个体微小、结构简单，却有我们所不具备的强大本领：能够治理环境污染，可以为人类治病，能够制造粮食，甚至还可以提取金属……

人类一直没有停止探索和认识自然的脚步，探险的足迹几乎遍布全球，人们向大自然发起的一次又一次的挑战简直令人叹为观止。有人闯荡杳无人迹的海角天涯；有人九死一生去探索未曾有人涉足的高山大川；更有人因为意外，面临绝境仍矢志不渝。总之，自然无限，探索无尽。

大自然的神奇力量塑造了地球的面貌、主宰着四季的变化，既混沌有序，又相互影响。大自然所隐藏的奥秘无穷无尽，真是无奇不有、怪事迭

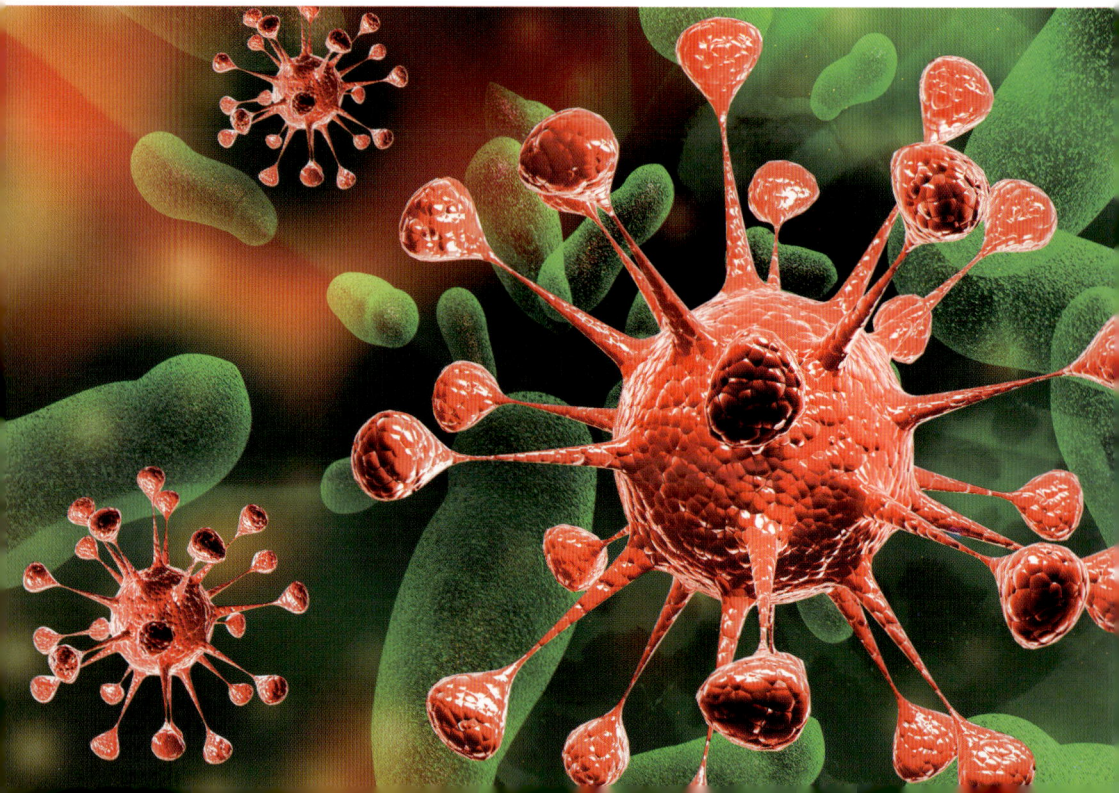

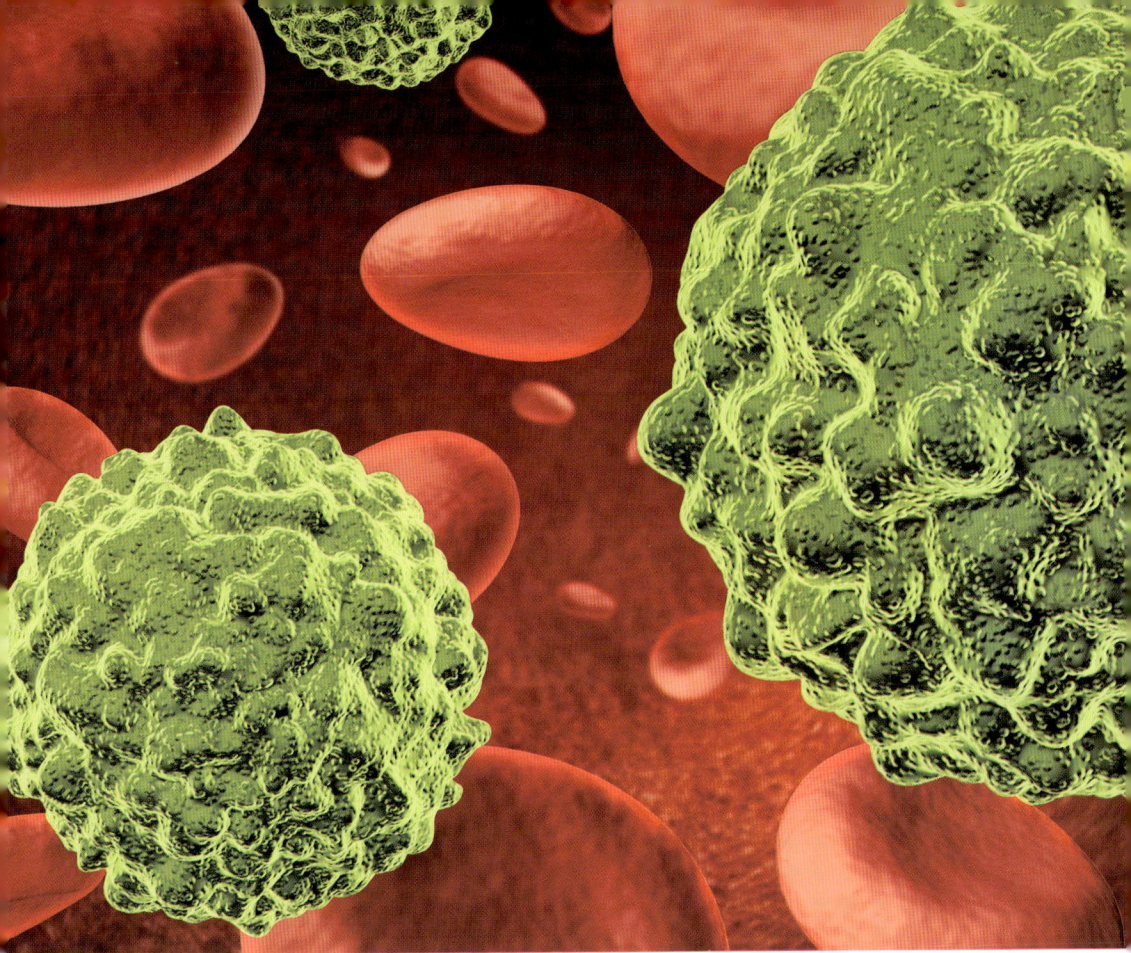

出、奥妙无穷、神秘莫测。许许多多的难解之谜使我们对自己的生存环境捉摸不透。破解这些谜团，有助于人类社会向更高层次不断迈进。

为了普及科学知识，激励广大读者认识和探索大自然的无穷奥妙，我们根据中外最新研究成果，编写了本套丛书。本丛书主要包括植物、动物、探险、灾难等内容，具有很强的系统性、科学性、可读性和新奇性。

本丛书内容精炼、通俗易懂、图文并茂、形象生动，能够培养人们对科学的兴趣和爱好，是广大读者增长知识、开阔视野、提高素质的良好科普读物。

Contents 目录

微生物奇迹

本领强大的微生物   002

制造美食的微生物   012

超级微生物的本领   022

能够治病的微生物   028

新颖的微生物食品   034

奇妙的生物"指北针"   040

有特殊本领的微生物   046

能够保护环境的微生物   050

制造瘟疫的病菌   054

威胁人健康的病菌   062

败坏食品的腐败菌   066

噬菌如命的噬菌体   068

人类社会的"隐形"杀手   070

微生物大观

"小人国"里的主角   080

微生物王国奇观   086

微生物的变异功能   092

细菌的生存需求   098

绚丽多姿的霉菌   104

田园奇才放线菌   112

害人又救人的微生物   120

微生物中的"少数民族"   124

真菌的营养和药用价值   126

食物和炸药中的微生物   138

细菌织布不是天方夜谭   144

工农业生产的好帮手   146

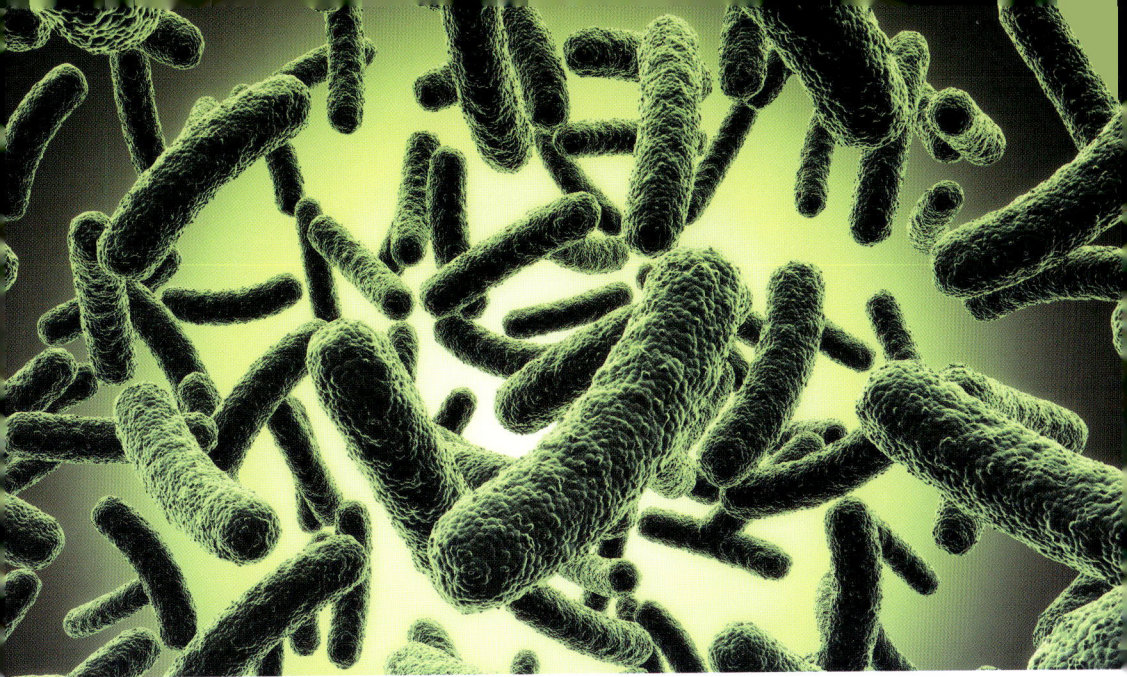

微生物探秘

微生物是如何发现的　　**156**

微生物的种类有多少　　**162**

微生物离开氧气能活吗　　**166**

微生物是地球"清道夫"　　**168**

细菌都会危害人类吗　　**172**

寄生菌的威力有多大　　**174**

六〇五次试验后的发明　　**178**

青霉菌是如何被发现的　　**186**

消灭有害细菌的方法　　**192**

病毒为何是细菌的克星　　**196**

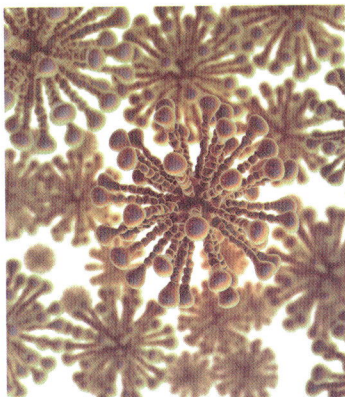

微生物奇迹 ▌

Ben Ling
Qiang Da De
Wei Sheng Wu

本领强大的
微生物

微生物的大小

微生物早在32亿年前就存在于地球上了。只是由于它们个头小，直到17世纪晚期列文虎克发明了显微镜以后，微生物世界才向人类展示出它们迷人的无穷奥秘。

说它们个头小，一点都没有夸大其词。它们小，小到连肉眼都看不见，因为我们肉眼只能看到1／10毫米以上的东西。而几万万个微生物堆在一起，也只有一粒小米粒那么大，可见它们体积有多么小了。

虽然微生物的体积是如此之小，但还是可以被测量的。当然，测量的工具就不能是现在一般家庭或学生使用的普通尺了。因为这些尺的最小单位是毫米，而用毫米作为微生物的长度单位，未免太"浪费"了。一般来说，微生物的大小我们用微米或者纳米来衡量。

微米到底有多大呢？将1毫米平均分成1000份，其中的一份才是1微米。再将这一丁点儿分成1000份，取其中的一份，才是1纳米。

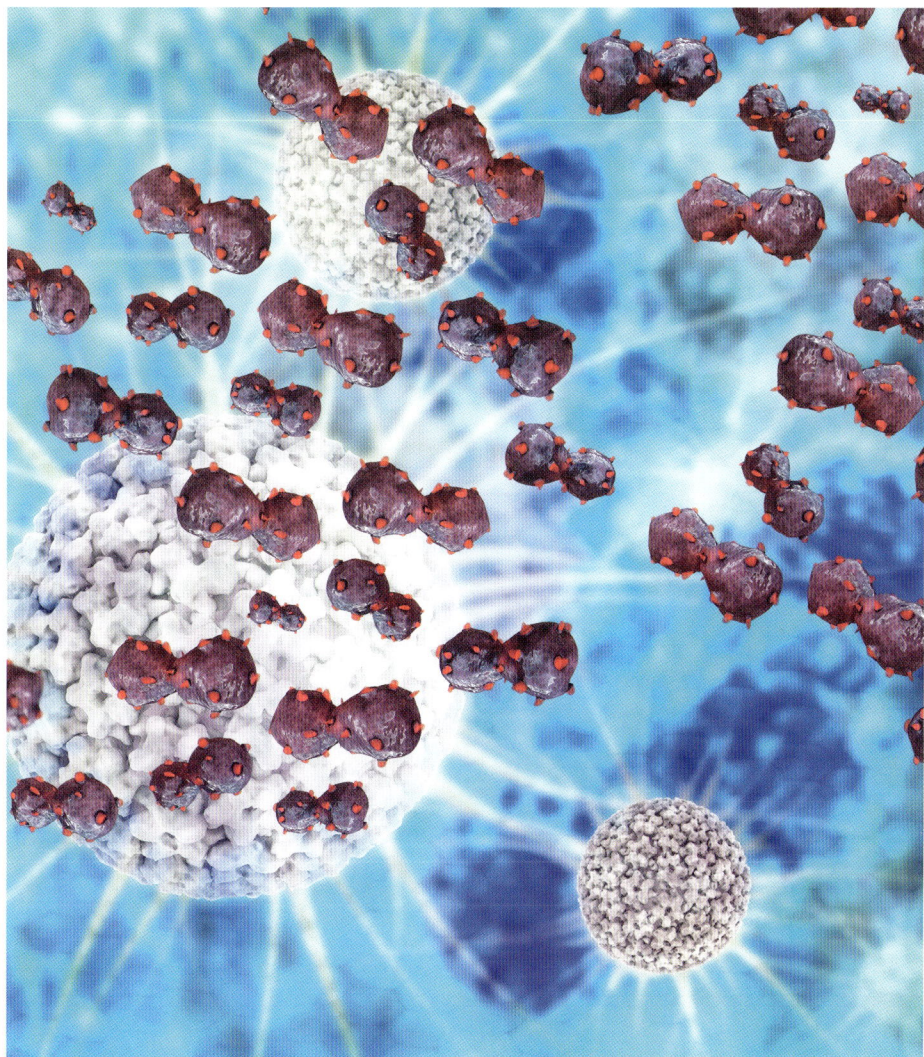

微生物的本领

别看微生物的个头小，本领可不小。它们也有自己的飞机、轮船。空中纷飞的灰尘是它们无拘无束随风游荡的热气球；丑陋的苍蝇是它们巨大的波音747，光一只苍蝇的脚就能运载好几万个微生物乘客呢；水面上随波逐流的土粒是它们的游艇；漂浮的树叶、小枝是它们的航空母舰。

这些逍遥的家伙，寻个机会就搭乘这些飞机、轮船……到处游览世界名胜，美国的自由女神像、法国的凯旋门、日本的富士山……哪儿没留下它们的"倩影"？

　　小家伙跑到医院里，看见那儿有好多好多被病痛折磨的病人，善良的它们献出自己的劳动产品——抗生素，医生们笑了，病人们康复了，这些逍遥的小家伙们又开始漫游了。

　　小家伙还很调皮，它时不时就钻入人体的肠道、血管作起恶来，让人们爱它也不是，恨它也不是。这时人们只有动用全身的免疫系统才能抗击它们。

　　不要小瞧这些体积小的微生物，人"菌"之战到底鹿死谁手还不得而知呢！有许多次，人类在它们强大的攻势面前都不得不缴械投降，或者只有借助于其他的微生物来对付。

　　小家伙的本事太大了，它能腐朽木材，仅在英国，每年给木材造成的损失就达三四亿美元！而且，它还能在计算机电子回路的塑料表面繁殖，使整个系统出现故障，造成不可估量的损失！

下图：本领强大、无处不在的微生物在显微镜下的身影。

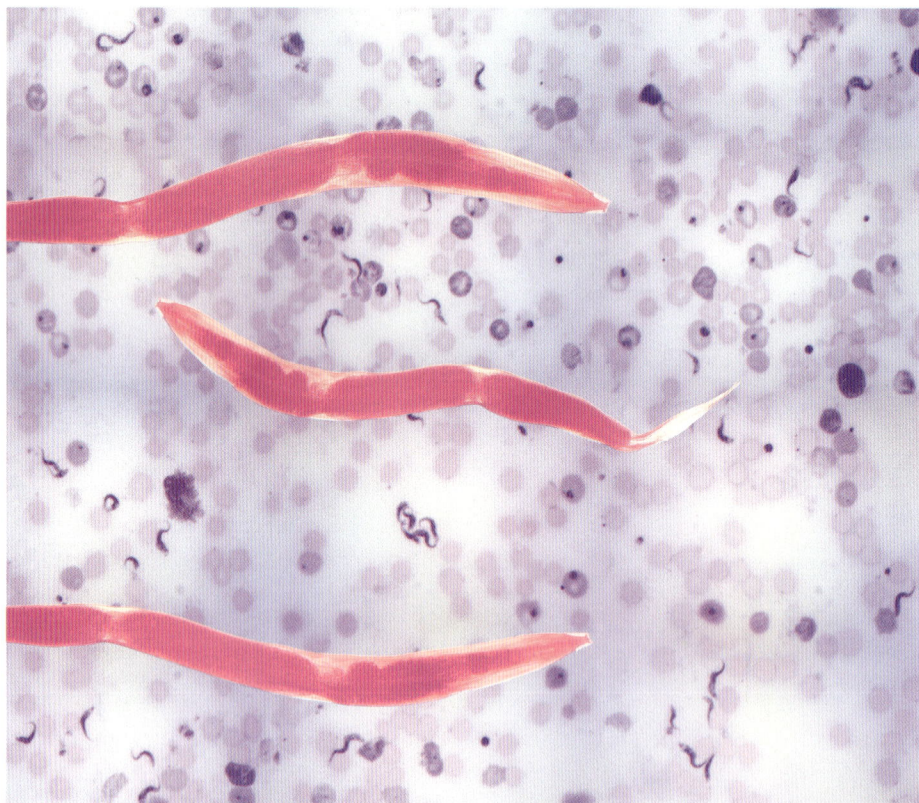

微生物的能量

这么一点点的小个头，怎么会有如此高强的本领呢？究其原因，不外乎以下几条：一是吃得多、吸收得多、转化迅速；二是长得快、繁殖快、能吃苦，不论在多么艰难的环境中它都能随机应变，不仅顽强地活下去，还顽强地养儿育女……归根结底一句话：这小家伙是个"鬼精灵"，鬼就鬼在它的这个"小"字上啦！

为什么这样说呢？其实自然界有一个普遍的规律：任何物体被分割得越小，其单位体积中物体所占有的表面积就越大。

若以人体的面积与体积的比值作为标准"1"的话，与人体等重的大肠杆菌，它的面积与体积的比值为人的30万倍！

这种小体积、大面积的特点造就了世间微小的"巨人"，它使得这个迷你生物更容易与周围环境进行物质交换，更容易与外界进行能量和信息交流，也就使得这个逍遥"小子"能把"秤砣虽小压千斤"这句话诠释得如此生动了。

地球上，出入国家最容易的恐怕就算微生物了，不用办护照、不用买机票，随便寻个人啊、箱子啊，随着他们搭上民航班机就走。要不，干脆腾云驾雾，随着风儿、鸟儿甚至苍蝇，想上哪儿就上哪儿，轻轻松松逛遍美国、加拿大……真是货真价实的"世界公民"！

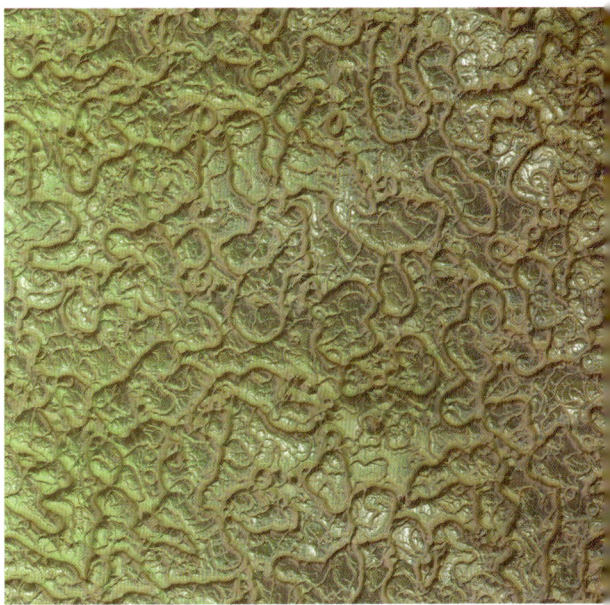

微生物的生存环境

这个"世界公民"本领可真大，上得了冰山，下得了火海，躲在酒桶里，藏在人的肚肠中，真是无处不在。

不用说别的地方，单是看看我们的手掌，可不是危言耸听，上面密密麻麻地布满了好多好多的微生物。就是在人的粪便中，竟然也有1／3都是微生物的菌体。一个成年人，在24小时内排出的微生物就有400万亿之多，真是一个令人瞠目结舌的数字！

要不，我们再来学学虎克先生，刮一点齿垢，放在显微镜下观察：哇，真是可怕，一点点齿垢里竟然生活着那么多的微生物，有一些像柔软的杆棒，来来往往，以君主的堂皇气派列队而行；还有一些螺旋状的，在水里疾转，像战场上奋勇杀敌的勇士……正是它们中的变形链球菌在我们的牙齿中捣鬼，让我们牙疼难忍！

日常生活中，我们常常将零用钱和纸巾混放在一起，这是非常不卫生的习惯，纸币上有很多的细菌和病菌，据测，一张半新的纸币上就沾有30万～40万个细菌呢！

再看看我们身边的水，浊浪涛涛的黄河水、长江水，阳春三月绵绵的雨丝，炎炎夏日的滂沱大雨……哪一处没有微生物的身影。

清水里，氧气充足，虽然没有什么养料，微生物却能生长繁殖。

浊水里，有丰富的有机物，微生物能尽情享用，大饱口福。

连绵的细雨，澄清了天空，扫净了大地，然而，那涓涓细流汇成了江河湖海，同时也载着浩浩荡荡的微生物奔向四面八方。

粉妆玉砌的冬雪，纯洁无瑕，但那些将化未化的冬雪，正是微生物冬眠的地方。

甚至于我们人类离不开的饮用水中都有它们的存在。我国规定，饮用水的标准是每毫升水中细菌总数不超过100个，每升水中大肠杆菌的数量不能超过3个。自来水公司输送到千家万户的水是经过了很多道处理工序，最后检验合格才允许输出的。

但为什么有时喝了自来水会拉肚子，经检查是水质不符合标准呢？这可不能责怪自来水公司，他们是严格遵守国家规定的，但原因何在呢？我们知道，水是通过管道运输的，高楼层的居民还得利用

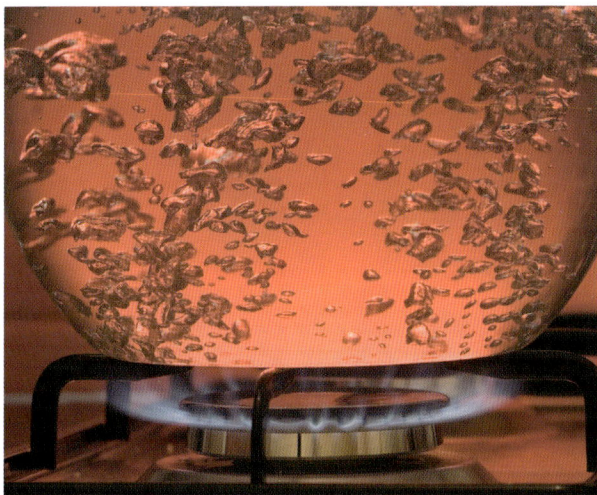

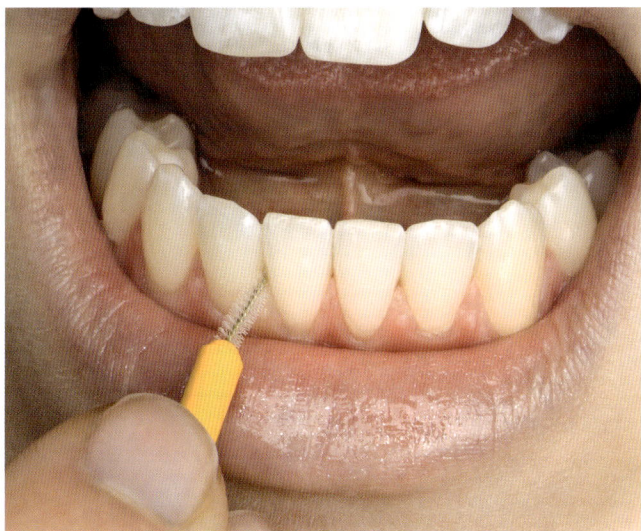

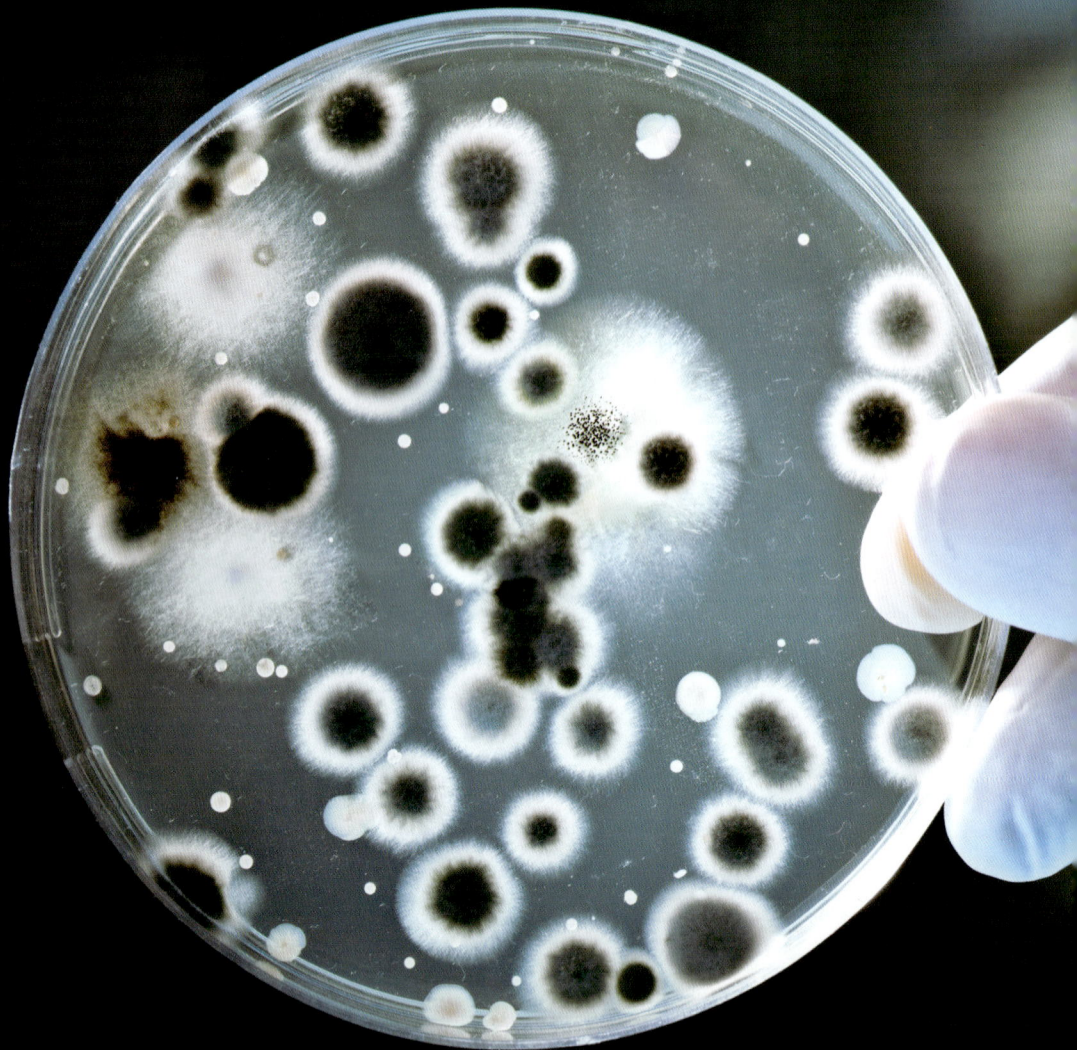

水箱贮存水，在这一送一贮的过程中，所谓二次污染就发生了。藏在水里的、管道中的、水箱壁上的微生物会很快繁殖起来。这些令人头痛的小家伙，害得我们连澄清透明的自来水都不能喝了。

连澄清透明的水中都包含有如此多的微生物，就不用说平常看起来都脏兮兮的土壤了。土壤是微生物的工厂，那里活动着的微生物，据估计，每一克重的土块竟有数亿个！即使在荒无人烟的沙漠，一克砂土中也有10多万个微生物存在，比我们的某些城市所拥有的人口数还要多！

有人问，空气中有没有它们？做一个小小的实验就可以说明：将一杯

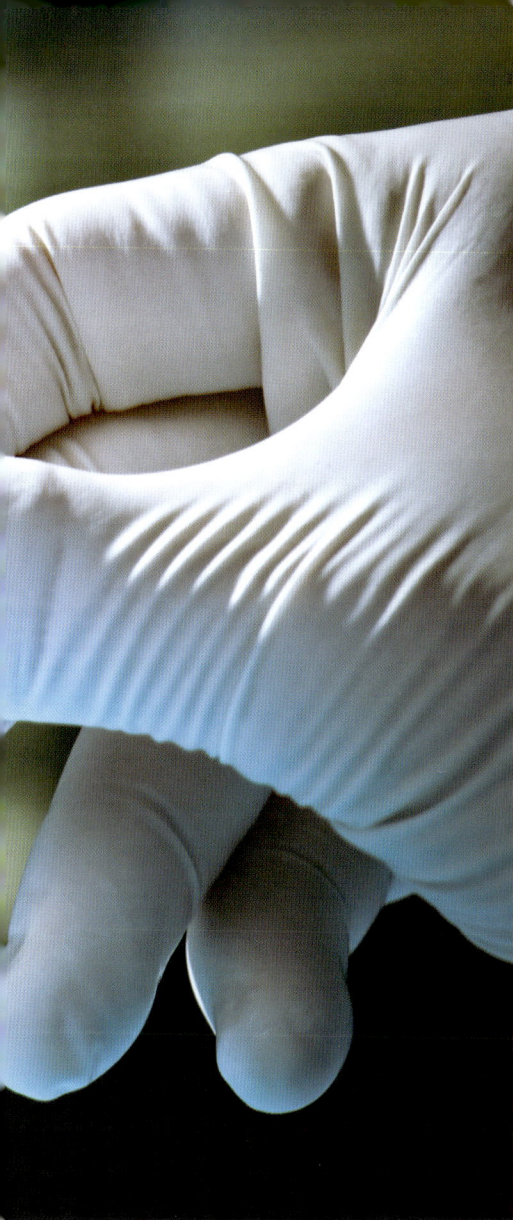

经过高温灭菌的肉汤敞口放置，没过多久，通过显微镜观察肉汤汁，发现里面有很多快活的微生物，它们是从空气中飞到肉汤里安家落户的小精灵。

这些微生物坐在尘埃或者液体飞沫上，凭借风力随着空气的流动就可以漫游3000千米之远，飞上20千米之高的空中，它们周游列国，浪迹天涯。

微生物的生存极限

什么地方没有它们呢？我们常常听说高温灭菌、沸水消毒，因为微生物怕热。一般来说，到60℃以上，微生物就渐渐没了生气，到100℃的沸点，大部分微生物就没有生还的希望了。但是，这一常识不断却受到了挑战。

20世纪80年代初，科学家在90℃的高温热水中找到了存活的细菌。那时，人们以为90℃可能就是生命的耐热极限。但后来，德国生物学家在意大利的海底火山口周围发现了生存在110℃热水中的超级嗜热性细菌。

1990年，两名美国科学家在2600米深的海底发现了能喷射出摄氏几百度高温水的涌泉。令人惊奇的是，在如此高温高压的水样里，科学家竟然发现了一些活的微生物——一种以前无人知晓的细菌！

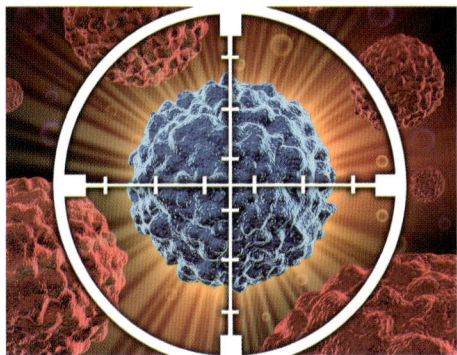

要知道，金属锡在232℃时就会熔化，而这种细菌在232℃居然还能自由自在地生活，看来，此类微生物真是耐得了高温的"英雄"！

在冰天雪地人迹罕至的南极，那些多沙砾的土壤及结冰的水域，竟然也是细菌的大本营，这些无所畏惧、无处不在的世界公民，连严寒也不惧怕！

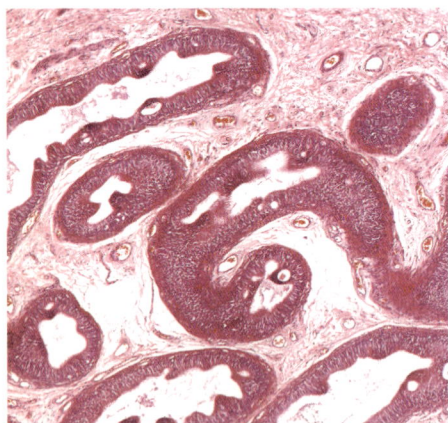

生物名片

名称：微生物

种类：真核类，原核类，非
　　　细胞类

特征：个体微小，结构简单

发现：17世纪中叶

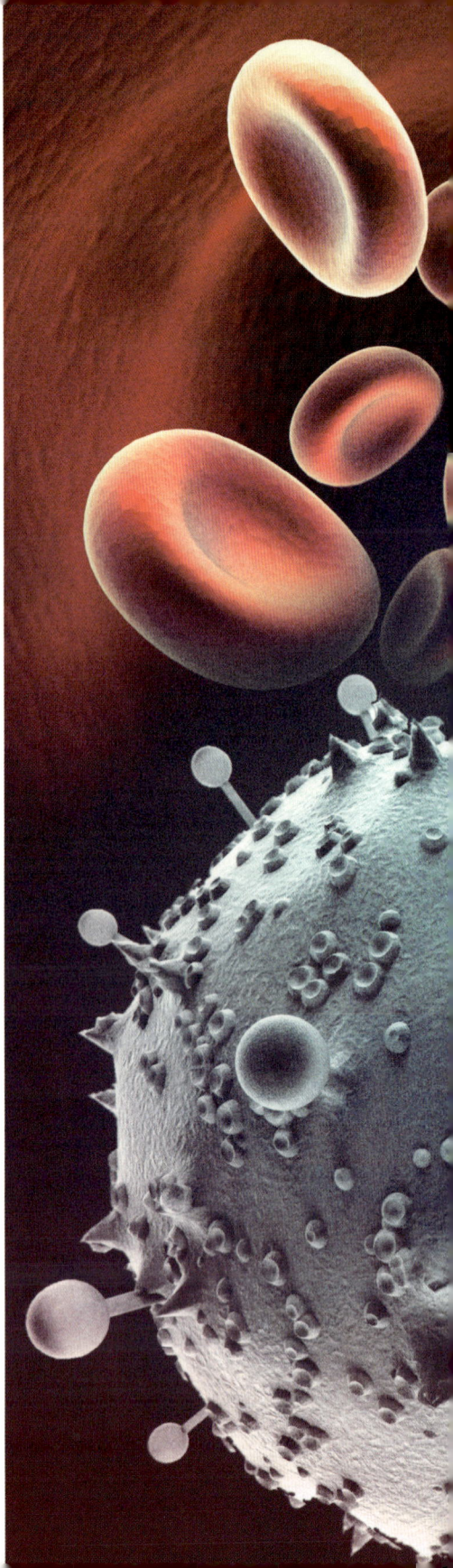

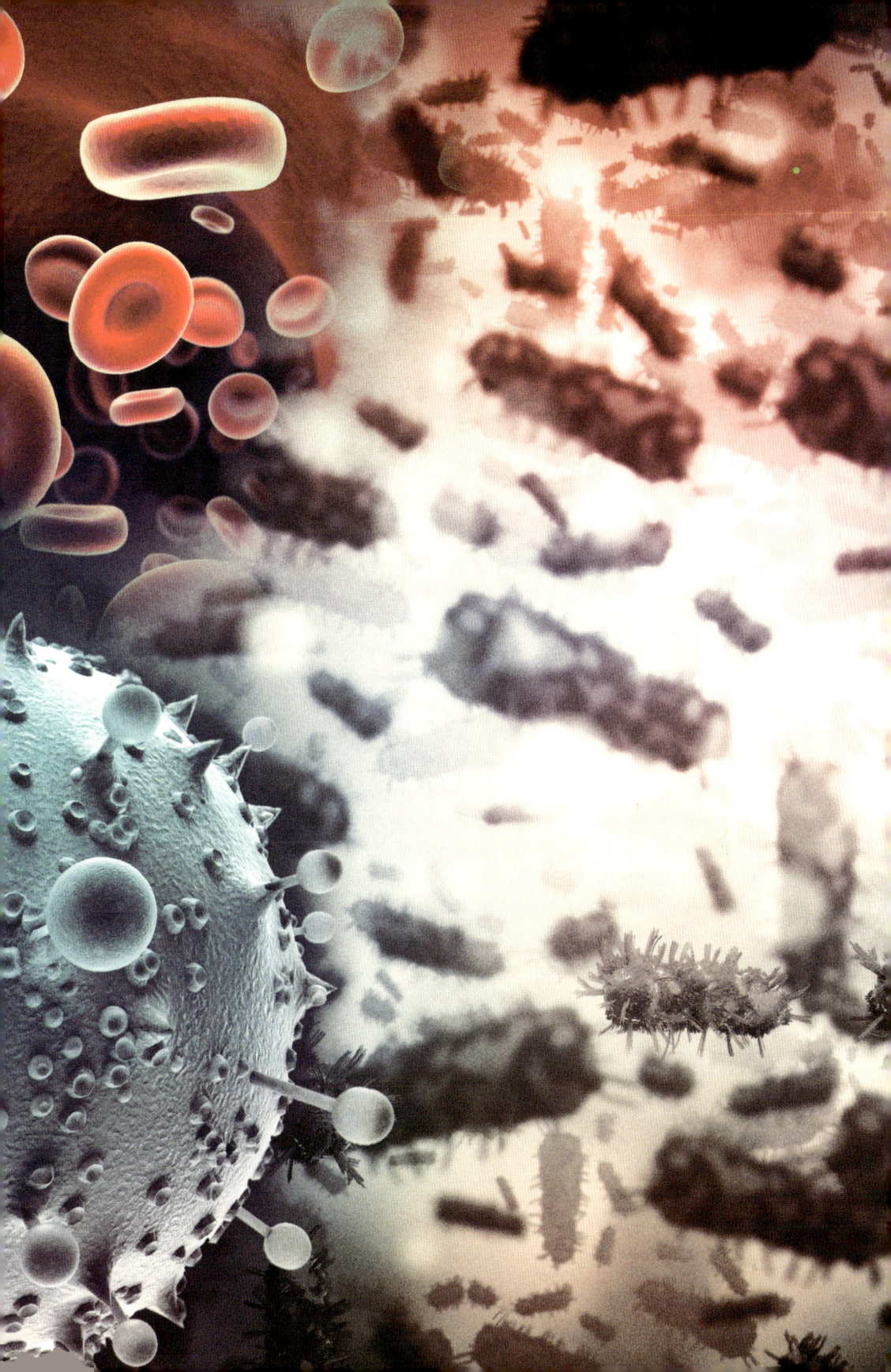

Zhi Zao
Mei Shi De
Wei Sheng Wu

制造美食的微生物

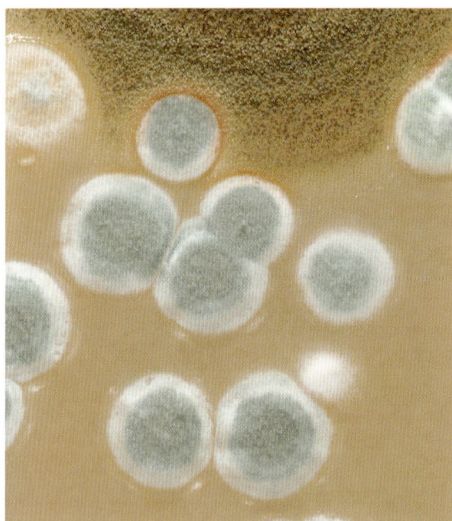

生物名片

名称：曲霉

类别：散囊菌目发菌科

作用：酿酒、制醋曲、生产各种酶制剂

危害：产生有害性曲霉

分布：空气及有机物品上

酿造专家曲霉

在真菌家族中有一位酿造专家，叫曲霉，味道鲜美的腐乳就是靠它研制成功的。

你一定知道，豆腐是制腐乳的原料，由于豆腐中含有的蛋白质不易被水溶解，所以未经加工的豆腐淡而无味。曲霉有一个绝招，它可以分泌出一种能分解蛋白质的酶，把豆腐中丰富的蛋白质分解成各种氨基酸，氨基酸会刺激人舌头上的味蕾，于是人就尝到了鲜味。

曲霉的菌丝有隔膜，属于多细胞霉菌。它的菌落带有各种颜色，如黄色、红色等，黄曲霉、红曲霉、黑曲霉等曲霉菌，就是由菌落的颜色而得名。

说来有趣，我国周朝时候，为了给皇后染制黄色礼服——曲衣，曾专门派人培制黄色曲霉。当然，人们还不知道微生物的大名，更没有菌落这样的概念，古人只是凭直觉，把它们称为五色

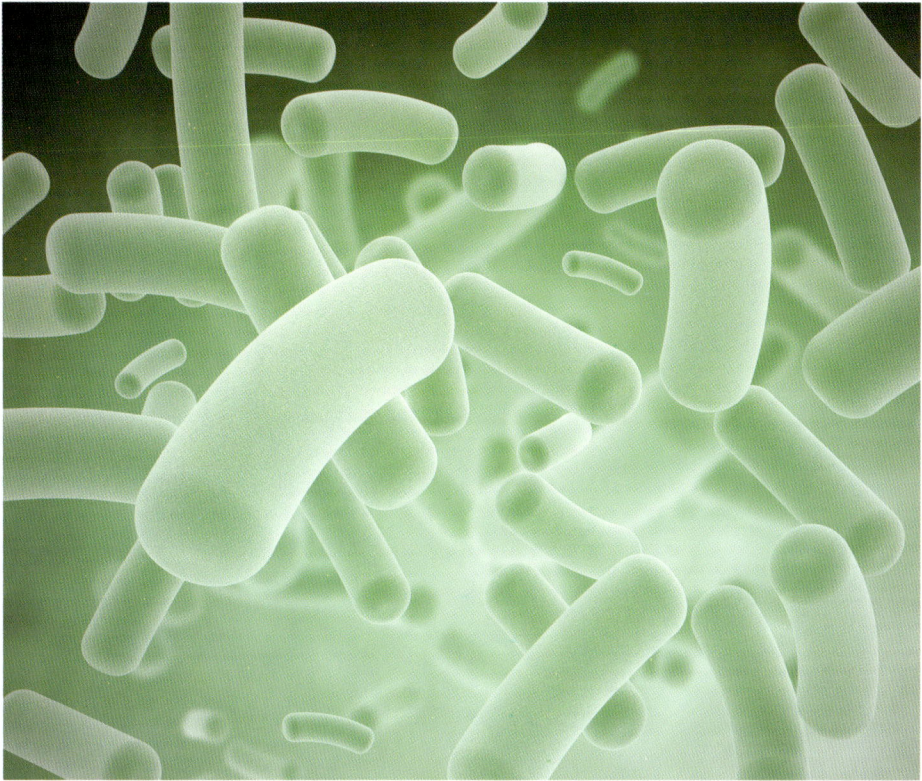

衣、黄衣等。

　　正是曲霉具有能分解蛋白质等复杂有机物的绝招，从古至今，它们在酿造业和食品加工方面大显身手。早在两千年以前，我国人民已懂得依靠曲霉来制酱；民间酿酒造醋，常把它请来当主角。我国特有的调味品豆豉，也是曲霉分解黄豆的杰作。现代工业则利用曲霉生产各种酶制剂、有机酸，以及农业上的糖化饲料。

发酵之母酵母菌

　　酵母菌是微生物王国中的大个子，它们有的呈球形和卵形，还有的长得像柠檬或腊肠。绝大多数的酵母菌以出芽方式进行无性繁殖，样子很像盆栽仙人掌的出芽生长。

　　松软可口的馒头、香喷喷的大面包都是靠酵母菌的帮助才烤制出来的。假如你消化不良、食欲不振，医生会给你开些酵母片，让酵母菌帮助你把胃里不容易消化的东西统统打扫干净。

　　酵母菌本领非凡，它们可以把果汁或麦芽汁中的糖类，即葡萄糖在缺

在酿造和食
品业大显身
手的曲霉

氧的情况下，分解成酒精和二氧化碳，使糖变成酒。它能使面粉中游离的糖类发酵，产生二氧化碳气体，在蒸煮过程中，二氧化碳受热膨胀，于是馒头就变得松软，所以被称为发酵之母。

我国是一个酒类生产大国，也是一个酒文化文明古国，在应用酵母菌酿酒的领域里，有着举足轻重的地位。许多独特的酿酒工艺在世界上独领风骚，深受世界各国赞誉，同时也为我国经济繁荣做出了重要贡献。我国酿酒具有悠久的历史，产品种类繁多，如黄酒、白酒、啤酒、果酒等品种。而且形成了各种类型的名酒，如绍兴黄酒、贵州茅台酒、青岛啤酒等。酒的品种不同，酿酒所用的酵母以及酿造工艺也不同，而且同一类型的酒各地也有自己独特的工艺。

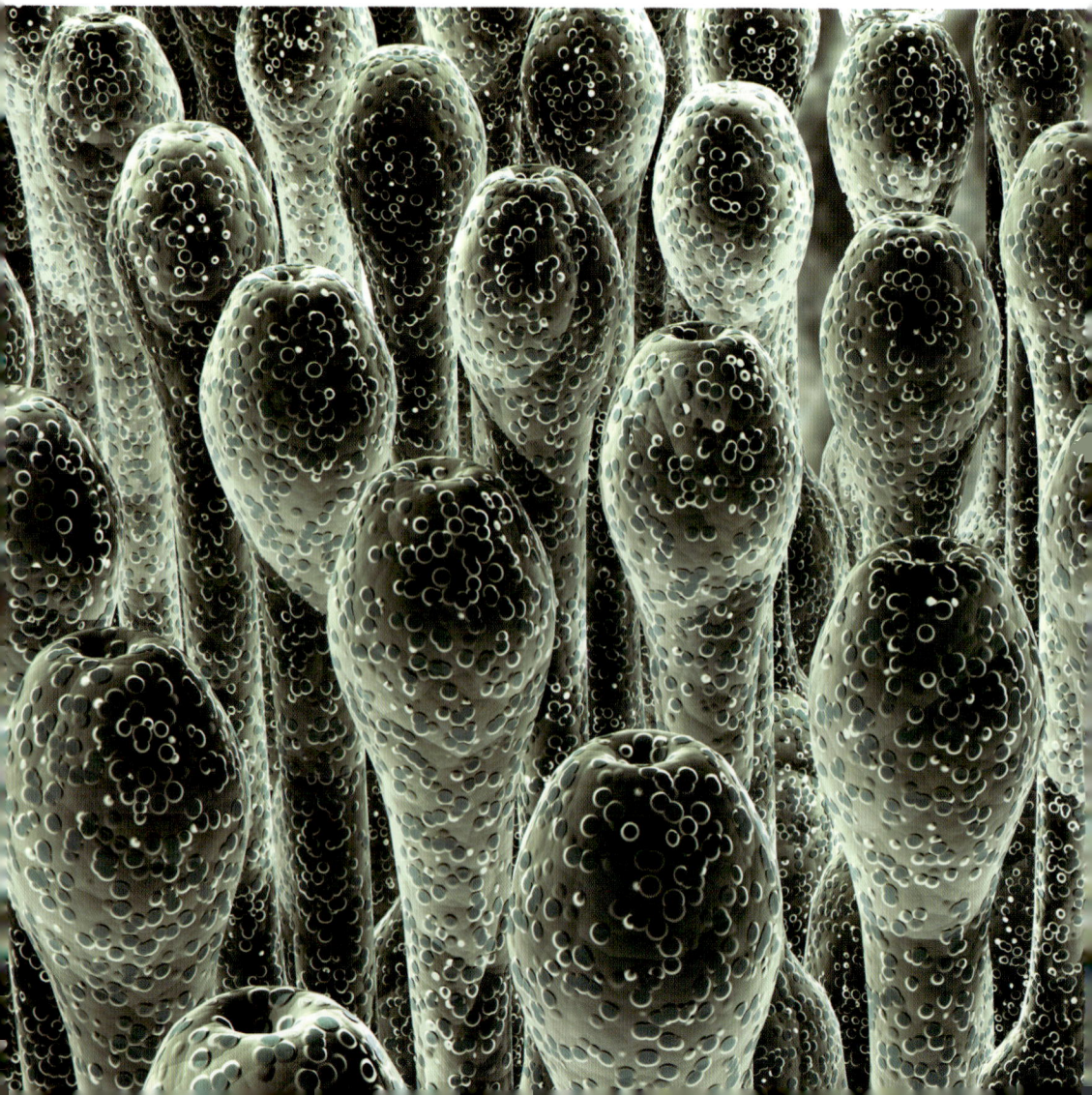

酵母菌浑身是宝，它们的菌体中含有一半以上的蛋白质。研究显示，每100千克干酵母所含的蛋白质，相当于500千克大米、217千克大豆或250千克猪肉的蛋白质含量。

第一次世界大战期间，德国科学家研究开发食用酵母，样子像牛肉和猪肉，被称为人造肉。第二次世界大战爆发后，德国再

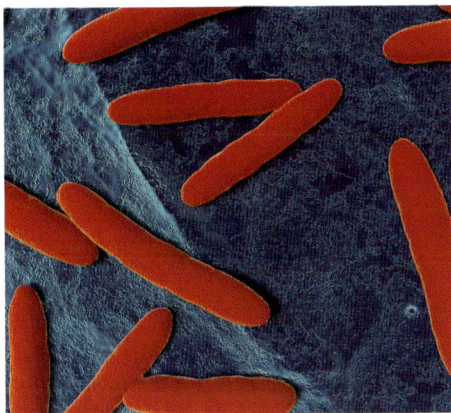

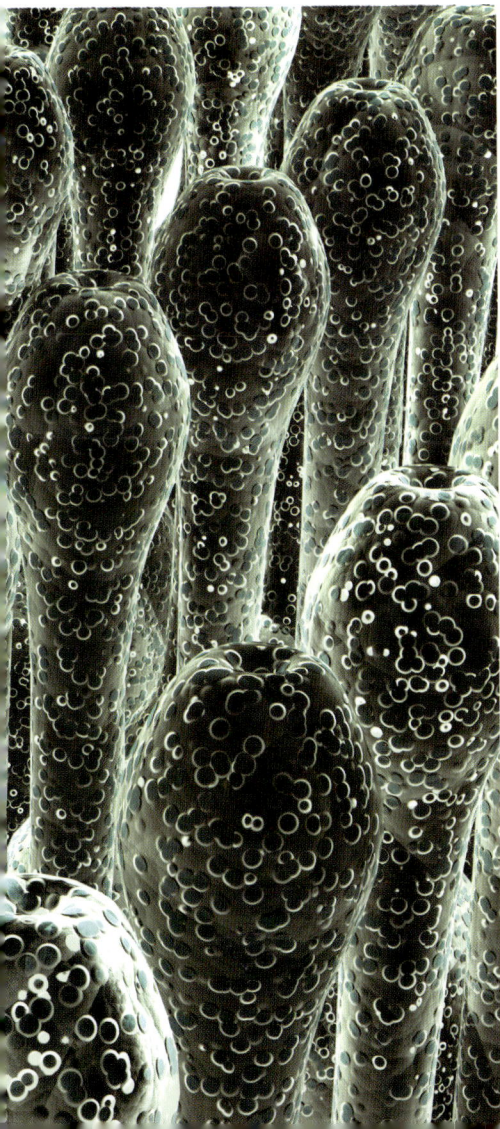

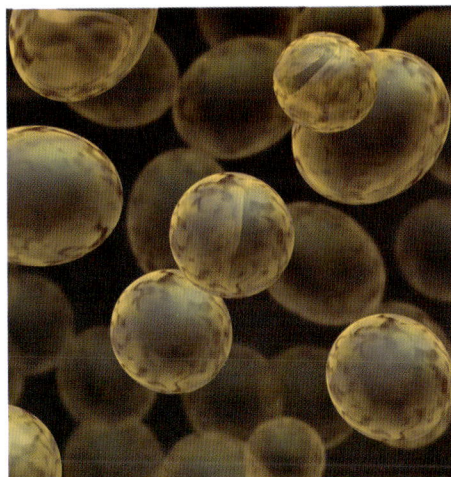

生物名片

名称：酵母

类别：内孢霉目酵母科

作用：制造发面食品和酿酒

危害：部分酵母菌危害健康

分布区域：偏酸性的潮湿的
        含糖环境

次生产食用酵母，随后，英、美和北欧的很多国家群起仿效。

这种新食品的开发和利用，被认为是第二次世界大战中继发现原子能和青霉素之后的第三个伟大成果。酵母菌还含有多种维生素、矿物质和核酸等。

家禽、家畜吃了用酵母菌发酵的饲料，不但肉长得快，而且抗病力和成活率都会提高。

酵母菌在自然界中分布很广，但它们既怕过冷又怕过热，所以市场上出售的鲜酵母一般要保存在10～25℃之间。

制醋巧手醋酸梭菌

醋是家家必备的调味品。烧鱼时放一点醋，可以去除腥味；有些菜加醋后，风味更加好，还能增进食欲、帮助消化。镇江香醋、山西陈醋都是驰名中外的佳品。

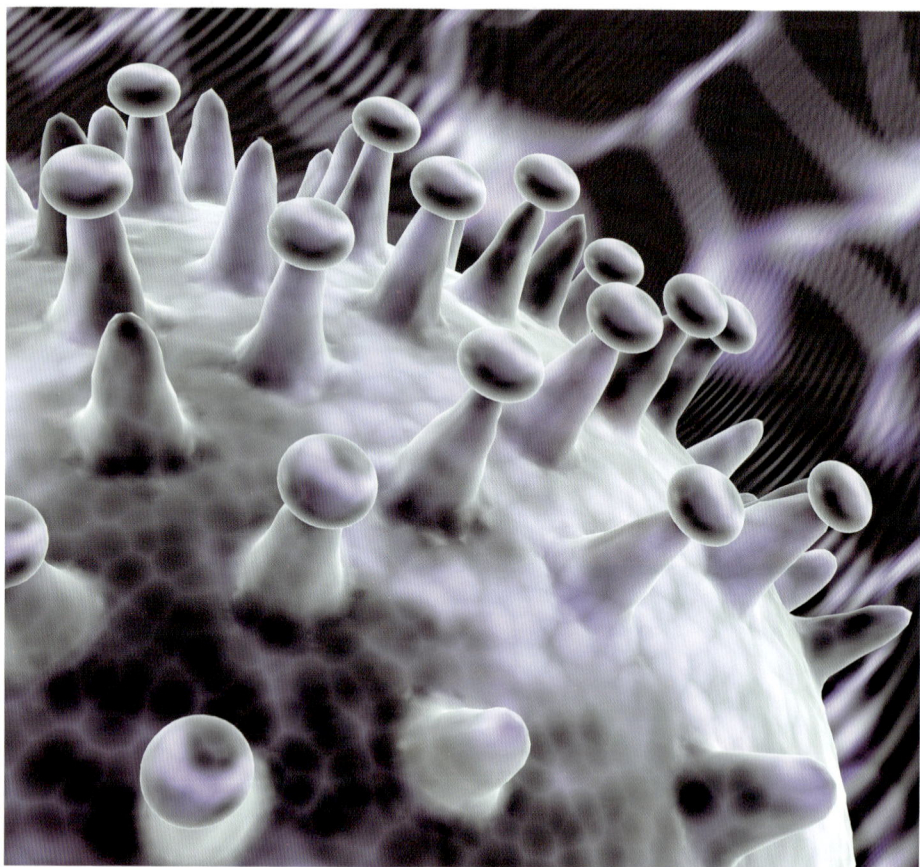

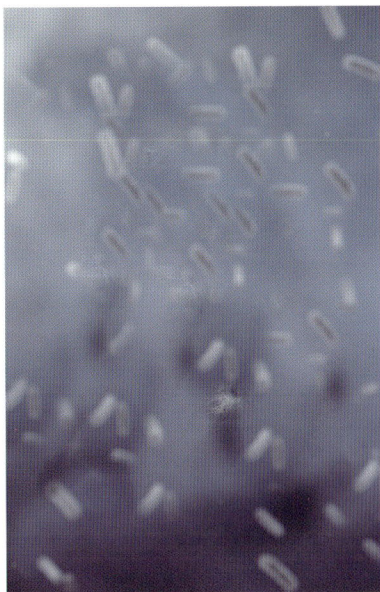

1856年，在法国里尔城的制酒作坊里，发生了淡酒在空气中自然变为醋这一怪现象，由此引发了一场历史性的大争论。当时有的科学家认为，这是由于酒吸收了空气中的氧气而引起的化学变化。而法国微生物学家、化学家巴斯德，令人信服地证明了酒变成醋的原因是由于制醋巧手——醋酸梭菌的缘故。

原来，制醋一般需要三个过程：第一步，曲霉先把大米、小米或高粱等淀粉类原料变成葡萄糖；第二步，由酵母菌把糖变成酒精，如果生产到这一步，人们就可以喝上美酒了；但是，由酒变为醋，还得有第三步，这就要醋酸梭菌来完成。

醋酸梭菌是一种好气性细菌，它们可以从空气中落到低浓度的酒桶里，在空气流通和保持一定温度的条件下，迅速生长繁殖，进行好气呼吸，使酒精氧化，就这样它们一面"喝酒"，一面把酒精变成了味香色美的酸醋。

醋酸梭菌有个很大特点，就是对酒精的氧化不够彻底，往往只氧化到生成有机酸的阶段，所以有机酸便积累起来。人们利用它的这个特点，不仅用来生产醋酸，而且还广泛用于丙酸、丁酸和葡萄糖酸的生产。

醋酸梭菌还能将山梨中含有的山梨醇转化成山梨糖，这是自然界少有然而却是合成维生素C的主要原料。另外，醋酸梭菌还可以用于生产淀粉酶和果胶酶。

醋酸梭菌虽然是制醋巧手，但酿酒师傅可不欢迎它们，因为它们常常跑到酒桶里搞恶作剧，把一桶美酒搞得酸溜溜的。所以，酿酒师傅总是把酒桶盖得严严实实的，不让醋酸梭菌混入酒桶，即使有少量溜进桶里的醋酸梭菌也会因喘不过气来被闷死。

最后，酿酒师傅还要给酒桶加温，残存的醋酸梭菌和其他"捣乱"的微生物会一一被消灭掉，这时，酿酒师傅就放心地等着出美酒了。

微生物与发酵果蔬制品

果蔬发酵制品种类繁多，有各种酸腌菜、酱腌菜、乳酸饮料、果酒、果醋等，主要是以乳酸发酵为主的乳酸发酵果蔬制品和以醋酸发酵为主的醋酸发酵果蔬制品。

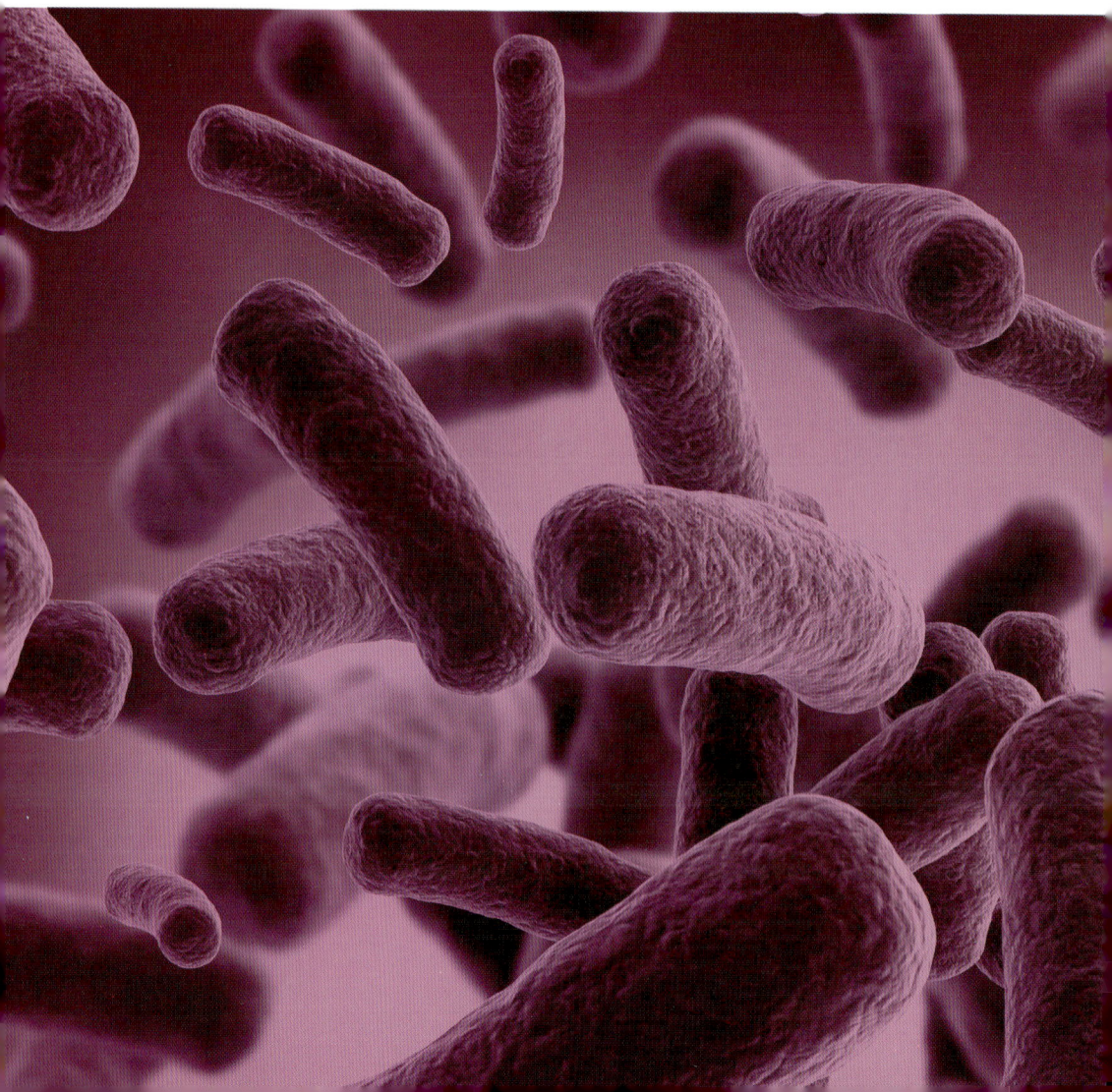

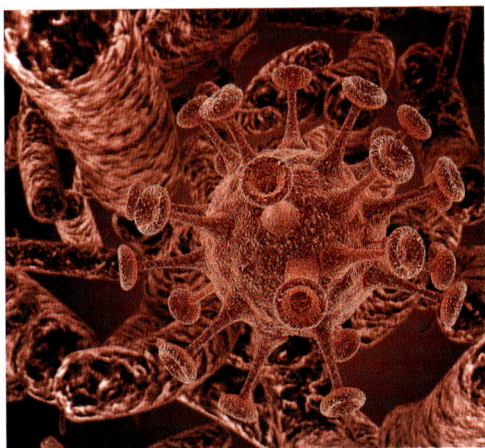

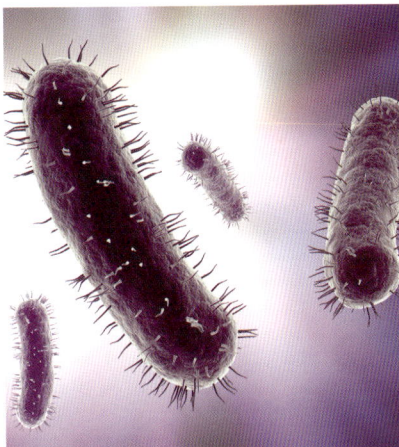

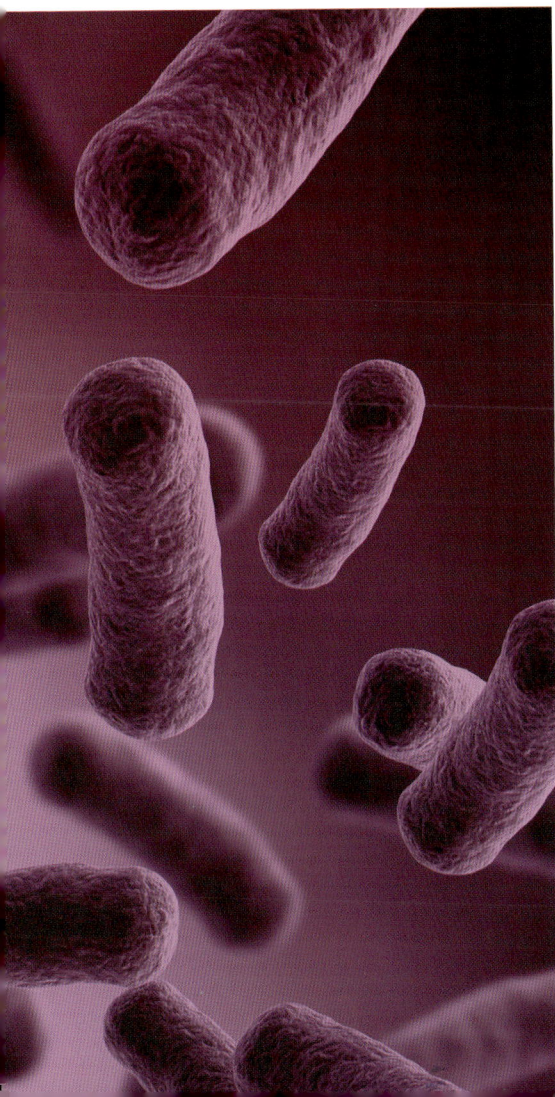

　　蔬菜和水果经过乳酸菌和醋酸菌的发酵可以提高营养和增加风味，而且这两种发酵产品的营养价值以及对人体有益的作用已经被人们所认识，如苹果醋。

　　我们常见的发酵肉制品是发酵香肠，参与香肠发酵的微生物菌群比较多，主要有啤酒片球菌、乳酸片球菌、植物乳杆菌、葡萄球菌、微球菌、嗜盐和耐盐球菌、青霉、曲霉和酵母菌等。

　　其中，有益霉菌和酵母菌的生长不仅有效地形成产品的风味，而且大量有益霉菌的生长抑制了食品腐败菌的生长，避免了食物中毒的发生，从这个方面来讲，霉菌对于食品的保藏和储存是有一定的辅助作用的。

超级微生物的本领

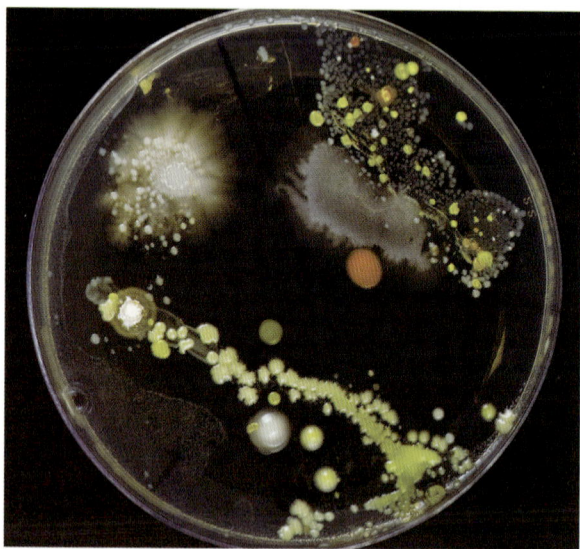

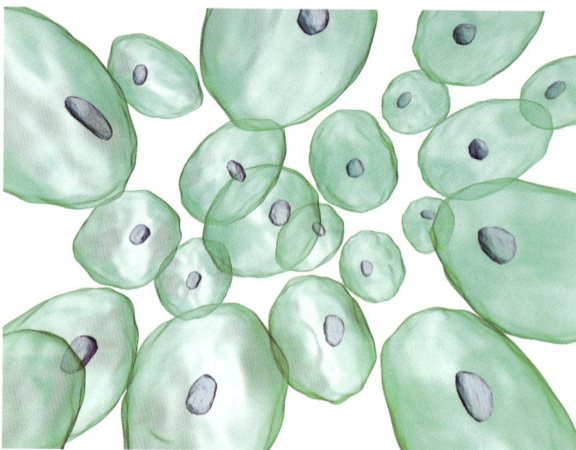

喜压微生物

所谓超级微生物是指能在特殊环境下生存的，具有超能力的生命体。研究它们，对于人类的生活意义重大。

一般微生物很难在高压下生存。但喜压微生物在一个大气压下不能生存，只在高压下才能生存。这种微生物可在3800米以下的深海中生活，这一环境处于高水压和低温状态。

由于技术上的欠缺，目前人类尚无法分离喜压微生物。但研究人员认为，未来深海微生物和宇宙微生物将会成为喜压微生物的来源。

抗放射微生物

一般微生物受到1000～1500戈瑞放射线的照射，就会死亡。但是，有一种微生物即使在1万～2万戈

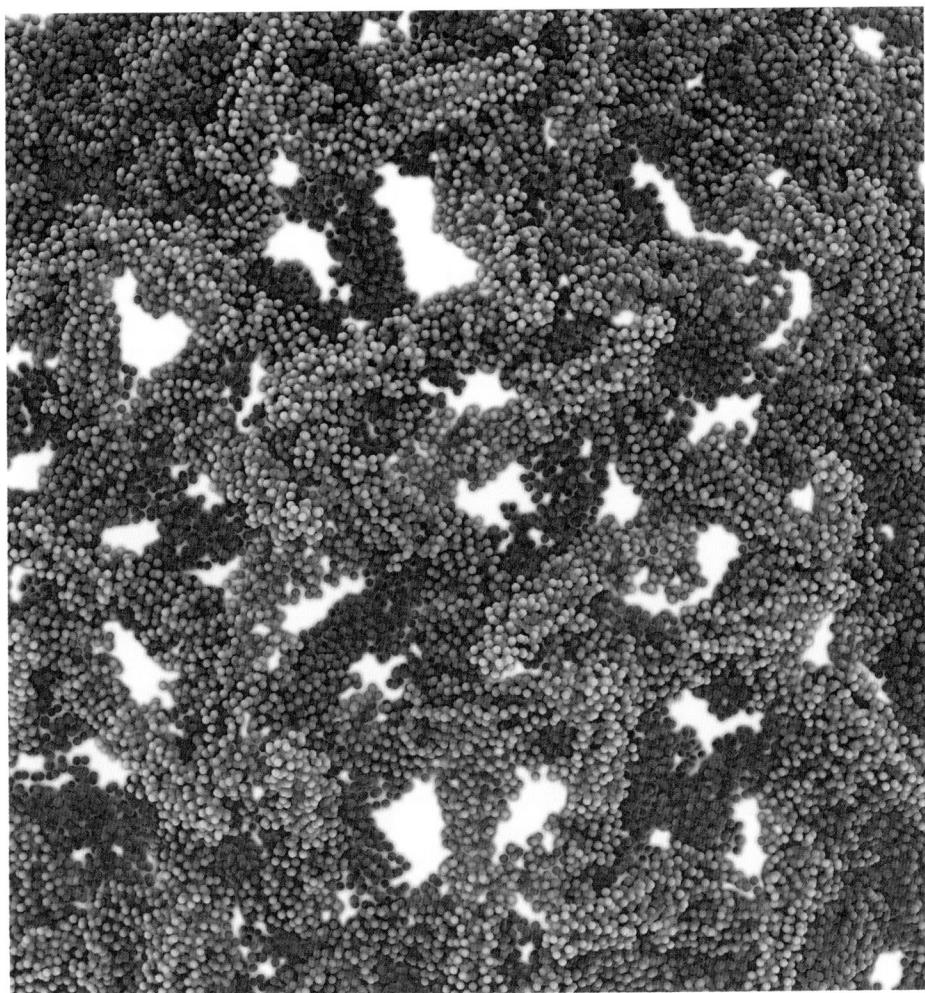

瑞放射线照射下，也能够生存。这种抗放射线照射的微生物已引起了研究人员的关注。

目前，许多国家都在研制用于食品和医疗器械等方面的放射线杀菌。在迄今已发现的微生物中，最高的可耐5万戈瑞放射线的照射。

低营养微生物

一般说来，微生物总是在有机物比较丰富的地方繁殖。但有一类微生物却可在营养贫乏的环境中生存。这类微生物可在一般微生物无法繁殖的、高倍率稀释的培养基中，即有机碳浓度为1%～4%的环境中繁殖。

大多数低营养微生物属于假单胞菌，可有效地利用空气中挥发的有机物。日本的研究人员通过试验发现，低营养微生物在除去有机物的再蒸馏水中，可稳定地繁殖，而且可以传宗接代。

甚喜盐微生物

腌制的鱼为什么会在高盐状态下仍然被微生物所侵蚀呢？这与甚喜盐微生物有关，它可以在饱和食盐水中生活。人类把它们同甲烷微生物及喜酸、喜热微生物一起列入了古代微生物中。

一般来说，从海水中可以分离出低度喜盐微生物，在盐液食品中可以分离出中度喜盐微生物。高度喜盐微生物大都是从盐田和盐湖中分离出来

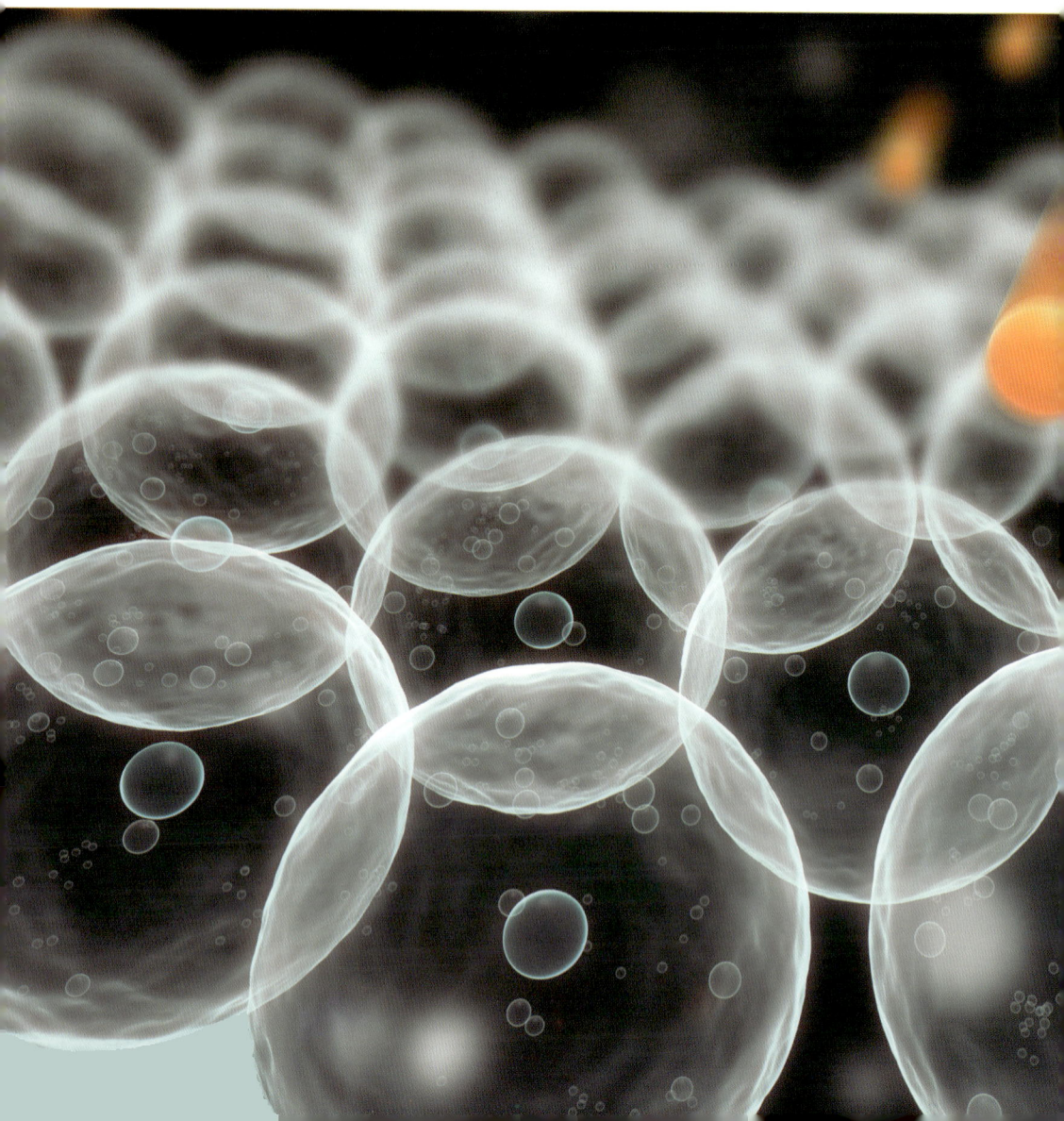

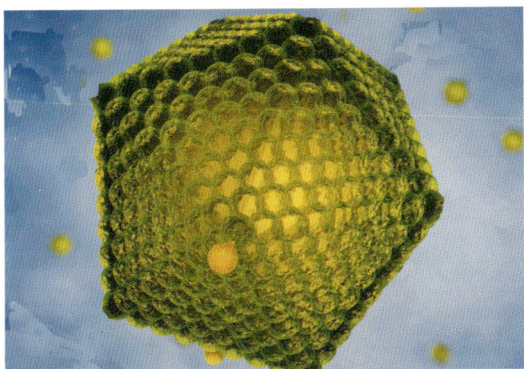

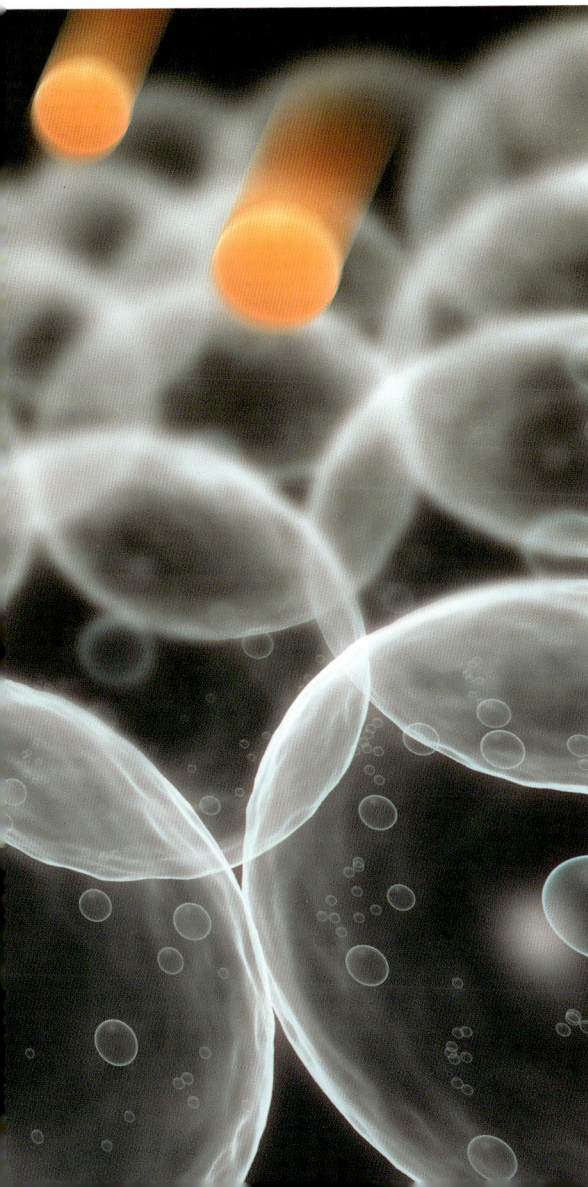

的。

高度喜盐微生物为了生存，要求有特殊的氯化钠，在一定量的食盐培养基中能良好生育，而且不能用其他盐类代替氯化钠，一旦让喜盐微生物脱离食盐，它们便溶化、死去。

喜酸碱微生物

微生物世界真是不看不知道，一看吓一跳，不仅有甚喜盐微生物，而且还有喜酸、喜碱微生物。微生物一般是在中性pH值的环境中生活的，但也有在偏重碱性和偏重酸性环境中生活的。目前，已从pH值为7以上的土壤中分离出喜碱微生物。喜碱微生物具有许多有趣的特征，它能使生活环境变成适合自身需要的pH值状态。

如果让喜碱微生物在pH值为12左右的环境中生活数日，培养基会逐渐变成pH值为9左右。

若让同样的微生物在pH值为7.5左右的环境中生活，尽管最初它的繁殖很缓慢，但随着pH值逐渐提高到8.5以上，其繁殖便开始加速，达到pH值为9左右时，繁殖停止。

自然界中有一种对酸有

特别嗜好的微生物。这类微生物可以在pH值为1的强酸环境中生存。在喜酸微生物中，还有许多微生物同时具有喜热性，它们可以在酸性温泉中生活。

日本的研究人员从日本东北地区的酸性温泉中分离出一种既喜酸又喜热的微生物，这种微生物可在pH值为2~5的范围内、温度70℃的环境中生存。除此之外，自然界中还有很多形形色色的超级微生物展现着无穷的奥秘，如果能将这些超级微生物研究透彻，那么，我们就有可能利用它们的"超级"的特殊性生产出新的物质、新的产品。

能够治病的
微生物

抵抗疾病的疫苗

许多细菌和病毒会给人类带来疾病，造成死亡，然而，人们也正是利用这类细菌和病毒以毒攻毒，把它注射到正常人的身体里，使人体在后天产生对某种疾病的抵抗力。这种用来注射的细菌和病毒，就是疫苗。

疫苗的利用，可以追溯到10世纪的我国宋朝时期，当时一些民间医生就已知道用天花病人的痘痂，吹进健康人的鼻孔里，使他在患轻微的天花病过程中，获得对天花病毒的免疫力。

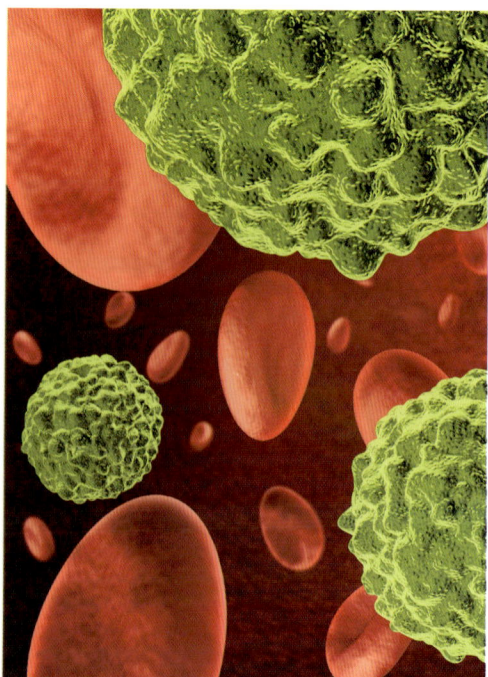

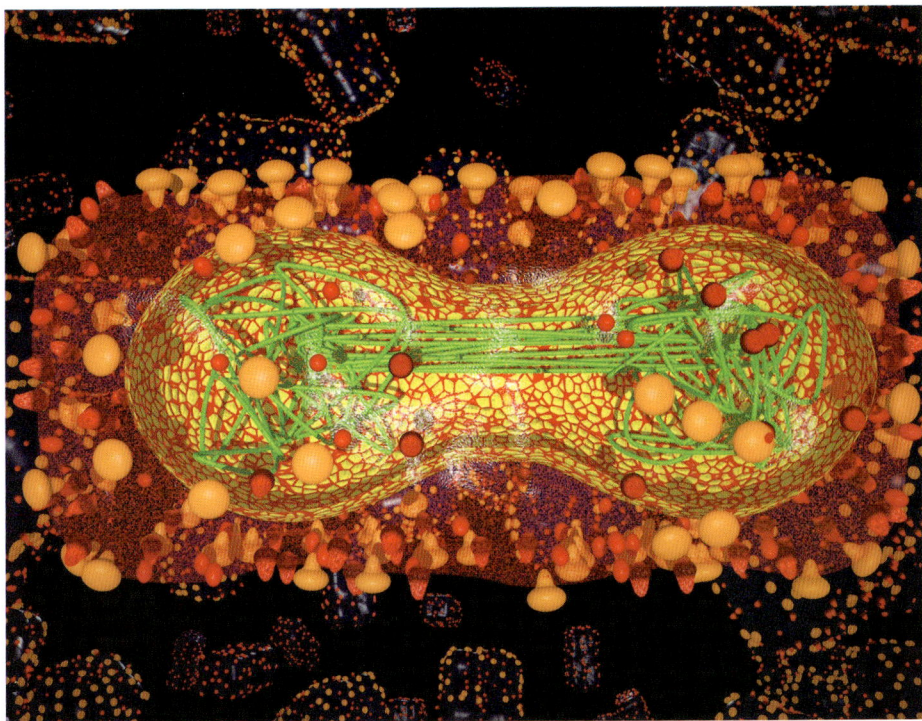

　　18世纪，天花病广泛流行，夺去了无数人的生命。英国乡村医生琴纳惊异地发现，面对令人战栗的天花，挤牛奶的姑娘们却没有一个生病。这是什么原因呢？他进一步研究得知，原来姑娘们在挤牛奶时，手无意中接触了牛痘的浆液，牛痘病毒就从手上细小的伤口进入人体，虽然手上出现了寥寥无几的痘疹，但姑娘们对天花病毒从此具有了免疫力。这一发现使他大受启发，在经过一系列实验后，他为一个小男孩接种了牛痘，成功地获得了预防天花的免疫效果。这是人类用科学方法免疫防病的开端。

　　经过几个世纪的努力，人们已经研制出了多种疫苗，用来注入人体抵抗各种疾病的侵袭，有效地控制了天花、麻疹、霍乱、鼠疫、伤寒、流行性脑炎、肺结核等许多传染病的蔓延。

　　那么，人体注射了疫苗，为什么能预防传染病呢？疫苗、菌苗都是利用微生物制成的，所以称为生物制品。

　　绝大多数生物制品对人体来说，是一种大分子胶体的异体物质，人们称它抗原。当抗原进入人体后，它可以刺激人体内产生一种与其相应的抗体物质。抗体具有抑制和杀灭病原菌的功能，这便是人体内的免疫作用。

例如，种牛痘之所以能预防天花，就是因为预防接种后，抗原物质作用于人的机体，除了引起体内先天性免疫增强外，还能刺激人体内产生大量抗体和免疫活性物质——转移因子、干扰素等，这样，人体对再侵入的天花病毒就会自动获得免疫力了。

"吃汞勇士"假单孢杆菌

20世纪50年代初，日本水俣地区发生了一种奇怪的病。患者开始感到手脚麻木，接着听觉、视觉逐步衰退，最后精神失常，身体弓形弯曲，惨叫而死。

当时谁也搞不清这是什么病，就按地名把它称为水俣病。经过医学工作者几年的努力，终于揭开了这怪病之谜：

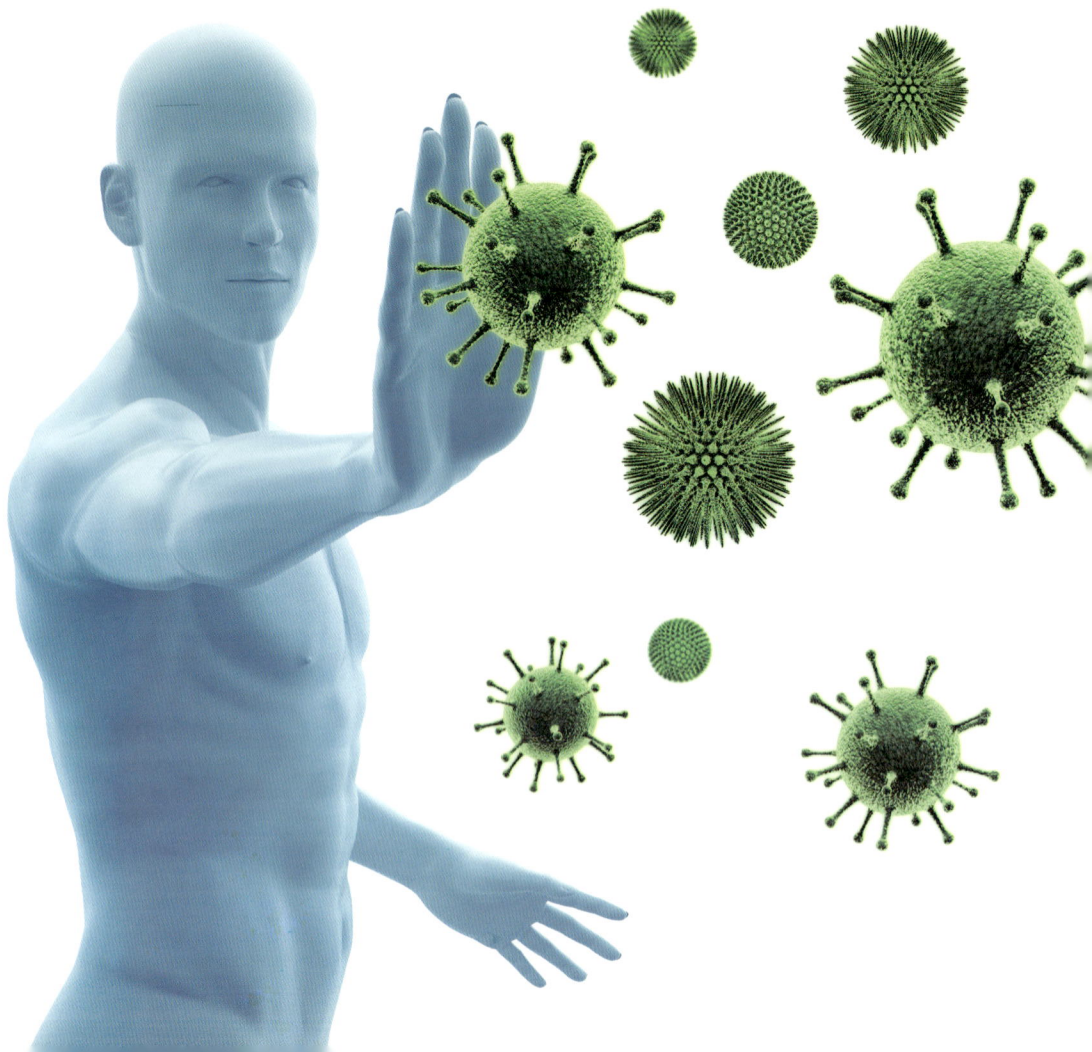

原来是当地工厂排出的含汞废水污染了水俣湾，使那里的鱼虾含汞量大大增加，人吃了这些鱼虾后，汞也随之进入人体，当汞在人体内的含量积累到一定程度，就会严重地破坏人的大脑和其他神经组织，产生可怕的中毒症状，直到致人死亡。

汞化合物是一种极难对付的污染物，人们曾试图用物理的方法和化学的方法来制服它，但效果都不太理想，最后还是请来了神通广大的微生物。

在微生物王国里，有一批专吃汞的勇士，例如有一种名叫假单孢杆菌的，到了含汞的废水中，不但安然无恙，而且还能把汞吃到肚子里，经过体内的一套特殊的酶系统，把汞离子转化成金属汞，这样，既能达到污水净化的目的，人们还可以想办法把它们体内的金属汞回收利用，一举两得。

在微生物王国中有不少成员，如为数众多的细菌、酵母菌、霉菌和一些原生动物，都充当着净化污水的尖兵。

它们把形形色色的污染物，"吃进"肚子里，通过各种酶系统的作用，有的污染物被氧化成简单的无机物，同时放出能量，供微生物生命活动的需要；有的污染物被转化、吸收，成为微生物生长繁殖所需要的营养物。正

生物名片

名称：杆菌

类别：杆菌目杆菌科

作用：制作生物杀虫剂、治理环境污染等

危害：部分杆菌危害身体

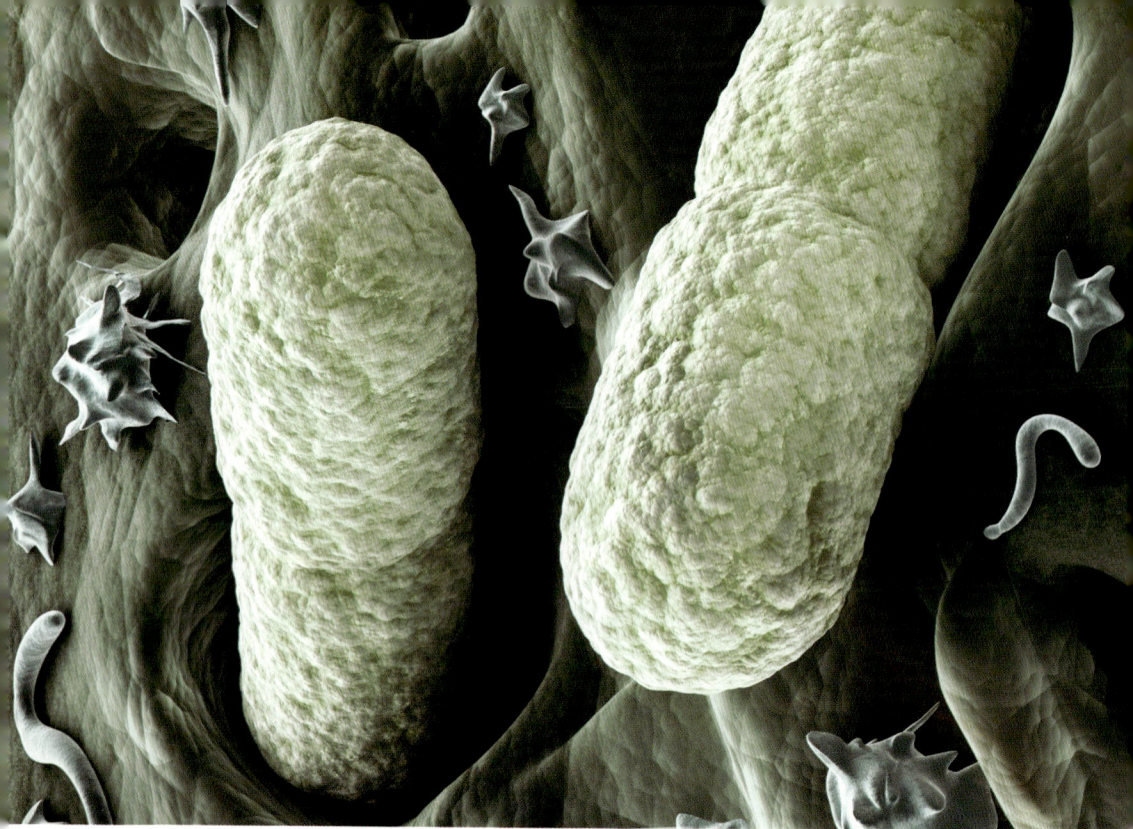

是经过它们的辛勤劳动，大量的有毒物质被清除了，又脏又臭的污水变清了。有的还能变废为宝，从污水中回收出贵重的工业原料；有的又能化害为利，把有害的污水变成可以灌溉农田的肥源。

"药苑新秀" 干扰素

你听说过干扰素吗？顾名思义，干扰素就是因为它能干扰病毒复制而得名的。1957年，美国的两位科学家艾萨克斯和林登曼首先发现，当病毒感染人体后，受到病毒入侵的细胞里会产生和释放出一种蛋白质进行"自卫反击"，干扰和抑制病毒的"为非作歹"。这种蛋白质被称为干扰素。

这一发现，极大地震动了科学界。许多国家的科研机构不惜重金投入研究，先后证明，用干扰素治疗病毒引起的感冒、水痘、角膜炎、肝炎、麻疹等都有很好的疗效。尤其令人瞩目的是，干扰素对癌细胞也有抑制作用。有些科学工作者还探明，干扰素对人体的免疫能力也有促进作用，能唤起整个机体的防御系统，提高它们的机能和作用，警觉地进入"战备状态"，从而大大地增强身体的抵抗力。

干扰素虽有如此神效，但是它的提取工作非常困难。因为干扰素只有在受到病毒入侵的细胞中才能产生，而且数量极少。

1979年，芬兰红十字会和赫尔辛基卫生实验所用了4.5万升人血，才煞费苦心地提炼了0.4克干扰素。据法国医疗单位计算，治疗一个感冒病患者要花费1万法郎，而医治一位癌症病人，那就需要花费5万多法郎。可谓是世界上最昂贵的药品了。

　　那么，能不能从别的动物血液中提取呢？不行。因为干扰素有很强的专一性，人体用的干扰素只能从人体细胞中取得，把从别的动物身上取得的干扰素用到人身上，数量再多也没有效果。

　　人们正在积极寻找新的办法。后来，美国和瑞士的科学工作者分别宣布，他们已经采用基因工程的办法，把人干扰素基因移植到大肠杆菌细胞里去，使大肠杆菌在新移植来的基因的指导下，合成我们所需要的物质——人干扰素。

　　我们知道，繁殖快本来就是微生物的特点，而大肠杆菌在这方面更是首屈一指。它一般20～30分钟就能繁殖一代，24小时可繁殖70多代。而且大肠杆菌的食料简单，来源丰富，培养并不困难。因此大肠杆菌如同一个效率极高的合成药物的"化工厂"。

　　基因工程技术进步很快，经数代的技术改进，现人类已经能获得大量、稳定、可靠低副作用的药用干扰素。干扰素已经广泛应用于临床，现常用于病毒性疾病、肿瘤和自身免疫性疾病的治疗，并且是唯一一个被FDA批准治疗慢性丙型肝炎的药品。

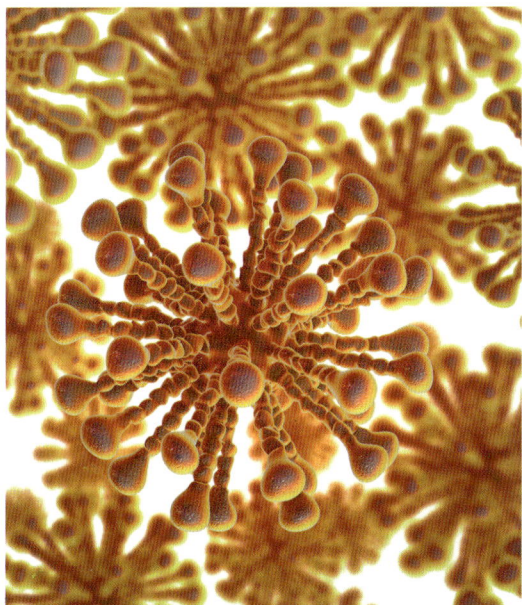

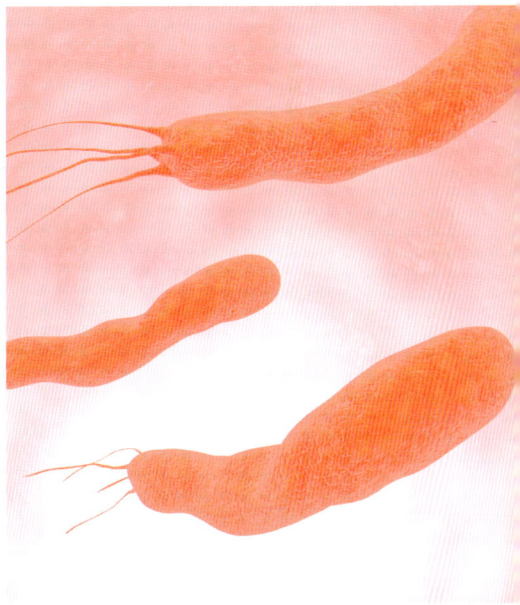

新颖的
微生物食品

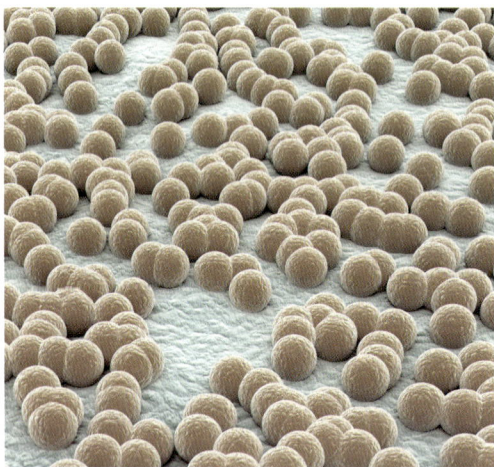

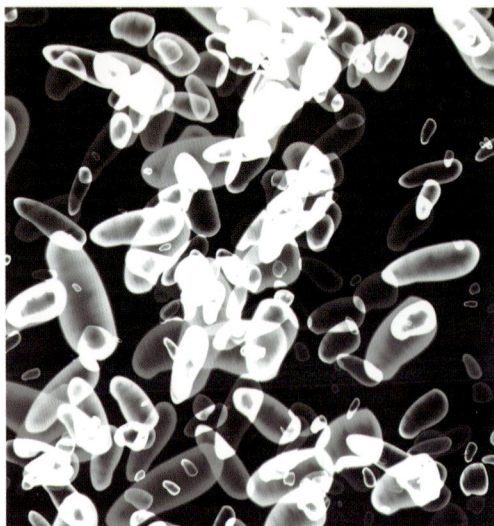

微生物单细胞蛋白

当今国际市场上，出现了一种引人注目的新食品。它们的样子很像鸡肉、鱼肉或猪肉，但却不是农家饲养的畜禽制品，也不是耕种收获的五谷杂粮，而是用微生物生产的微生物蛋白制成的，有人称它为人造肉。

我们知道，蛋白质是生命活动的基础，一切有生命的地方都有蛋白质，微生物当然也不例外。不过到目前为止，能够担当生产微生物蛋白的菌种还不多，主要是一些不会引起疾病的细菌、酵母和微型藻类。因为它们的结构非常简单，一个个体就是一个细胞，所以这样的蛋白又叫单细胞蛋白。

在生产单细胞蛋白的工厂里，人们为微生物安排了最适宜的居住环境——一个个大小不等的发酵罐，罐里存放着适合不同种类微生物"胃口"的食料，保证它们在这里能吃饱喝足，迅速繁殖。当发酵罐里的微生物繁殖到足够数量时，

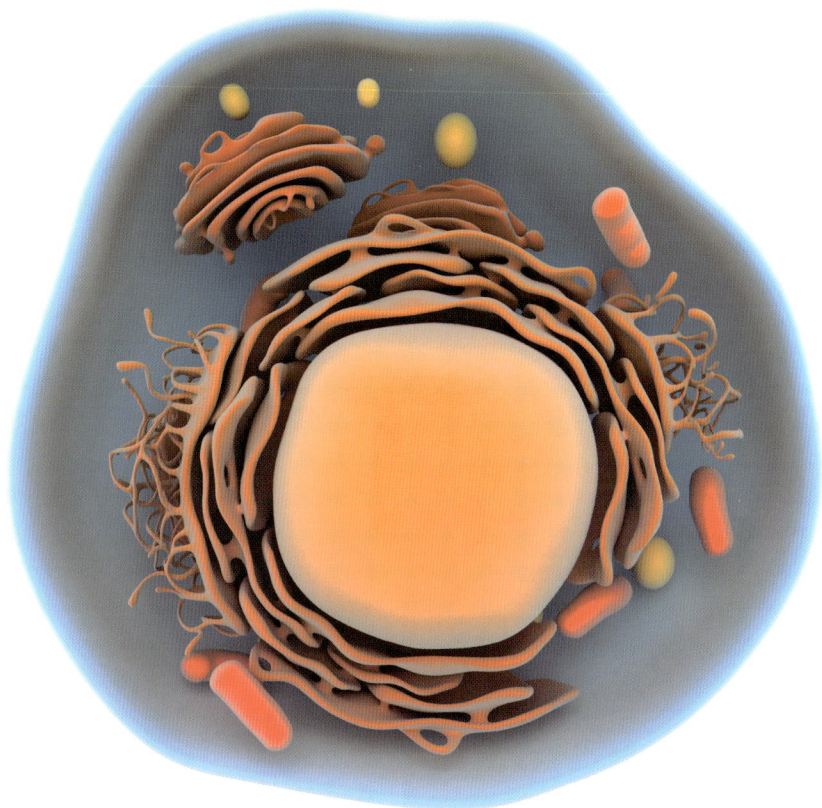

便可收集起来加工利用了。

单细胞蛋白具有很高的营养价值。它的蛋白质含量可达到40%～80%，远远超过一般的动植物食品。而且单细胞蛋白质里氨基酸的种类比较齐全，有几种在普通食品里缺少的氨基酸，在单细胞蛋白里却大量存在。

另外，还含有多种维生素，这也是一般食物所不及。正是由于单细胞蛋白具有这些突出的优点，现在人们用它加上相应的调味品做成鸡肉、鱼肉、猪肉的代用品，不仅外形相像，而且味道鲜美，营养也不亚于天然的鱼肉制品；将它掺在饼干、饮料、奶制品中，则能提高这些传统食品的营养价值。

在畜禽的饲料中，只要添加3%～10%的单细胞蛋白，便能大大提高饲料的营养价值和利用率。用来喂猪可增加瘦肉率，用来养鸡能多产蛋，用来饲养奶牛还可提高产奶量。

在井冈霉素、肌苷、抗生素等发酵工业生产中，它又可代替粮食原料。

随着世界人口的不断增长，粮食和饲料不足的情况日益严重。面对这一严峻的现实，开发利用单细胞蛋白已成为许多国家增产粮食的新途径。

若以蛋白质含量计算，1000克单细胞蛋白相当于1~1.5千克的大豆。建立一座有5个100吨发酵罐的工厂，可以年产5000吨单细胞蛋白，相当于50000亩耕地上种植大豆的产量。

单细胞蛋白的生产向人们展示了美好的前景，在现代科学技术培育下，也许用不了多久，用单细胞蛋白制成的饭菜，就会出现在我们的餐桌上。

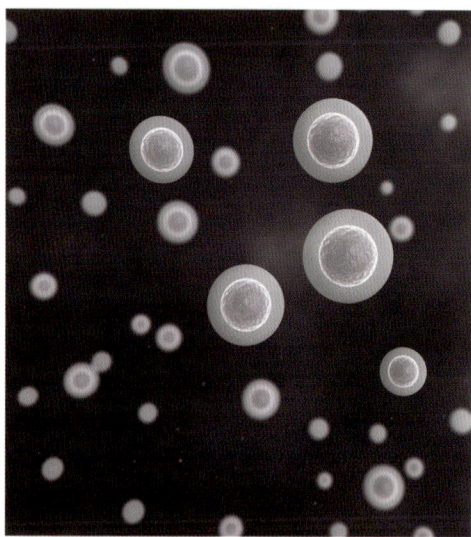

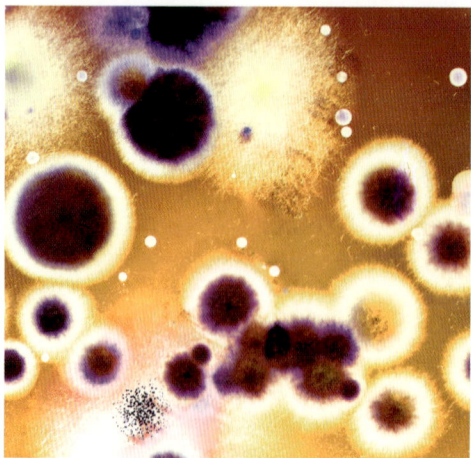

"神奇牛排"真神奇

  德国慕尼黑的一家餐馆里，近年来有一道名菜声誉鹊起。那道菜叫作"神奇牛排"，滋味美妙无比。

  慕名而来的食客们，品尝了"神奇牛排"后，在赞赏这一美味的同时，往往会发出这样的疑问：这是牛排吗？怎么有点像猪排，又有点像鸡脯？难道是神奇的烹调使它的味道走了样？

  餐馆的侍者们对此往往笑而不答，最多是含糊其辞地说一句："嗬，那是超越自然的力量。"

  侍者们知道，如果说明真相，也许会使某些食客大倒胃口——那"牛

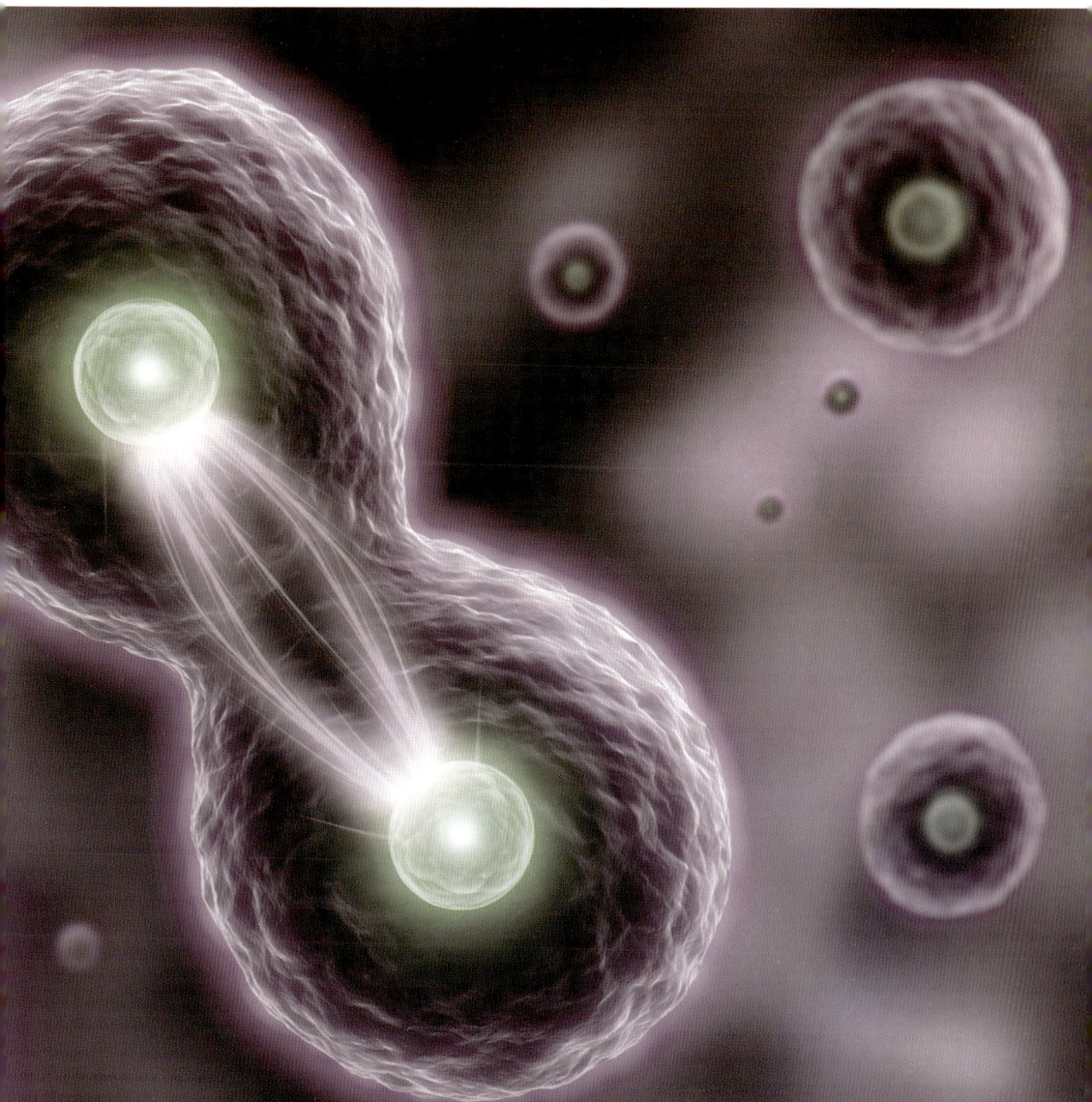

生物名片

名称: 单细胞蛋白

类别: 微生物菌体

组成: 蛋白质、脂肪、碳水
化合物、核酸等

作用: 广泛用于食品加工和
饲料生产

排"实际上是人造的,是一大团微生物就是酵母菌细菌的干制品,或者说是一大团微生物尸体。

如果再做进一步说明,可能会引起恐惧。因为制造这些人造牛排的原材料是对人体有毒的甲醇、甲烷等化学品,或是废弃的纤维素之类的工厂下脚料。

这些人造牛排的学名叫单细胞蛋白。单细胞蛋白也算是发酵工程对人类的杰出贡献了。

以发酵工程来生产单细胞蛋白是不太复杂的事,关键是选育出性能优良的酵母菌细菌。这些微生物食性不一,或者嗜食甲醇,或者嗜食甲烷,或者嗜食纤维素等。

它们的共同点是都能把这些"食物"彻底消化吸收,再合成蛋白质贮存在体内。由于营养充分,环境舒适,这些微生物迅速繁殖,一天里要繁殖十几代甚至几十代。每一代新生的微生物又

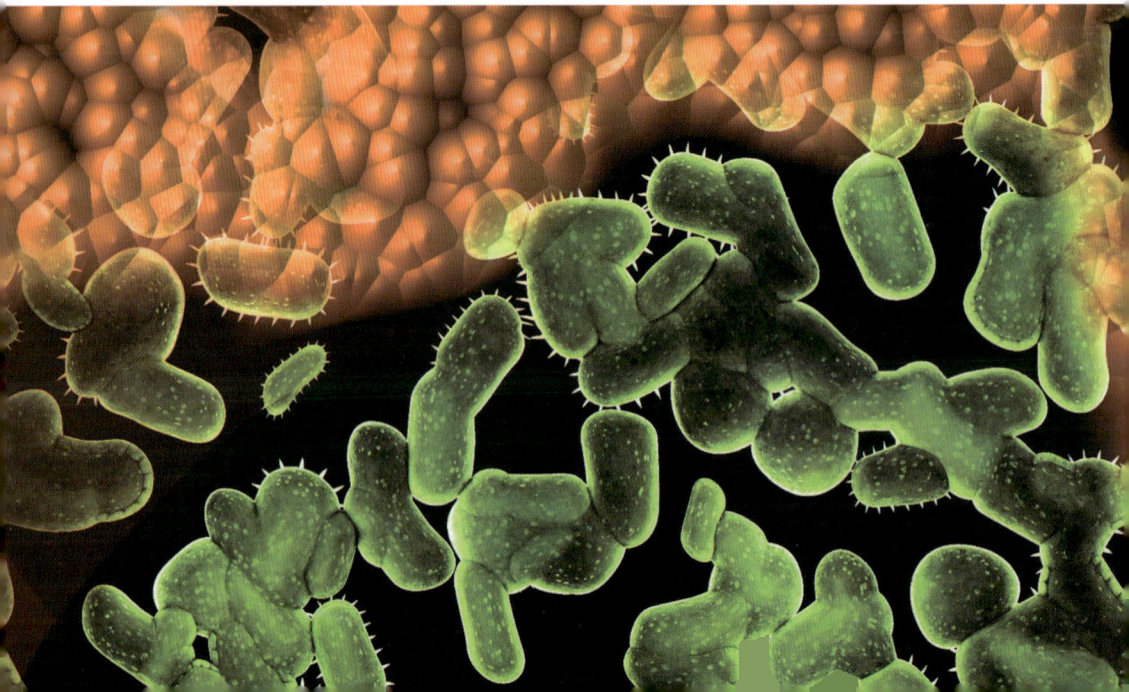

会拼命吞噬"食物"，合成蛋白质，并繁殖下一代……

当然，这些过程都是在发酵罐里完成的。人们通过电脑严密地控制着罐内的发酵过程，不断加入水和营养物，即甲醇、甲烷、纤维素……不时取出高浓度的发酵液，用快速干燥法制取成品——单细胞蛋白。

一些数字可以说明发酵过程生产单细胞蛋白的效率有多高。一头100千克的母牛一天只能生产400克蛋白质，而生产单细胞蛋白的发酵罐里，100千克的微生物一天能生产一吨蛋白质。一座600升的小型发酵罐，一天可生产24千克单细胞蛋白。每100克单细胞蛋白成品里含有蛋白质50～70克，而同样重量的瘦猪肉和鸡蛋的蛋白质含量分别是20克和14克。

用发酵工程生产的单细胞蛋白不仅无毒，而且美味可口。由于原料来源广泛，成本低廉，有可能实现大规模的生产。

蛋白质是构成人体组织的主要材料，每个人在一生中要吃下约1.6吨蛋白质。然而，蛋白质是地球上最为缺乏的食品成分，按全世界人口的实际需要来计算，每年缺少蛋白质的数量达3000～4000万吨。可见，发酵工程生产单细胞蛋白的意义远远超出慕尼黑餐馆里供应的"神奇牛排"，它对全人类，对全世界有着不可估量的作用。

| # 奇妙的生物
"指北针"

能感知地磁的磁性细菌

有一种微生物，在北半球它总是朝向地磁南极方向移动，而在南半球它又朝着地磁北极移动，这仿佛是指北针的东西到底是什么呢？

它就是1975年美国新罕布什尔大学的生物学家布莱克莫尔首次发现的磁性细菌。磁性细菌是一种厌氧菌，为了尽可能到达地下缺氧的环境中，它采取了沿着磁力线移动的方式。

原来，地球的磁力线只是在赤道地区才与地面平行。随着纬度的升高，磁力线的倾斜度也增大，因而，在地球两极的磁力线便与地面垂直。这也就是说，在高纬度的南北半球上，沿磁力线运动就意味着从上向下的移动。由此可见，这种趋磁性正是磁性细菌生存所需要的。

磁性细菌为什么能感知地磁呢？研究表明，磁性细菌之所以有如此特异功能并能沿着磁力线移动，是因为在菌体内含有10～20个自己合成的磁

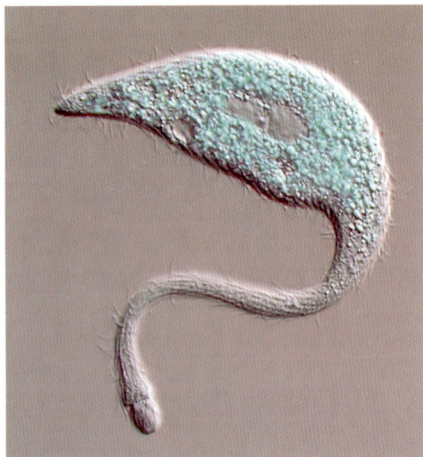

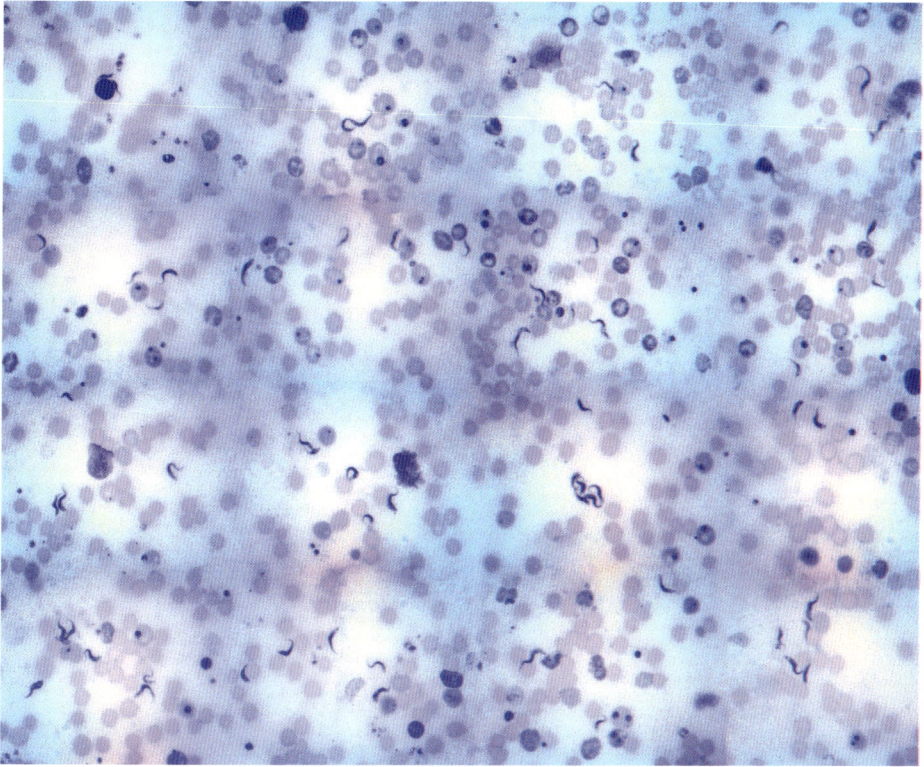

性超微粒。这种微粒的大小为500~1000埃（1埃＝10^{-8}厘米）。每个颗粒都有相同的结晶构造。

迄今为止，无论采用哪种高技术都不能制造出这样的结晶体。如果用人工方法合成500~1000埃的磁性超微粒，需要采取一系列的复杂工艺，例如在真空状况下熔炼金属，再进行蒸发等。

不仅如此，人工制作的磁性超微粒的形状和大小是不均一的，而磁性细菌只需要在常温、常压下就能简单地合成。为此，磁性细菌因生产简便和利用价值高，正受到国际科学和工业界极大的关注。

磁性细菌的研究和运用

根据磁性细菌会沿着磁力线方向移动的性质，日本东京农工大学的松永是助教授制作了磁性细菌捕获器，这种装置含有采用磁铁的特殊过滤器，把它放入水中就能捕捉到磁性细菌。研究人员将捕获后的磁性细菌进行培养和繁殖后进行了一系列研究，试图解决摆在人们眼前的问题，比如：磁性微粒到底是什么？我们该如何利用磁性细菌？

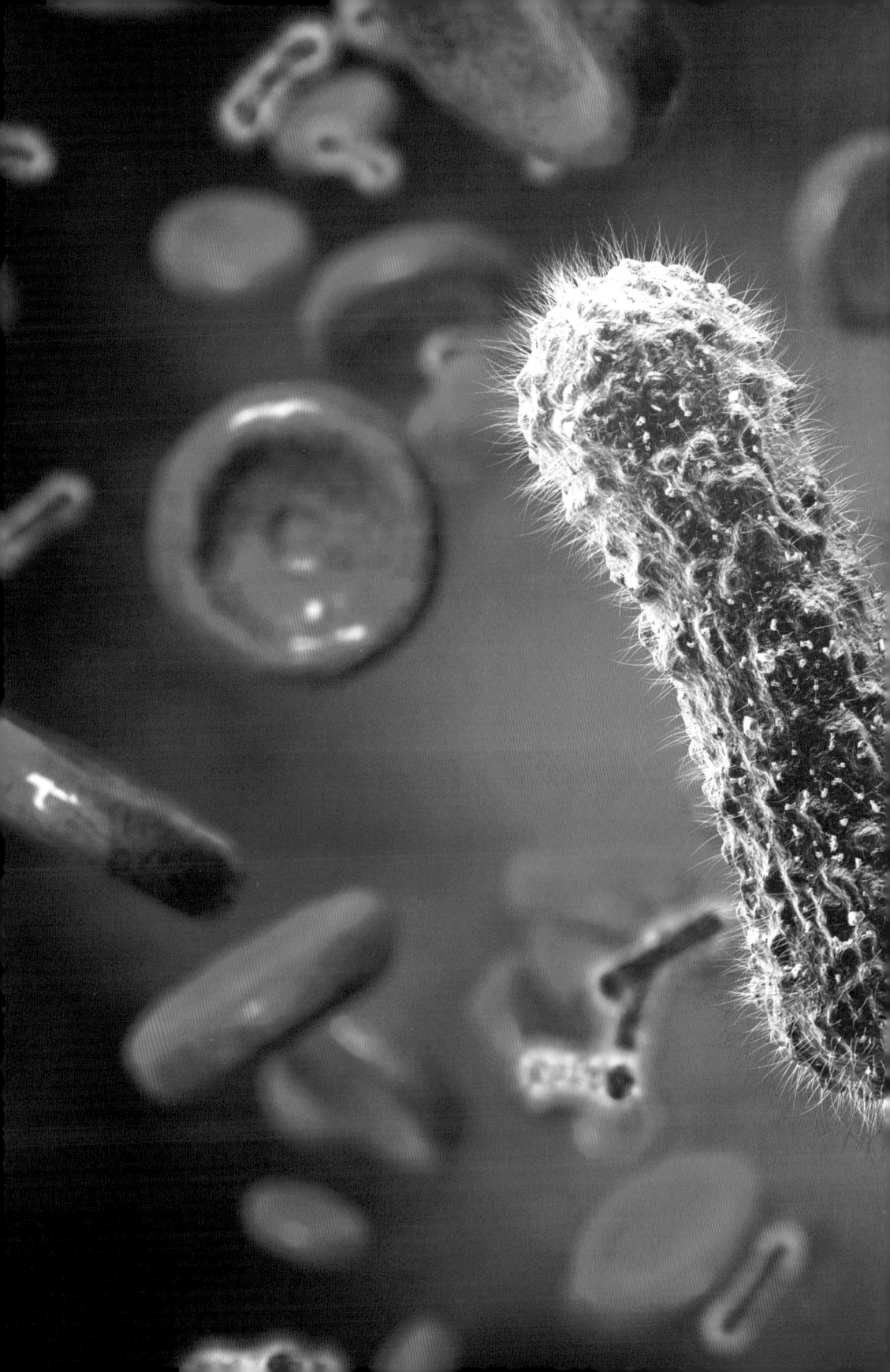

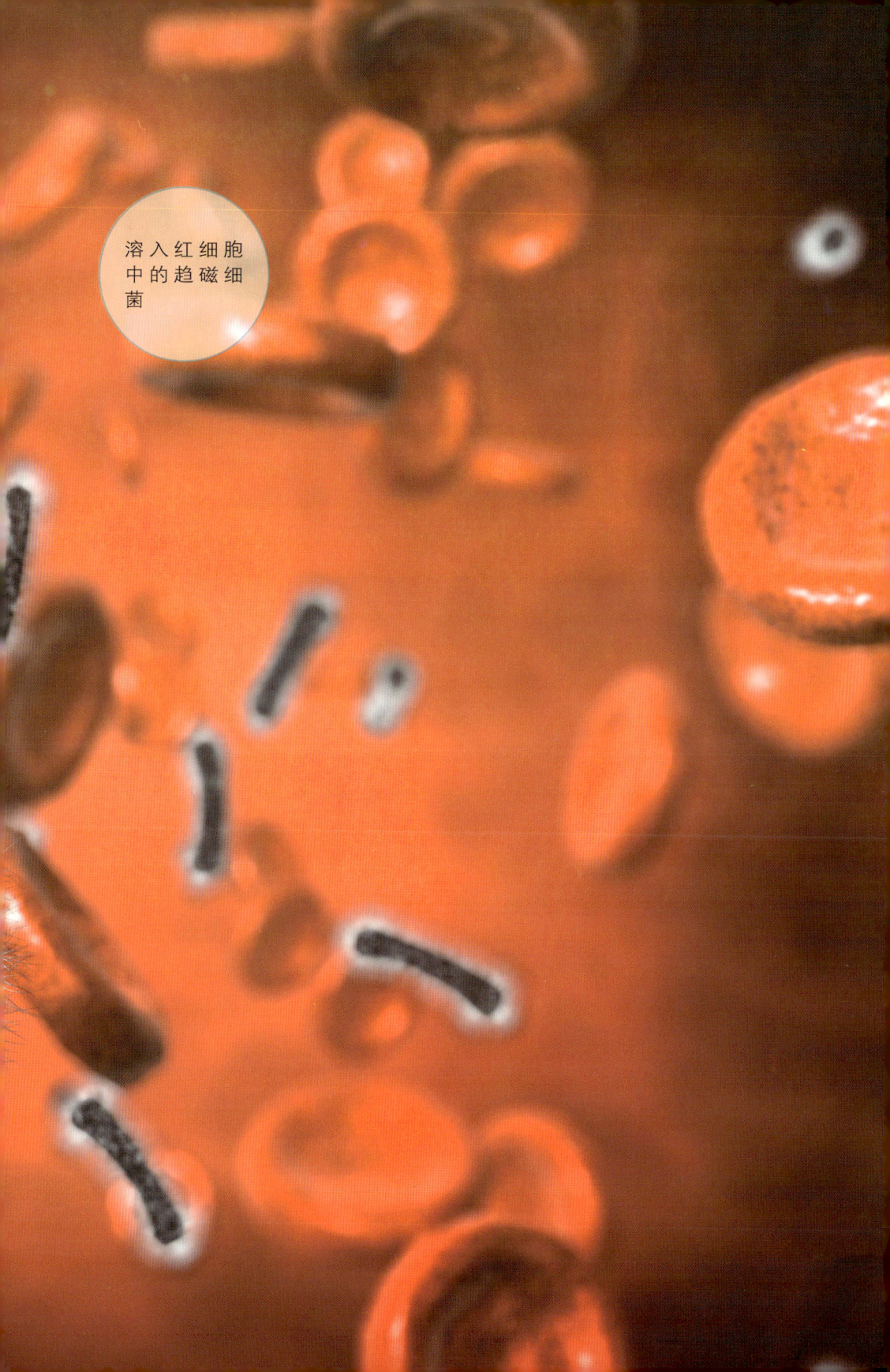

溶入红细胞
中的趋磁细
菌

科学家们通过各种实验一一解答了这些问题。他们将培养后的磁性细菌的菌体破坏，利用菌体和磁性超微粒之间存在着的比重差，通过离心器进行分离，抽取出磁性超微粒。用X射线对这种微粒进行解析后证明：它们确实是四氧化三铁，其大小约为500埃～1000埃。最初利用磁性细菌进行的试验是把葡萄糖氧化酶固定于磁性微粒上。结果表明，1微克（10^{-6}克）的磁性超微粒可以固定200微克的葡萄糖氧化酶。而同量的人造锌——铁氧体磁性超微粒（5000埃），只能固定1微克的葡萄糖氧化酶，两者相差200倍，并且固定于天然磁性超微粒酶的活性也比后者高出40倍。

此外，大肠杆菌抗体固定于磁性微粒的试验也获得了成功。令人欣喜的是，试验还证实，使用过的微粒能够被再次利用。

随后，松永是助等人把磁性细菌的超微粒导入了绵羊的红细胞内。结果人们看到，磁性超微粒融合得好像是被红细胞"吸收进去"似的。

当研究者在这种红细胞上转动磁铁时，细胞也随之一起运动。与此

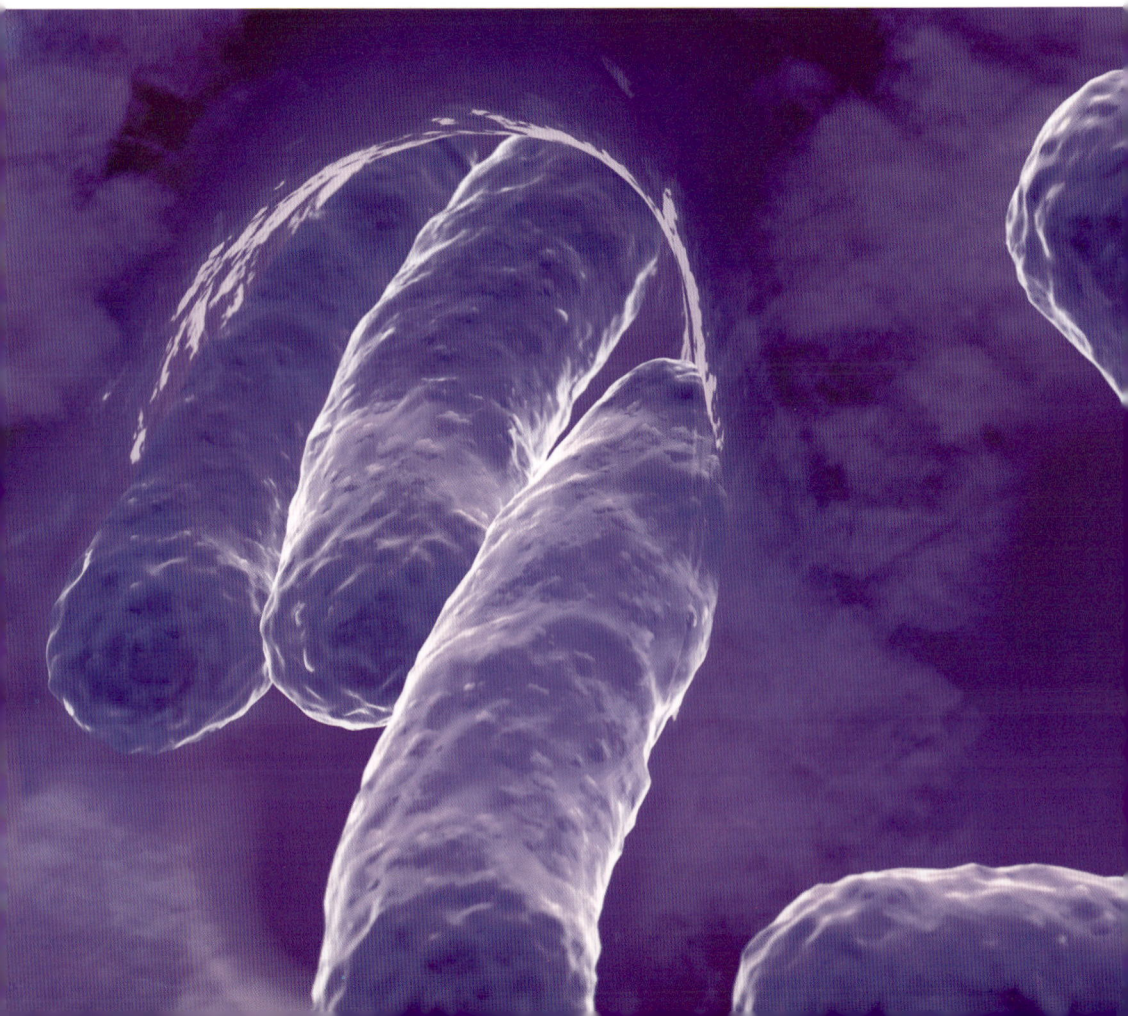

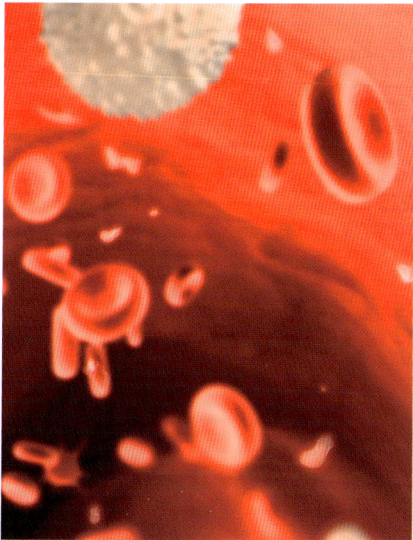

同时，人工方法制造的磁性微粒不均匀，要把它们导入细胞内很困难，而且即使把人造微粒送入细胞内，人们也会担心细胞被毒化。而磁性细菌的超微粒恰恰不会有毒害。

为此，科学家们对于在医学方面应用生物合成的磁性微粒寄予了很大的期望。科学家认为，如果把酶抗体和抗癌药物等固定于这种超微粒上，再使其导入白细胞和其他免疫细胞内，随后从体外进行磁性诱导，那么这将在制伏癌症和其他疾病中发挥出巨大的作用。

另一方面，如果把这种具有均匀的结晶构造的微粒，用作高性能的磁性记录材料，则其记录容量比目前使用的人造材料高出几十倍。

为此，科学家正力图从遗传学上，弄清楚磁性细菌合成磁性超微粒的机理，以便能够利用大肠杆菌进行大规模生产，从而使得磁性记录材料的质量获得飞跃。

生物名片

名称：趋磁细菌

类别：水生螺菌属和嗜胆球菌属

特征：移动与磁场有关

分布：分布于土壤、湖泊和海洋等水底污泥中

有特殊本领的微生物

"活的杀虫剂"苏芸金杆菌

在自然界中，不少昆虫危害着树木和庄稼的根、茎、叶，有的蛀空树干，有的钻进果实中大吃大嚼。用大量的化学杀虫剂喷洒来对付它们，收到了一些效果。但由于有些昆虫产生了抗药性，杀虫剂就不很灵了，而且化学杀虫剂还引起了环境污染。

生物学家在同害虫做斗争中，发现了一种"活的杀虫剂"——微生物。有一些微生物专门袭击某些害虫，却对人畜完全无害，不污染环境，是对付害虫的理想杀手。

法国科学家贝尔林耐在苏芸金地区一家面包厂里发现了一种杆菌，定名为苏芸金杆菌。这种杆菌是松毛虫、舞毒蛾、黏虫、红铃虫、菜青虫和玉米螟等农业害虫的天敌。

人们把这种杆菌剂喷洒到作物上，害虫咬食作物时，这种细菌就随

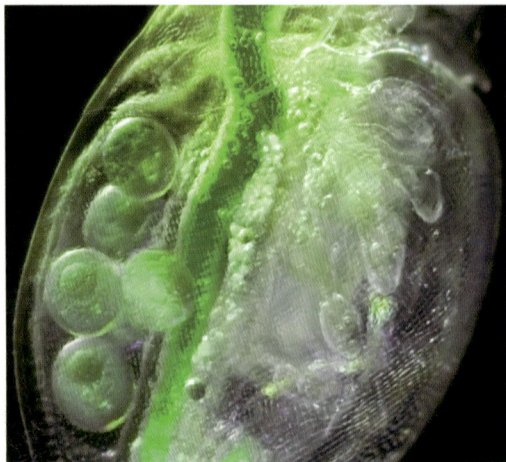

生物名片

名称：苏芸金杆菌

类别：杆菌目杆菌科

作用：生物杀虫剂

对象：防治农林业害虫、卫生害虫和仓库害虫

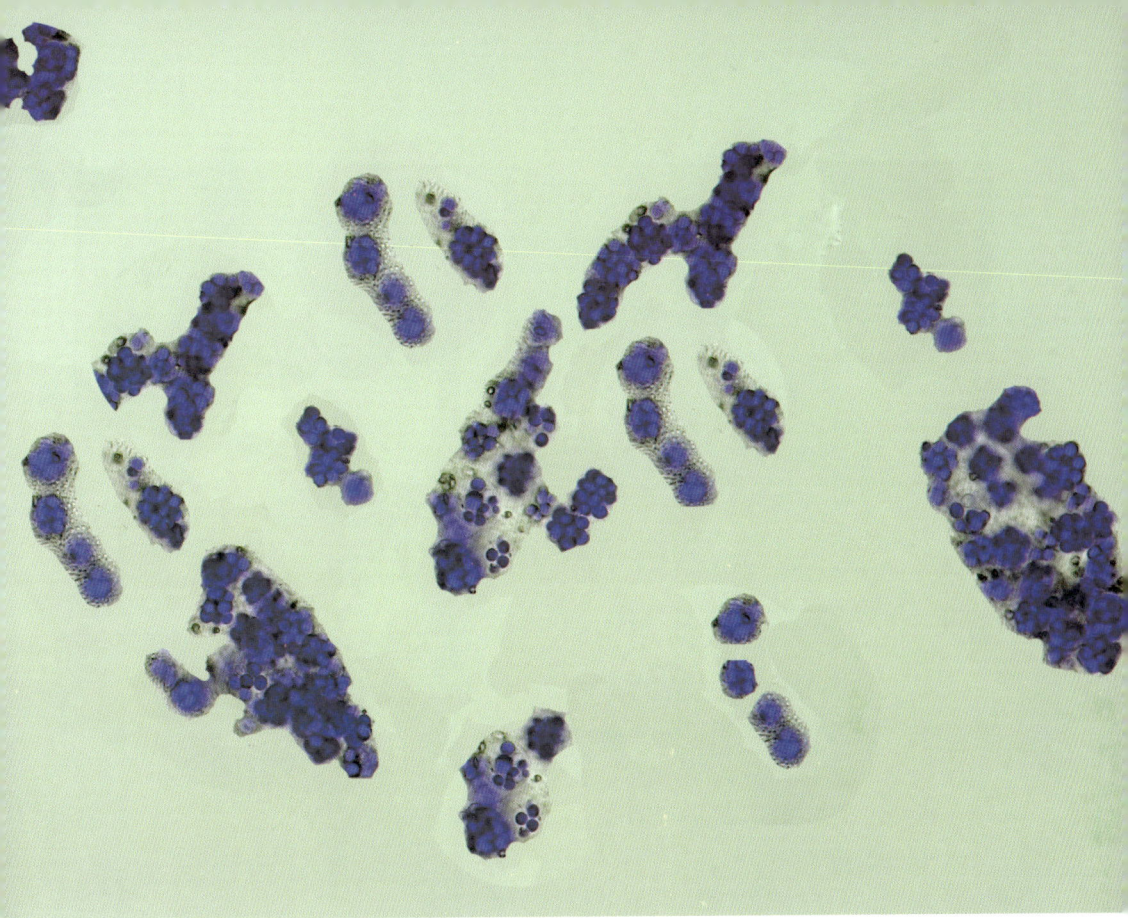

着食物进入害虫体内，能产生一种蛋白质结晶毒素，使害虫的消化器官得病，不用几天，就软腐而死。

苏云金杆菌长得像根棍棒，矮矮胖胖，身长不到千分之五毫米。当它长到一定阶段，身体一端会形成一个卵圆形的芽孢，用来繁殖后代；另一端便产生一个菱形或近似正方形的结晶体，因为它与芽孢相伴而生，我们叫它伴孢晶体，有很强的毒性。

当害虫咬嚼庄稼时，同时把苏云金杆菌吃进肚里，这时苏云金杆菌就像孙悟空钻进铁扇公主的肚子里去一样，在害虫的肚子里大显威风。它的伴孢晶体含有的毒素可以破坏害虫的消化道，引起害虫食欲减退、行动迟缓、呕吐、腹泻；而芽孢能通过破损的消化道进入血液，在血液中大量繁殖而造成败血症，最终使害虫一命呜呼。

苏云金杆菌的发现，为人们利用微生物消灭植物病虫害展现了美好的前景。现在，人们已经用发酵罐大规模地生产苏云金杆菌，经过过滤、干燥等过程制成粉剂或可湿剂、液剂，喷洒到庄稼上，对棉铃虫、菜青虫、青蛾、松毛虫以及玉米螟、高粱螟、三化螟等100多种害虫有不同的致病

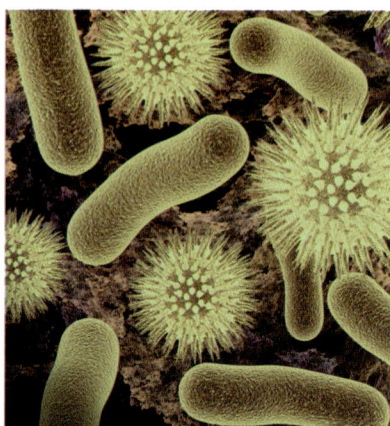

和毒杀作用。

苏芸金杆菌还有独特的本领，它不像化学药剂那样，不管是害虫还是益虫统统杀死，它能分清"敌友"，对蜻蜓、螳螂、寄生蜂等益虫没有杀伤力，对人畜也没有毒害。

我国的科学家也培养出了杀螟杆菌和青虫菌。它们能有效地消灭水稻、蔬菜和棉田里的害虫，使农作物产量大大增加。

清除海洋污染的细菌

近年来，由于工业、交通的发展，大量石油产品污染物流入海洋，导致了海洋环境的污染。有人估计，每年约有1000万吨石油流入海洋，漂浮于海面，破坏了海洋生态平衡，使海洋生物大量死亡，也给人类带来了灾难性的后果。有什么办法能够清除流入海洋的石油呢？人们又想到了微生物。经过长期观察研究，生物学家发现了一种能以石油为食的海洋细菌。这种海洋细菌吃了石油，怎么没有中毒死亡呢？原来在它们

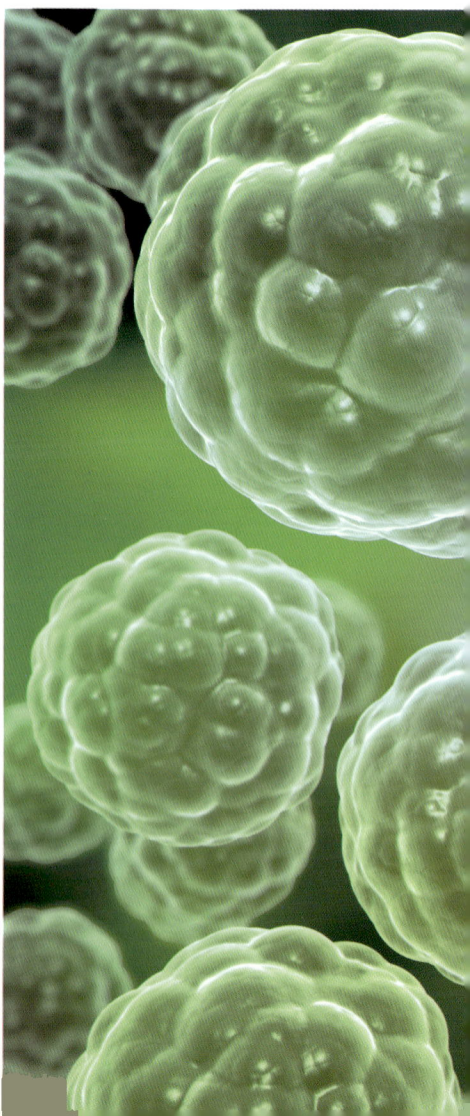

体内有一种能分解石油的特殊催化剂——酶。

于是，人们让能吃石油的细菌去清除海洋中的石油。现在，生物学家成功地培育出了一种以石油为"食"的完全新型的细菌。这种超级细菌只要几小时就可以除去海上的浮油。如果油船在海上遇难，所造成的石油污染将会很快被这种超级细菌清除。科学工作者还进一步设想：把能吞吃石油的细菌制成菌粉，撒在被石油污染的海域，以清除海中石油；或者模仿吞吃石油的海洋微生物及海洋细菌的机理，制造出高效化学吸附剂或净化剂，以清除海洋污染，保护海洋环境。

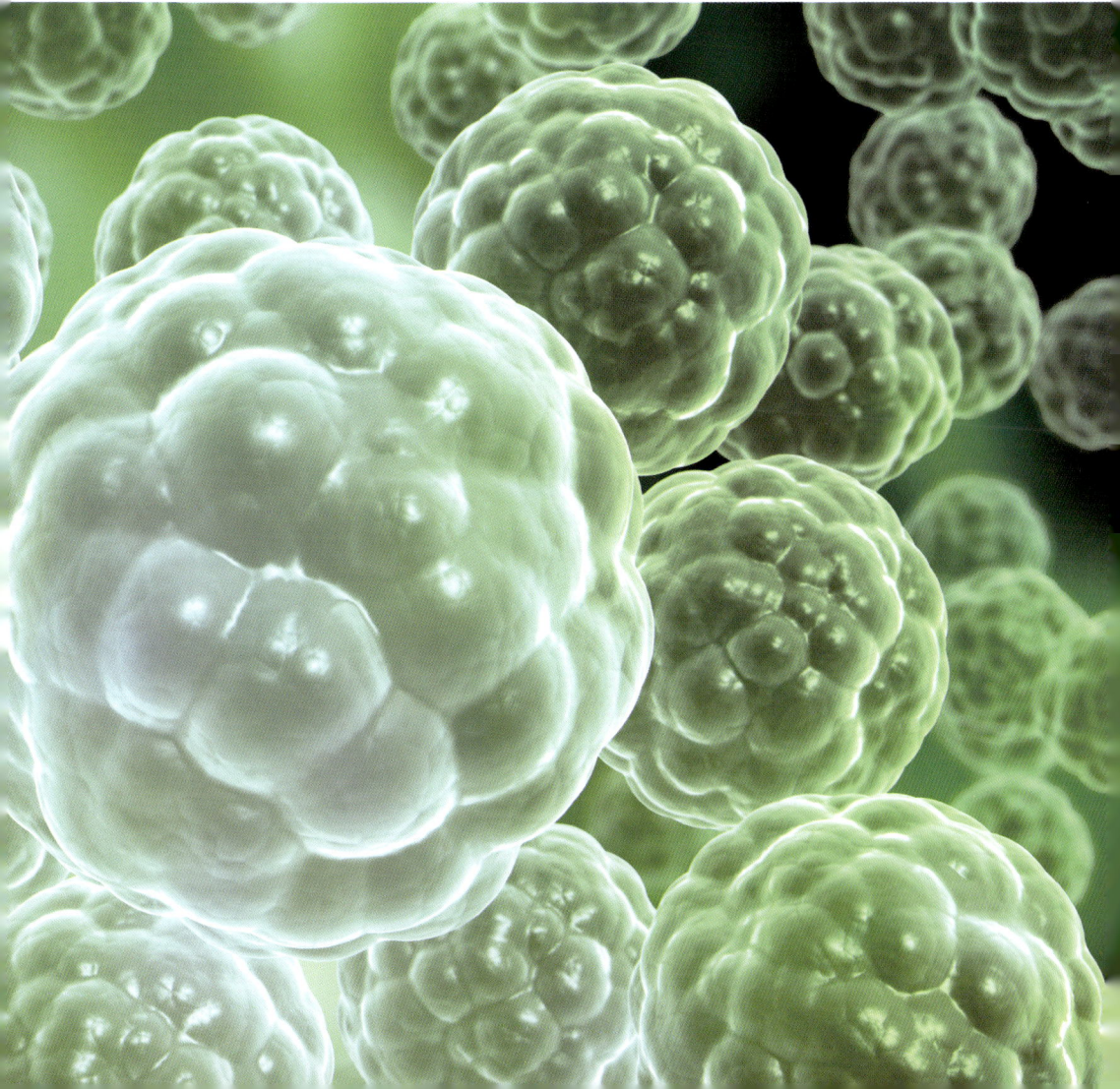

能够保护环境的
微生物

微生物分解细胞

在城市的旧房区，我们经常看到拆旧房的工人。在大自然的国度里，细菌也是"拆旧房的工人"，不过它们拆的不是旧房，而是动植物的尸体。它们将多细胞的动植物分解成单细胞，进一步分解成小分子还给大自然。

在那些死去的生物细胞里还残留着蛋白质、糖类、脂肪、水、无机盐和维生素六种成分。在这六种成分中，水和维生素最容易消失，也最易被吸收；其次就是无机盐，很容易穿透细菌的细胞膜；然而对于结构复杂而坚实的生命三要素蛋白质、糖类和脂肪等，细菌就要费点心思了。先要将它们一点一点软化，一丝一丝地分解，变成简单的小分子，然后才能被重新利用。

蛋白质的名目繁多，性质各异，经过细菌的化解后，最后都变成了氨、一氧化氮、硝酸盐、硫化氢乃至二氧化碳和水。这个过程叫化腐作用，把没有生命的蛋白质化解掉，这时往往会释放出一股难闻的气味。糖类的品种也多，结构也各不同，有纤维素、淀粉、乳糖、葡萄糖等。细菌

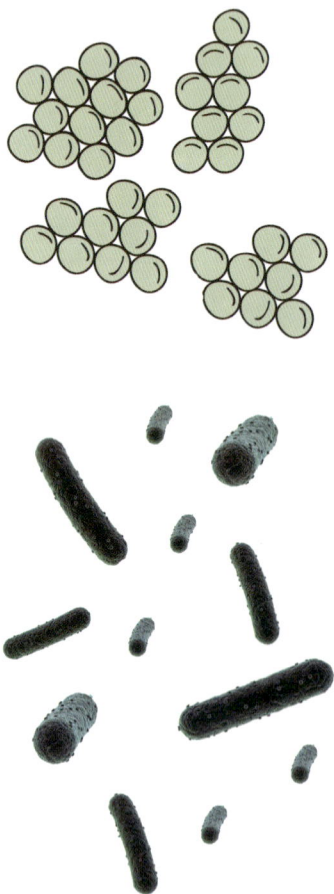

也按部就班地将它们分解成为乳酸、醋酸、二氧化碳和水等。

对于脂肪，细菌就把它分解成甘油和脂肪酸等初级分子。蛋白质、糖类和脂肪这些复杂的有机物都含有大量的碳链。细菌的作用就是打散这些碳链，使各元素从碳链中解脱出来，重新组合成小分子无机物。这种分解工作，使地球上一切腐败的东西，都回归土壤，使自然界的物质循环得以进行。

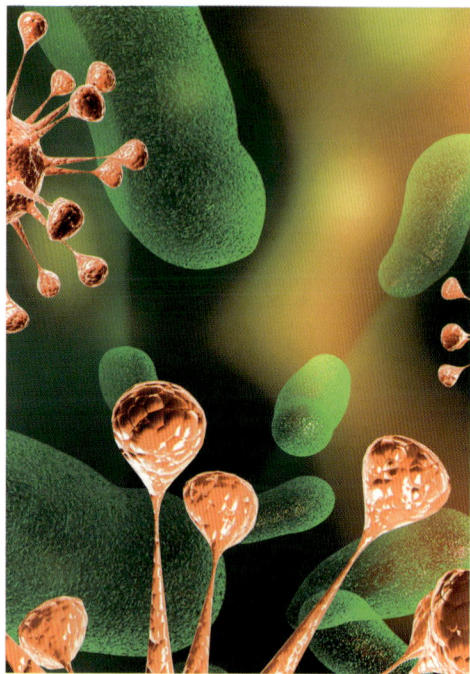

高科技带来污染

现代高科技的快速发展，的确给人类生活带来了巨大的便利，然而，也产生了一系列新的问题。水污染便是其中之一。

在苏联，伏尔加河污染使著名的鲟鱼濒临绝迹。1965年在斯维尔德洛夫市曾有人偶然把烟头丢进伊谢特河而引起了一场熊熊大火。苏联每年有100多万吨石油产品和20万吨沥青及硫酸排放入里海，使曾经丰产的梭子鱼几乎绝迹。

在美国，被称为"河流之父"的密西西比河，污染使许多鱼类和鸟类绝迹，港湾死寂。盛产水生生物的安大略湖也被污染得获名"毒湖"。海洋的污染使美国8%的海域中的鱼贝类不能再食用。

在日本，港湾的污染使其特产的樱虾、鲈鱼已经断子绝孙。九州鹿儿岛的猫因为吃了富含汞的鱼类、贝类而像发疯一样惊惶不安，跳入大海，发生"狂猫跳海"的奇闻。

在我国，由于受工业废水、生活污水、粪便、农药化肥等污染，国内的523条重要河流中，现已有436条受到严重污染，湖泊和水库的80%左右也被列为污染之列。浊浪滔滔，江河湖泊在呻吟，人们费了不少脑筋和精力，投入了大量的人力、物力、财力来缓解水污染的问题。

微生物净化污水

目前，废水处理有物理方法、化学方法和生物方法，而用微生物处理废水的生物方法以效率高、成本低而被广泛使用。能除掉毒物的微生物主要是细菌、霉菌、酵母菌和一些原生动物。它们能把水中的有机物变成简单的无机物，通过生长繁殖活动使污水得以净化。

有种芽孢杆菌能把酚类物质转变成醋酸吸收利用，除酚率可以达到99%；一种耐汞菌通过人工培养可将废水中的汞吸收到菌体中，改变条件后，菌体又将汞释放到空气中，用活性炭就可以回收。有的微生物能把稳定的难以分解的DDT转变成溶解于水的物质而解除毒性。

每年在运输中有150万吨的原油流入世界水域使海洋受到污染，清除这些油类，真菌比细菌能力更强。在去毒净化中，不同的微生物各有"高招"！枯草杆菌、马铃薯杆菌能清除己内酰胺，溶胶假单胞杆菌可以氧化剧毒的氰化物，红色酵母菌和蛇皮癣菌对聚氯联苯有分解能力。

制造瘟疫的病菌

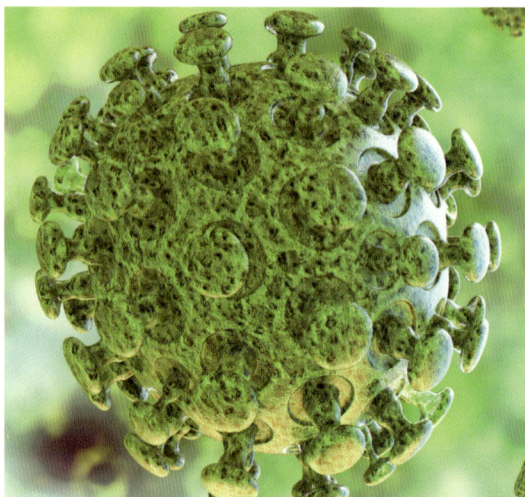

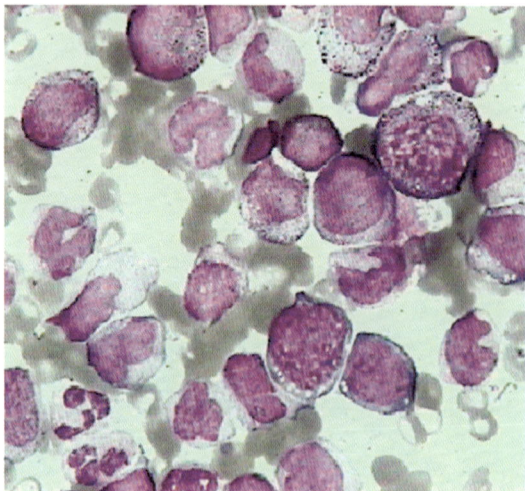

"当代瘟疫"艾滋病病毒

20世纪80年代初期，在美洲、欧洲、非洲、大洋洲等国家和地区，出现了一种新的疾病，这就是令人恐惧的艾滋病。艾滋病扩散的速度很快，死亡率极高，目前正向世界各地蔓延，有人把它称为"当代瘟疫"和"超级癌症"。

引起艾滋病的病原体，便是微生物王国中的一种反转录病毒，现在人们把它叫作人类免疫缺陷病毒。

艾滋病主要通过性接触、输入污染病毒的血液和血液制剂、共用艾滋病患者用过而未经消毒的针头和注射器等传播，受病毒感染的孕妇也可以通过母婴传播途径传染给胎儿。

当艾滋病的病毒进入人体后，可以静静地潜伏在人体内多年而不发作。它的主要危害是破坏人体免疫系统，使病人无法抵抗其他机会感染的疾病而致死。

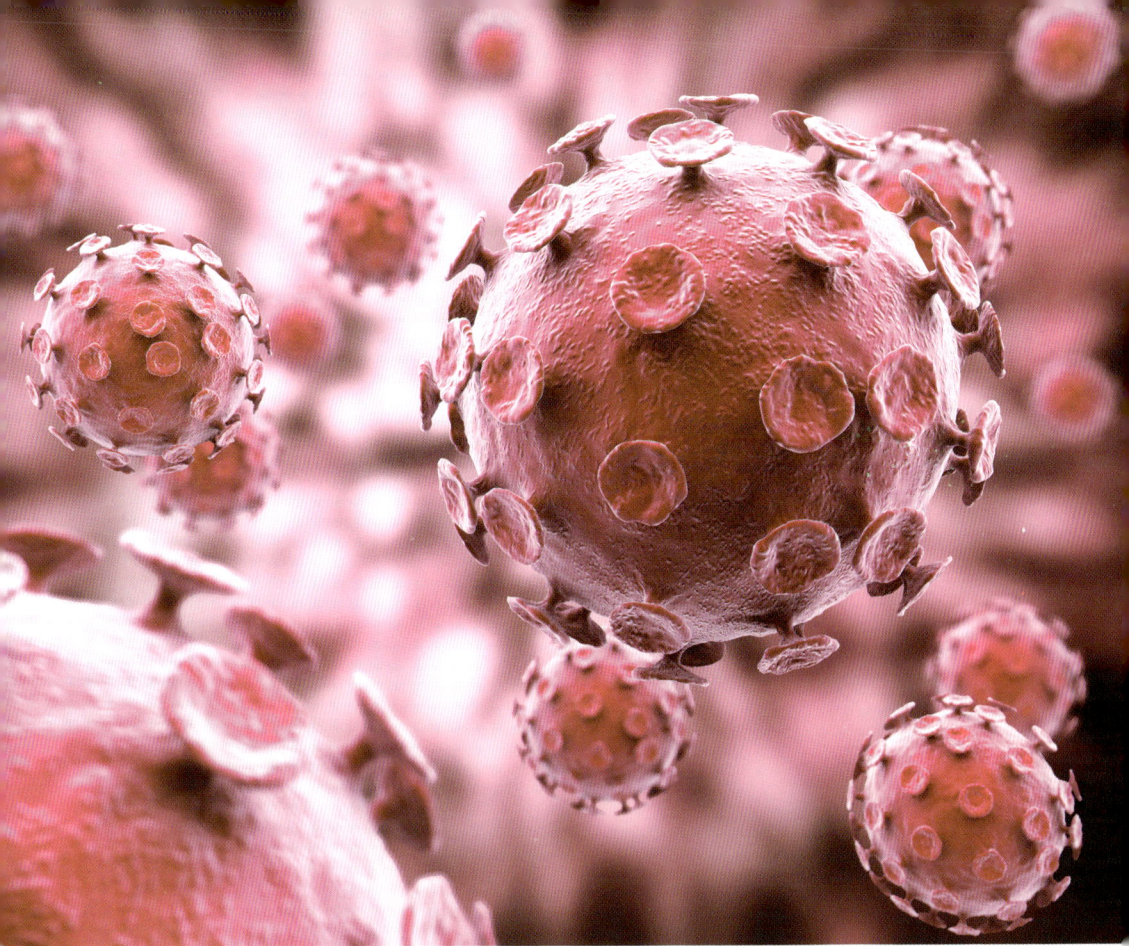

患者还可以发生少见的恶性肿瘤，如卡波西肉瘤而导致死亡。

猖獗肆行的流感病毒

流行性感冒是世界上最猖獗的传染病，曾多次席卷全球，给人类带来巨大灾难。仅仅在1957年的一次流感大传播中，全世界共有15亿人发病，数以万计的老人和小孩病死。引起流行性感冒的病毒叫流行性感冒病毒，简称流感病毒。流感病毒有球状或长形两种形状。它们能侵害人类、马、猪和一些鸟类。

流感病毒之所以如此猖獗肆

生物名片

名称：艾滋病毒
学名：人类免疫缺陷病毒
类别：反转录病毒科慢病毒
　　　属灵长类免疫缺陷亚属
危害：攻击人体的辅助淋巴
　　　细胞系统，难以消除

行，是因为它们能够不断地发生变异，令人防不胜防。

像1957年的大传染是由亚洲型流感病毒引起的，1968年从香港席卷全球的流感是香港型流感病毒，1973年在澳大利亚和新西兰发生的大规模流感是甲型流感病毒的新毒株——澳大利亚型流感病毒。现根据NP和M蛋白抗原性的不同，可将流感病毒分为甲、乙、丙三型。甲性流感病毒根据其表面的HA和NA抗原性的不同，再区分为若干亚型。甲性流感病毒HA和NA极易变异。

近30年来，大约每10年流感病毒就发生一次变异，这使已经获得免疫力的人因经不住新型流感病毒的进攻而生病。

流感病毒的这种变异特性为预防和治疗流行性感冒带来了巨大困难。不过，现在科学家已采取了主动措施，不仅有了广泛的预防措施，就算一旦发现病毒新变种，也能很快地制成药物治疗，所以流感病毒也不是那么

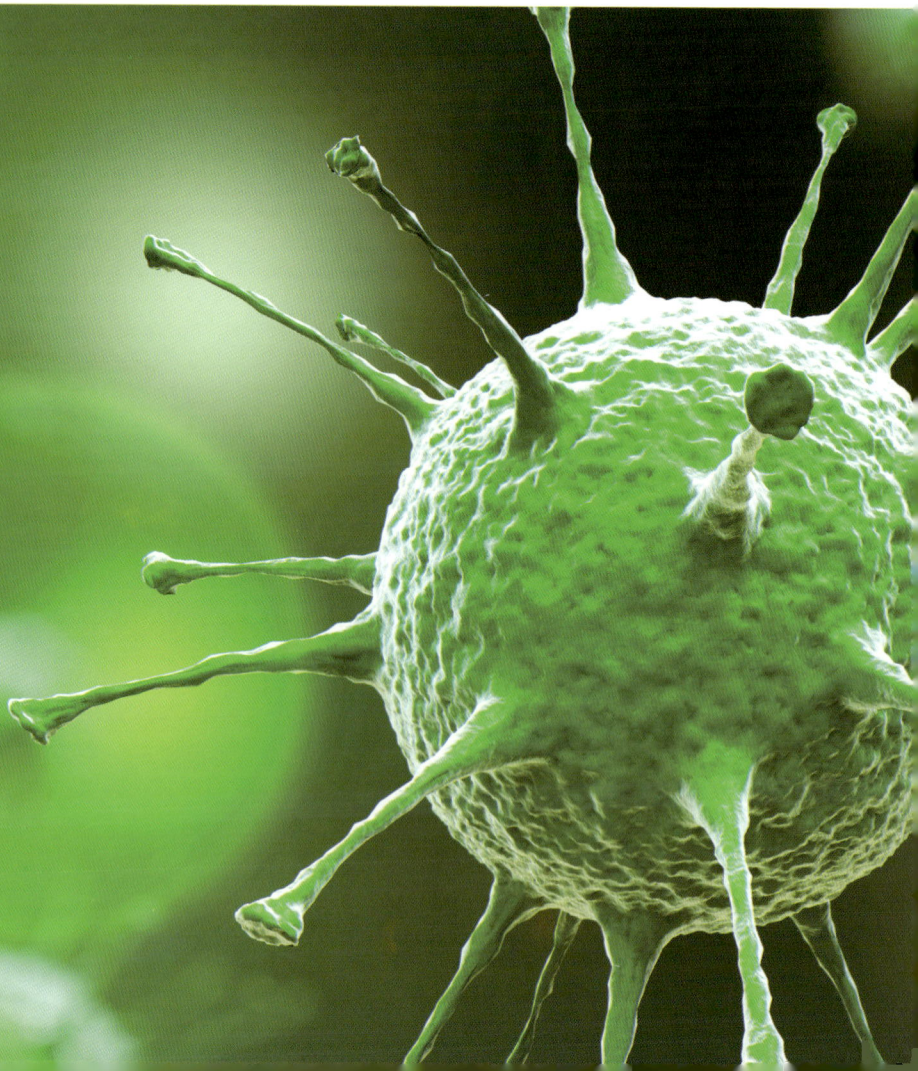

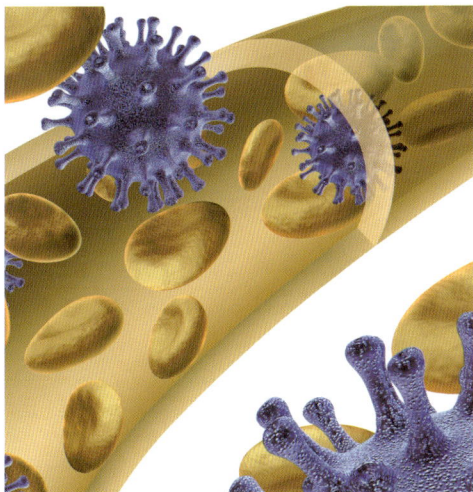

容易肆意横行了。

危害四方的肝炎病毒

肝炎病毒是指引起病毒性肝炎的病原体。人类肝炎病毒有甲型、乙型、丙型、丁型和戊型和庚型病毒之分。甲型肝炎病毒呈球形，无包膜，核酸为单链RNA。乙型肝炎病毒呈球形，具有双层外壳结构，外层相当于一般病毒的包膜，核酸为双链DNA。除乙型肝炎病毒遗传物质为双链DNA外，其他类型病毒均为单链RNA。除了甲型和戊型病毒为通过肠道感染外，其他类型病毒均通过密切接触、血液和注射方式传播。

甲型肝炎病毒常随不干净的食物被人们"吃"进肚里，然后危及肝脏，侵害全身。由于人们在日常生活中要大量接触各种物

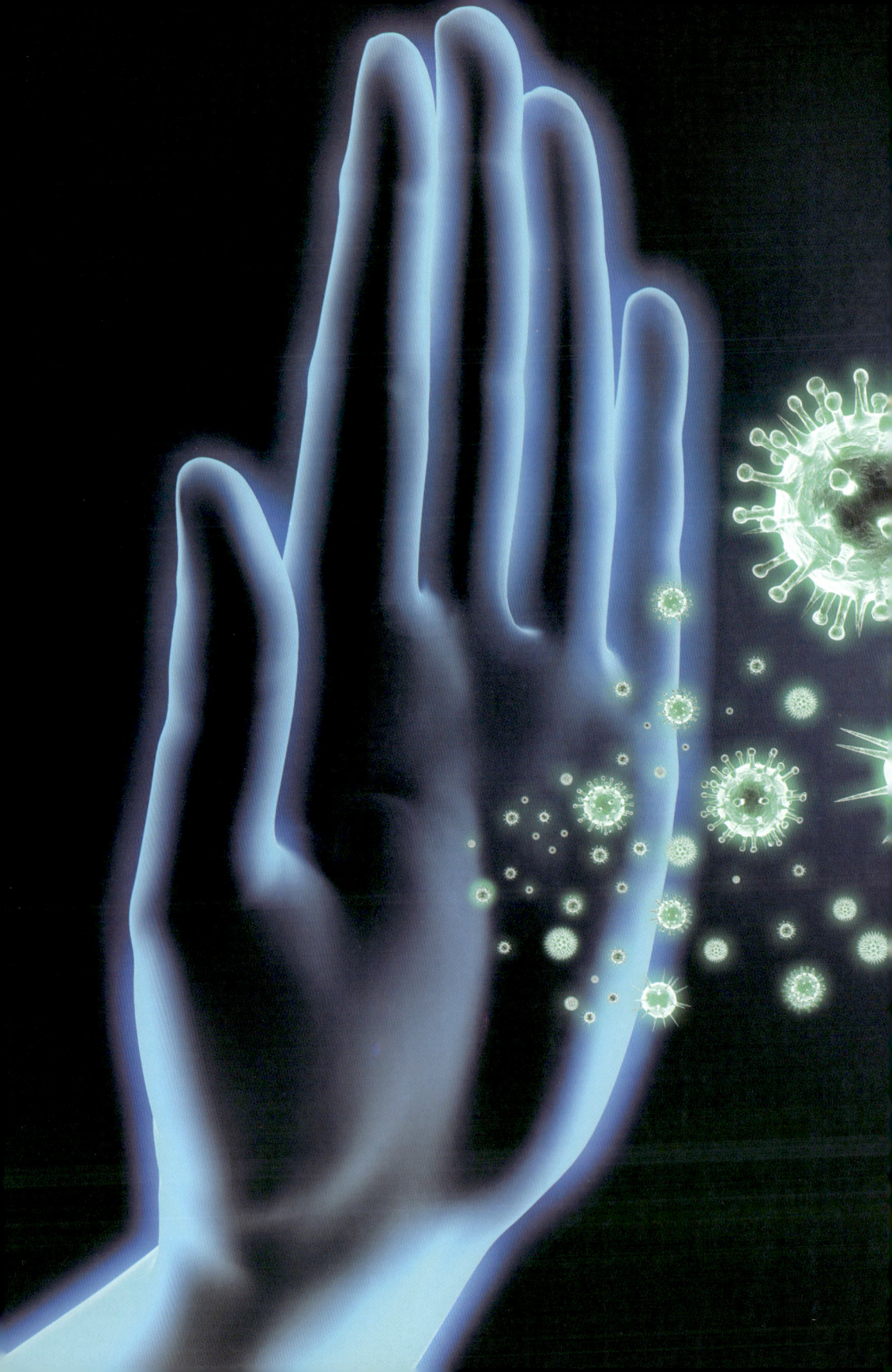

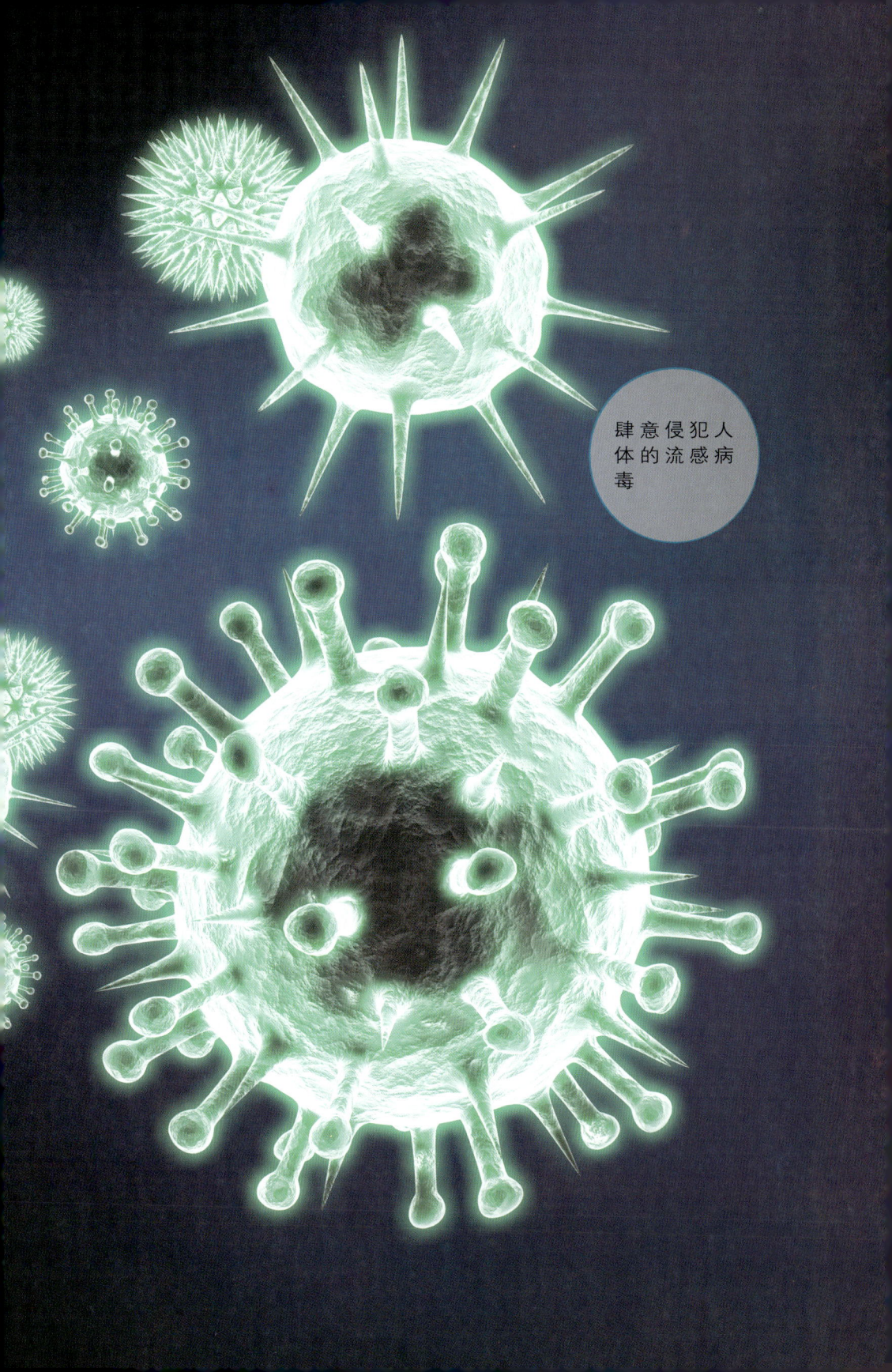

肆意侵犯人体的流感病毒

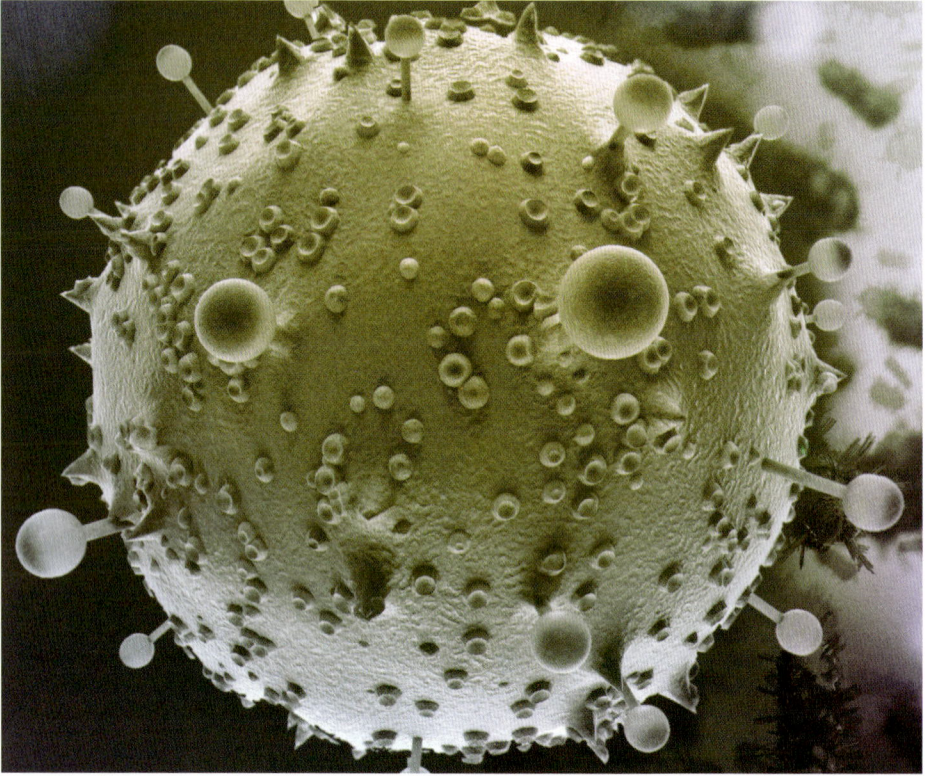

品，如果在饮食上不讲究卫生，就很容易得甲型肝炎。

1988年，上海地区甲型肝炎大流行，就是因为食用了带有肝炎病毒的不洁毛蚶。甲型肝炎发病突然，传染面广，但容易医治，而且大部分成年人或得过甲型肝炎的人都具有抵抗甲肝病毒的免疫力。因为甲肝病毒在

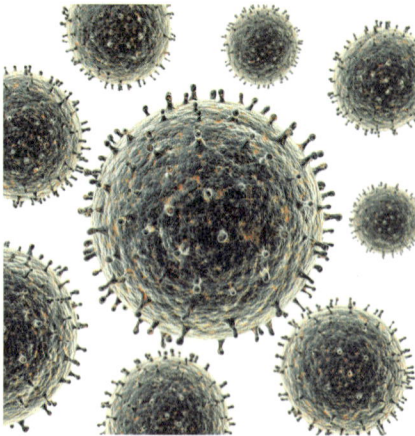

生物名片

名称：甲型肝炎病毒

类别：RNA病毒核糖核酸病毒科

特征：球形，无包膜，核酸为
　　　单链RNA

危害：引起甲型肝炎

100℃持续5分钟的环境下不能生存，所以，经常沸煮碗筷是消灭甲肝病毒的好办法。

乙型肝炎病毒非常顽固，患病后往往长期不能痊愈，而且慢性乙型肝炎还有可能转为肝癌。乙型肝炎病毒能在高温、低温、干燥和紫外线照射等条件下存活很长时间，这给预防和治疗乙型肝炎带来了很大困难。目前主要是针对它的传播途径加强预防措施。

丙型肝炎病毒是一种具有脂质外壳的RNA病毒，其与HBV及HDV无同源性，可能是黄病毒属中分化出来的一种新病毒。该病毒经加热100℃10分钟，或60℃10小时，或甲醛1∶100037℃96小时可灭活。

丁型肝炎病毒是一种缺陷的嗜肝单链RNA病毒，有高度的传染性及很强的致病力，其感染可直接造成肝细胞损害，目前尚无特效药物可治疗。

戊型肝炎是一种经粪—口传播的急性传染病，随病人粪便排出，通过日常生活接触传播，并可污染食物，成人病死率高于甲型肝炎。

肝炎的发生与机体免疫反应有密切关系，所以保持机体免疫反应和免疫调控机能正常，是防止病毒性肝炎的关键因素。

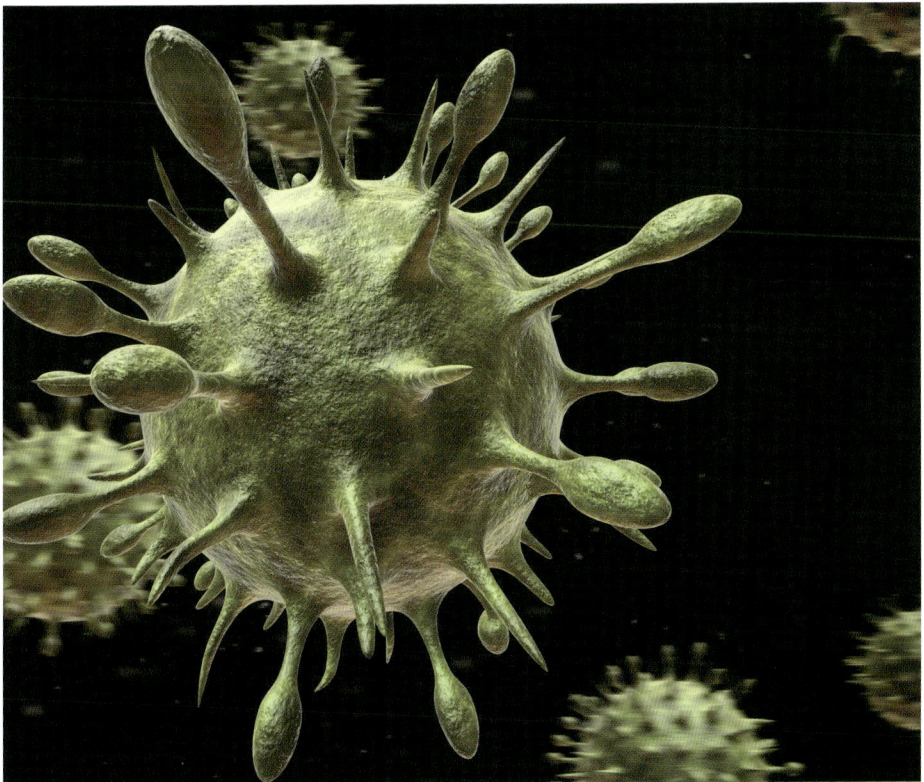

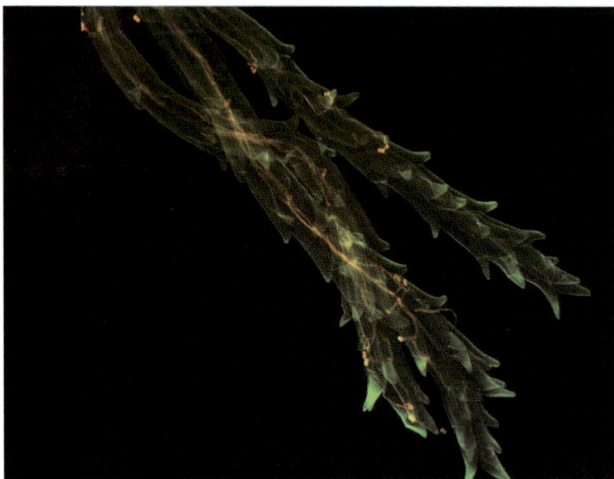

横行中世纪的麦角菌

Wei Xie Ren Jian Kang De Bing Jun

在真菌家族中有一个"不肖子孙",叫麦角菌。它曾在中世纪的欧洲横行了几个世纪,使大批孕妇流产,并一次又一次地夺去了数以万计的人的生命。开始人们还以为是什么恶魔在作怪,后来经过长期的研究,才知道这个恶魔原来就是麦角菌。

麦角菌属于一种子囊菌,最喜寄生在黑麦、大麦等禾本科植物的子房里,发育形成坚硬、褐至黑色的角状菌核,人们把它叫作麦角。当人们吃了含有麦角的面粉后,便会中毒发病,开始四肢和肌肉抽筋,接着手足、乳房、牙齿感到麻木,然后这些部位的肌肉逐渐溃烂剥落,直至死亡,其状惨不忍睹。人们把这种病称为

生物名片

名称：麦角菌

类别：真菌门子囊菌亚门核菌纲球壳目麦角菌科

特征：麦角近圆柱形，两端角状，内部白色

危害：含有剧毒，可使麦类大幅度减产

麦角病。家畜吃了感染麦角菌的禾本科牧草，也会引起严重的中毒。

麦角病一度成为人、畜的大害，被称为中世纪的恶魔。但是，正像许多传染病菌一样，一旦人们认识和掌握了它们的特性，也就有可能把坏事变成好事。到18世纪，随着面粉工业的改进和发展，除去了混在小麦中的麦角，麦角病便得到了控制。不仅如此，人们还发现麦角中含有一种生物碱，有促进血管收缩、肌肉痉挛和麻痹神经的作用，可

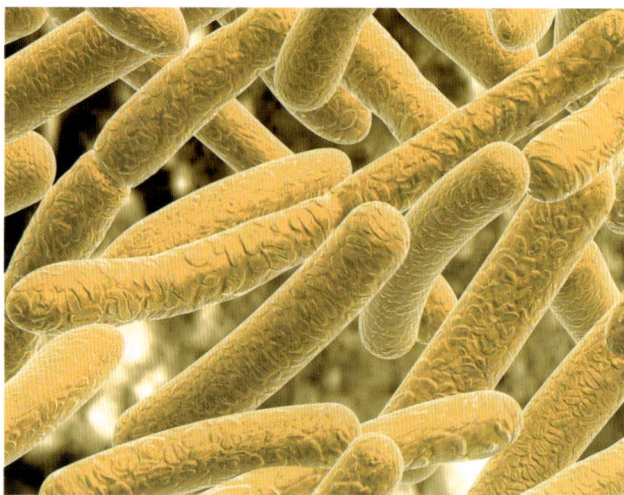

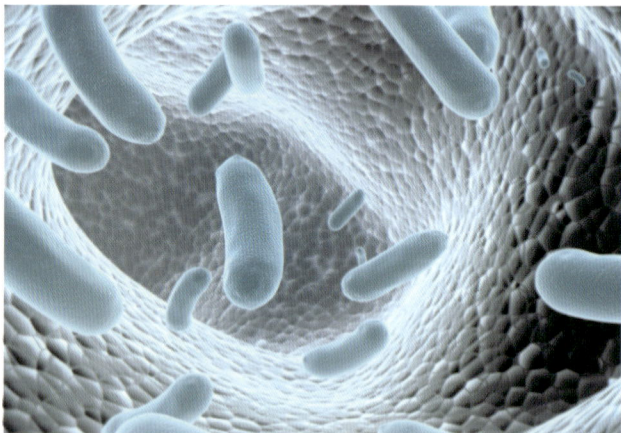

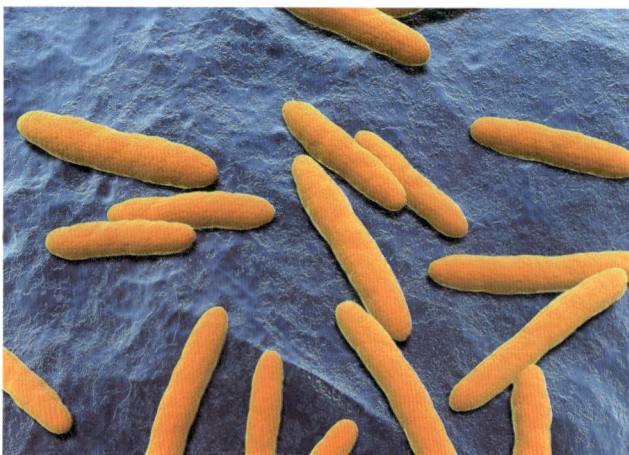

以制成有效的止血剂和强烈的流产剂，成为妇产科疗效很好的药剂。这一来，麦角菌这个真菌家族中的"不肖子孙"，也改恶从善，变成了人类的有用之物。

杀人不见血的肉毒杆菌

新疆西北部察布查尔县的锡伯族人，每年春天常因吃自制的"米松糊糊"(一种类似甜面酱的食品)而患病死去。据研究，这是因为生的"米松糊糊"中暗藏了大量的肉毒杆菌。这些暗中杀手一面迅速繁殖，一面向外施放毒性极大的肉毒毒素。这种外毒素的纯制品只要有一小粒芝麻那么重，就能杀死两千万只小白鼠，人们认为肉毒毒素是目前最毒的毒药。

肉毒杆菌在有氧的环境下不能存活，常常出现在未经妥善消毒的肉食罐头或放置时间过长的肉制品、海味品中。吃了这类食品，便会出现恶心、呕吐，接着出现疲乏、头痛、头晕、视力模糊、复视；喉黏膜发干，感到喉部紧缩，继而吞咽和说话困难；全身肌肉虚弱无力，直至危及生命。

因此，不合卫生标准或过期的肉食罐头和肉制品、海味品绝不能再吃，以免中毒。肉毒杆菌的芽孢在中性条件下需要加热煮沸8个小时才能被杀死，可见其生命力极强，人们对它应保持高度警惕。

生物名片

名称：肉毒杆菌

类别：厚壁菌门梭菌纲梭菌目梭菌科

特征：杆状，生长在缺氧环境

危害：含有剧毒，感染肉毒杆菌后会出现视觉模糊、呼吸困难、肌肉乏力等症状

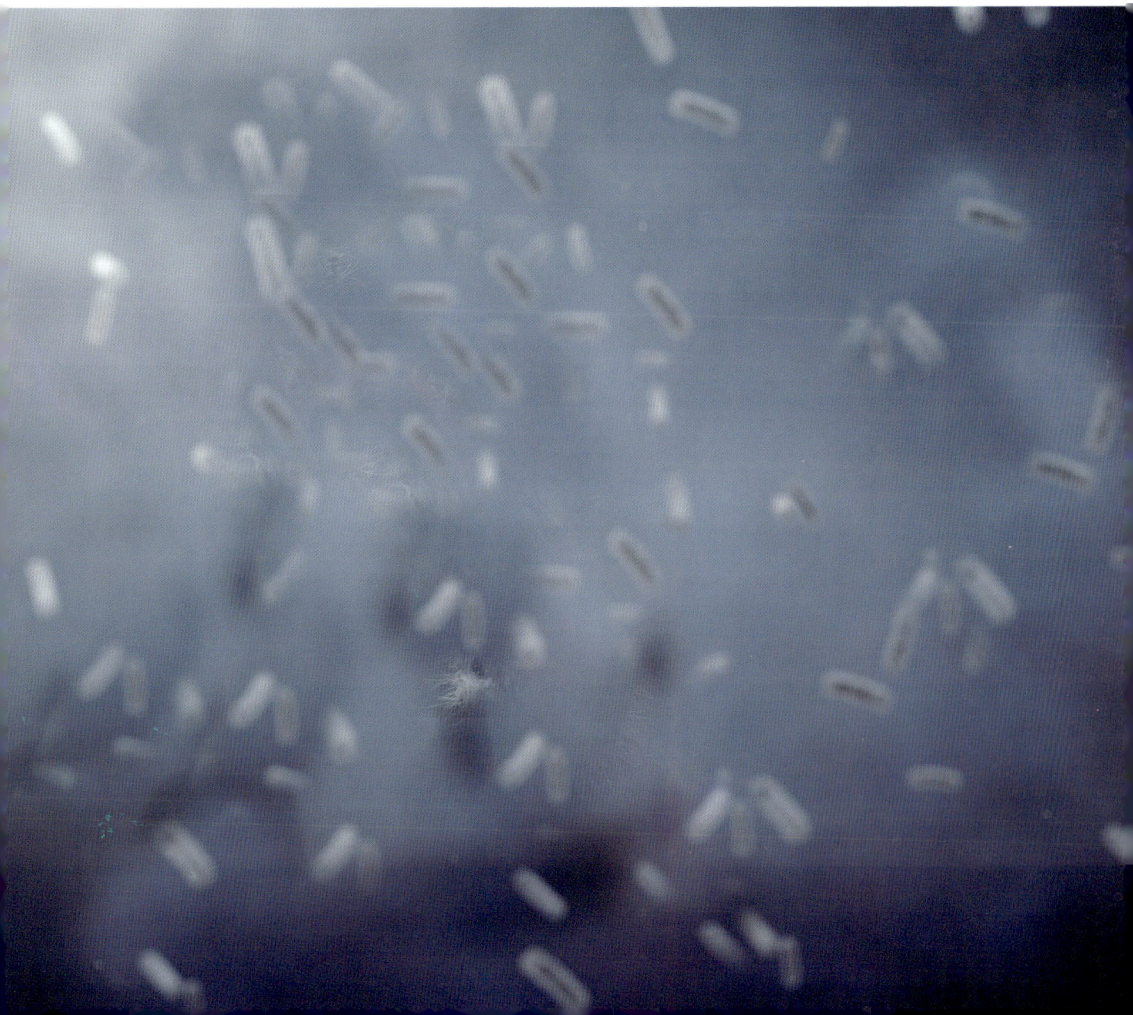

Bai Huai
Shi Pin De
Fu Bai Jun

败坏食品的
腐败菌

无孔不入的腐败菌

炎热的夏天，水果、蔬菜、鱼肉或米饭等食物，如果保存得不好，很快就会变质、腐败。这种现象，我们通常称为坏了或馊了。

大家知道，食物的败坏主要是由于微生物中的腐败菌、病菌捣乱的结果。许多味美可口的菜肴和食物，一经腐败菌和病菌光顾，不消几天甚至几小时，就会变酸变质，产生毒素，人吃了就会中毒生病，严重的还会危及生命。

长期以来，人们为了防止食物腐败找出了许多办法。例如，新鲜水果

左图：被腐败菌"光顾"后的食物。

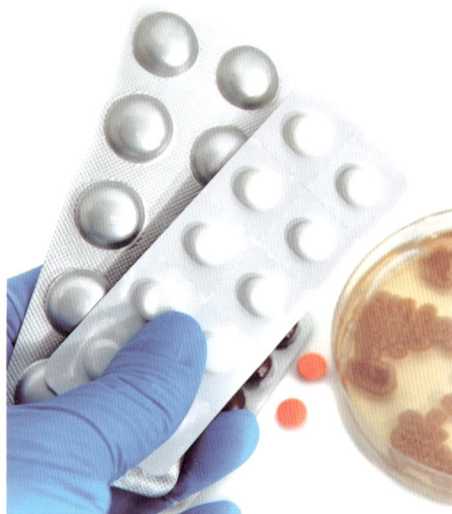

右图：腐败菌的克星——抗生素药片。

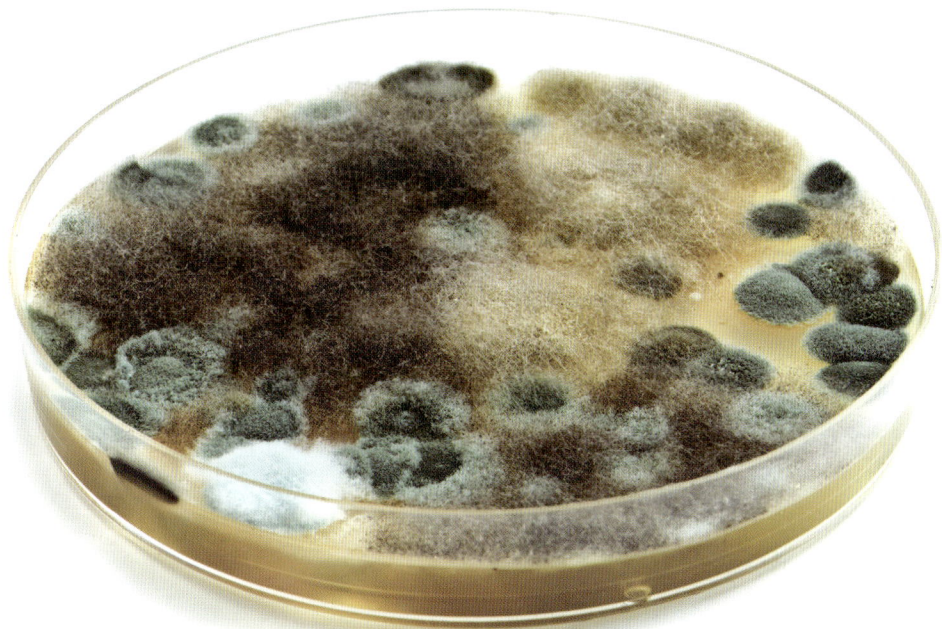

用糖加工成果脯蜜饯；新鲜鱼、肉、蛋用盐腌制成咸鱼、咸肉、咸蛋；蔬菜、笋、鱼等晒成干菜、笋干、鱼干等，这些都是常用的防腐方法。还有低温冷藏、化学药品防腐等方法。然而，尽管人们想方设法来消灭和防御病菌，病菌总是无孔不入学，找我们的麻烦。

腐败菌的克星——抗生素

抗生素之所以能延长食品的保存期限，主要在于它能干扰或阻碍病菌正常的新陈代谢，使病菌不能进行正常的生命活动，抑制或杀灭其生长和繁殖。抗生素溶解在水里后，接触到食物体表面或透到组织里，形成一层保护膜，腐败菌或病菌一旦沾上，就会立即被抗生素所抑制或杀灭。

而且，使用抗生素保存蔬菜、水果等食品，对于食物的色、香、味和维生素等营养成分的保持，都比采用腌制法和加热消毒法优越得多，所以抗生素是一种理想的保护剂。但应注意的是，对抗生素的使用要在国家规定的使用范围之内。

在日常生活中，对付腐败菌和病菌侵害、预防食物中毒的办法就是要加强食品卫生管理，注意饮食卫生，不吃腐、馊、变质食物和不洁瓜果，防止生熟食物交叉污染。

Shi Jun
Ru Ming De | # 噬菌如命的
Shi Jun Ti | # 噬菌体

噬菌体的巨大危害

噬菌体是一种能"吃"细菌的细菌病毒，凡有细菌的地方，都有它们的行踪。噬菌体是所有细菌发酵工厂的大敌，因为它们能把培养液中的有益菌体几乎全部吃光，造成巨大损失。

例如，当我们利用一些有益的菌类，在生产抗生素、酒精、醋酸、味精、丙酮、丁醇等产品时，如果闯入了噬菌体，这些有益的菌种将被吃尽，使我们浪费很多原料、动力和劳力。大部分噬菌体长得像小蝌蚪。在自然环境条件下，它们只能侵染细菌和一些原生生物，而不能侵染高等动物和植物。

噬菌体的脾气并不都一样。烈性噬菌体侵入细菌后，马上进行营养繁殖，直到使细菌细的胞裂解方才善罢甘休。而温和性噬菌体进入细菌细胞内先"潜伏"下来，不但不损伤寄主细胞，反而和寄主的基因组同步复制等待时机。如果受到外界因素的刺激，比如受到辐射时，潜伏的噬菌体会毫不犹豫地"冲"出寄主细胞，从而导致细菌死亡。

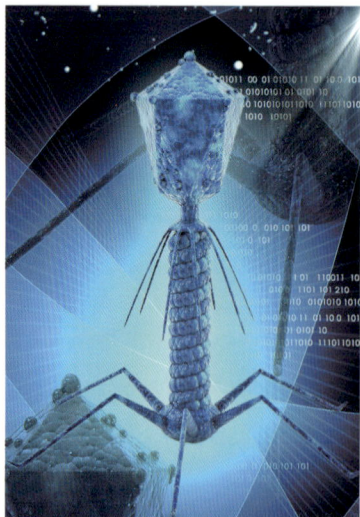

噬菌体的培养利用

噬菌体往往都有各自固定的"食谱"。像专爱"吃"乳酸杆菌的噬菌体和专"吃"水稻白叶枯细菌的噬菌体等。根据这一特性，科学家可以从细菌分布中大致判断出噬菌体的分布情况。

噬菌体虽然给人类造成过严重损

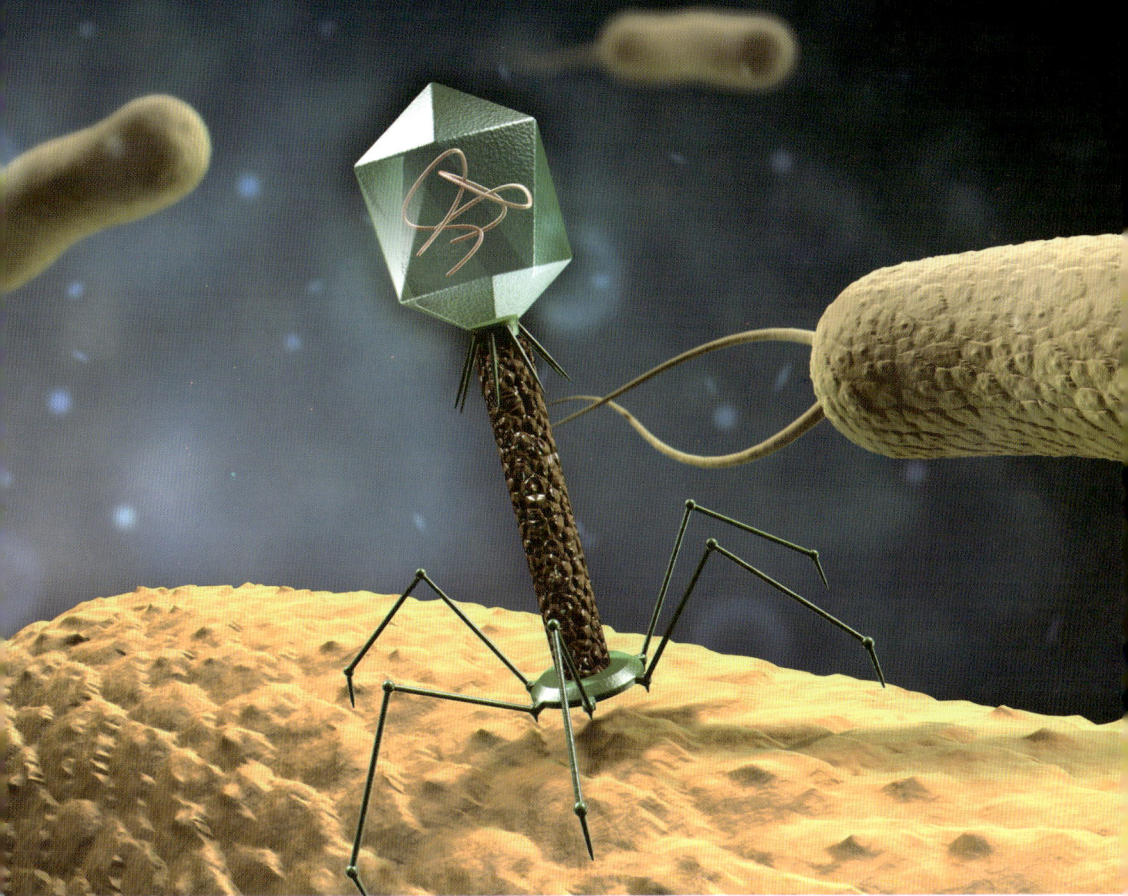

失，但是人们还是巧妙地利用了噬菌
体噬菌如命的特点，让它们为人类服
务。医生们已经成功地把噬菌体请来
治疗烫伤和烧伤。因为在烧伤病人的
皮肤上很容易繁殖绿脓杆菌，这正好
可以满足绿脓杆菌噬菌体的"饱餐"
要求。

　　这种特殊的治疗方法已经取得了
良好的效果。由于噬菌体具有取材容
易、培养方便、生长迅速、食性专一
等一些特点，生物学家常常利用它们
来进行核酸的复制、转录、重组等基
础理论研究工作。

生物名片

名称：噬菌体

类别：病毒界

特征：离开宿主细胞，既不
　　　能生长，也不能复制

作用："吃"掉有害细菌为
　　　人类治病

人类社会的
"隐形"杀手

微生物的破坏作用

微生物给人们带来益处，也造成危害。人们利用微生物酿酒，生产柠檬酸，制造抗生素和酶制剂等。然而微生物也有有害的一面，人、动物和植物的大部分疾病，以及工业、商业、外贸等部门的许多材料和制品的霉变、腐蚀、受损，都是微生物造成的。这里，我们先来谈谈微生物的破坏作用。

在银行，计算机电子回路的增强塑料表面繁殖了霉菌，会导致计算机发生故障，业务出现差错。不论哪里的银行，尽管它建筑豪华、设施齐全，但由于每天有许多人进出，室内的微生物污染都十分严重。如果对室内空气中浮游的微生物进行一次测量，就会发现微生物的数量会出乎意料的多。其中还能分离出致癌性菌株黄曲霉和变色曲霉。

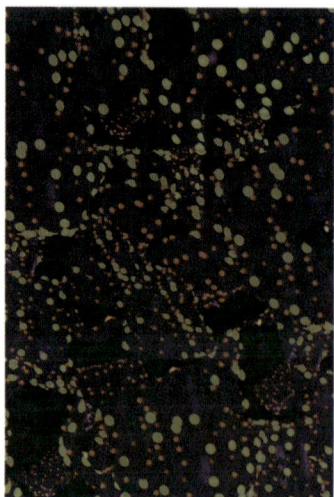

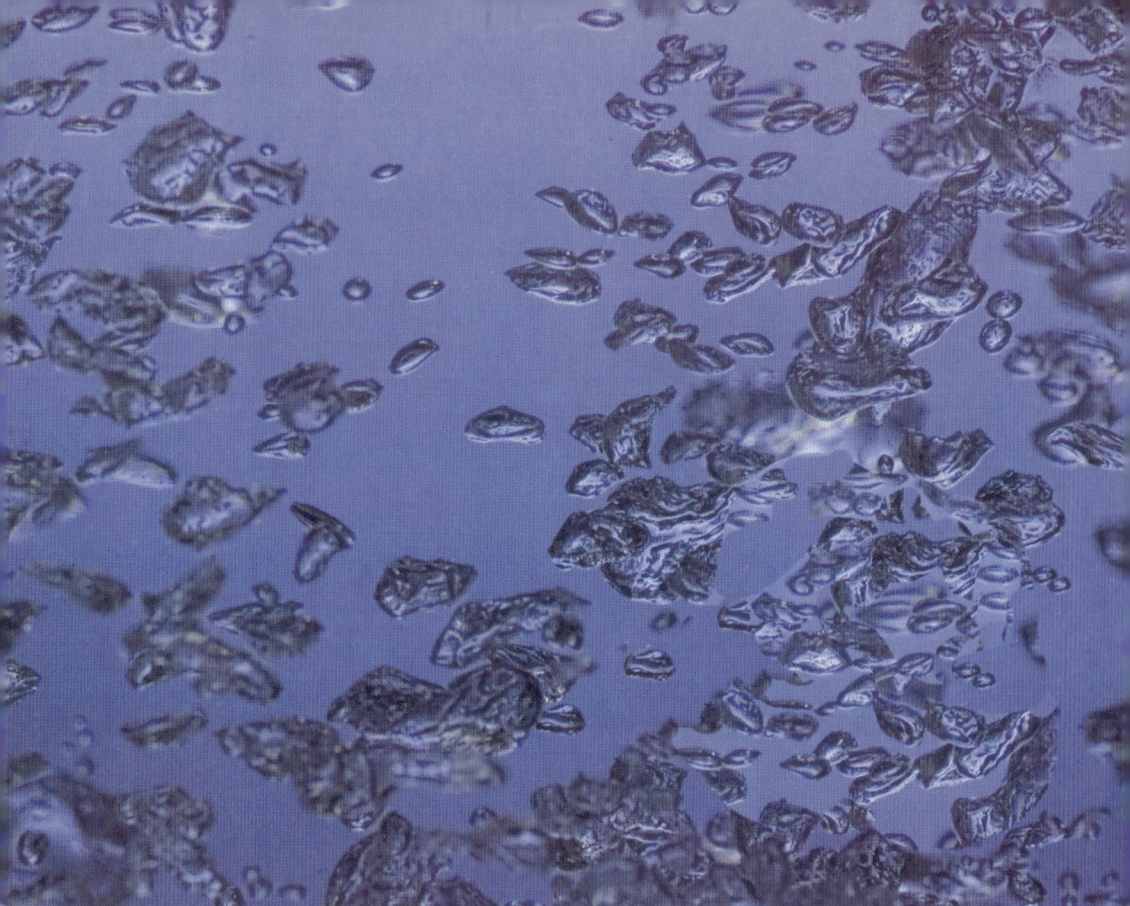

  引起室内空气中微生物增加的原因很多，但值得注意的是进出银行的各种各样的人将从毛发、衣着、手、物品中散布出微生物来。同时，黏附在纸币上的霉菌和细菌也会引起二次污染。试验已经证明，在用纤维材料制作的纸张、地毯和木材上，有许多致病菌存在着。

  这种令人忧虑的微生物污染状况除了银行之外，医院、饭店、写字楼、超市、街道、地下铁路和公共汽车等公共场所也存在着严重的问题。特别是在医院中，每天病人云集，交叉感染时常发生。进入医院是为了治疗疾病，但医院又是可怕的微生物感染地。

  对于以木质结构为主的住房，在下雨期间，由于木材吸湿，天花板和墙壁返潮，霉菌容易生长，但每当天气转好，随着水分蒸发，木材逐渐干燥，霉菌的生长就会受到抑制甚至死亡。

  然而，在混凝土结构的公寓和公共住宅内部，情况就完全不同，特别是暖气的普遍使用，即使在冬天，房内也是温暖如春，而塑钢窗户又排不出水分。所以处于冷态的混凝土靠北边的墙壁就容易因冷返潮，砂质墙壁容易在一面形成栅网状的霉菌巢穴。

　　人们可以看到各种住宅都有霉菌旺盛生长的现象，不生长霉菌的地方，恐怕是没有的。容易生长霉菌的是浴室、盥洗室、厕所、厨房等用水的地方。就是不用水的地方，靠北面的墙壁，因为遇冷返潮，也会像乙烯塑料那样容易成为霉菌生长的巢穴，使房间里都充满了霉臭的气味。当霉菌形成巢穴时，每1平方厘米的霉菌孢子数可达10亿～15亿个。

　　人们往往认为经过速冻处理，并在冰冻状态下低温保存的食品完全不必对微生物担心。然而事实并非如此，因为一般来讲，大肠杆菌和病源菌在-20℃以下的低温也不会完全死亡。

　　例如，结核菌和大肠杆菌即使分别将它们暴露在-193℃和-225℃的低温下也会出现不致死的结果。

　　今天冷冻食品的制造技术虽然能够将食品的味道和鲜度、营养价值等良好地保持在令人相当满意的程度，但与此同时也保存了与材料共同存在的微生物。不少细菌在冷藏、冷冻条件下不会死亡，有的细菌则喜欢在低温下生长繁殖。例如使人发生严重腹泻、失水的嗜盐菌，可以在零下20℃生存11周之久。所以，冰箱里存放的食物应尽快吃完。

　　下图：在低温下能够生存繁殖的大肠杆菌。

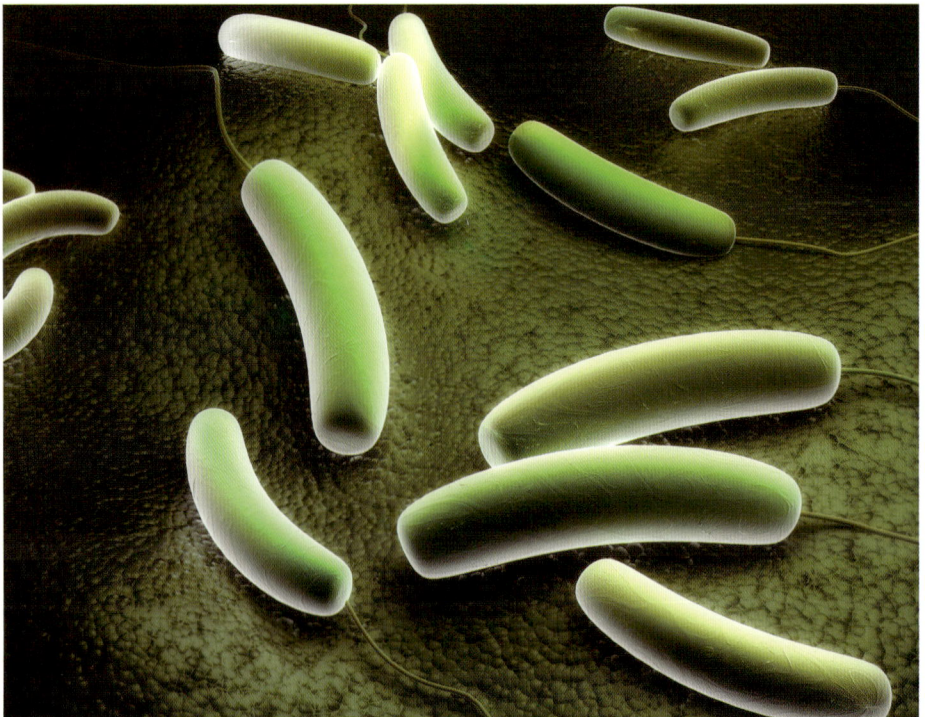

微生物夺取人类生命

　　尽管微生物造成的危害很大，但人类对其是有办法的。我们必须正确合理地使用安全性高的药物，同时确立最有效的防治微生物污染的技术。

　　1875年，麻疹在费德希岛横行无阻，短时间内使这个小小的岛国突然增加了4000多座坟墓，全岛1／3以上的人死亡。凶手就是麻疹病毒。

　　1918年，流行性感冒全世界大流行，夺去了2000万人的生命，这超过了在第一次世界大战中死亡的人数。

　　1967年，当世界卫生组织做出全球性消灭天花规划时，天花仍在全世界42个国家及地区发生，每年天花病人达250万之多。

　　1976年，在非洲中部苏丹和刚果（金）（旧称扎伊尔）两国交界一带发生了一场震惊全球的急性出血性传染病大流行，病死率高达70％以上，致病病毒以该病流行最严重的埃博拉河地区命名为埃博拉病毒。

　　养牛业在英国占有重要的位置，1996年3月，英国牛的存栏数达1180万头，从事奶牛和肉牛的饲养者分别为4.1万人和9.5万人，宰牛厂工人达1.5万人，还有许多其他从事与养牛业有关的工作人员，英国养牛业年产值达

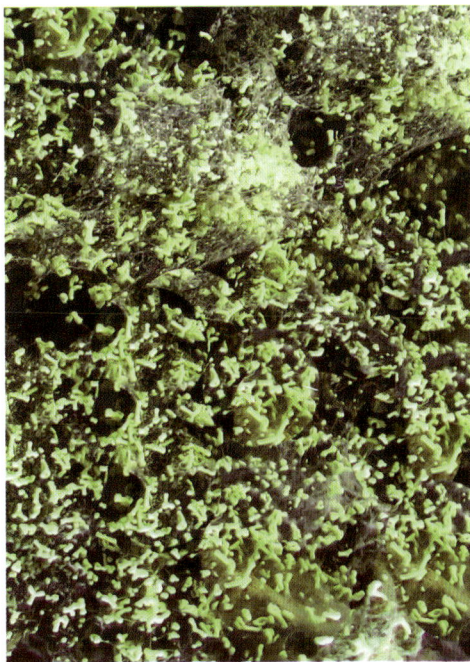

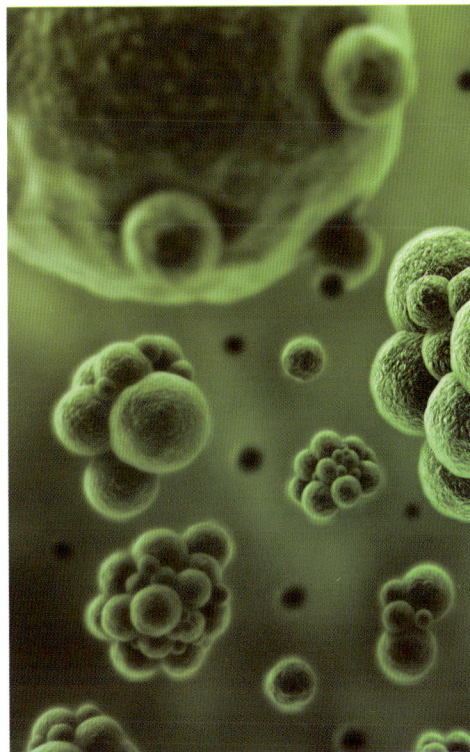

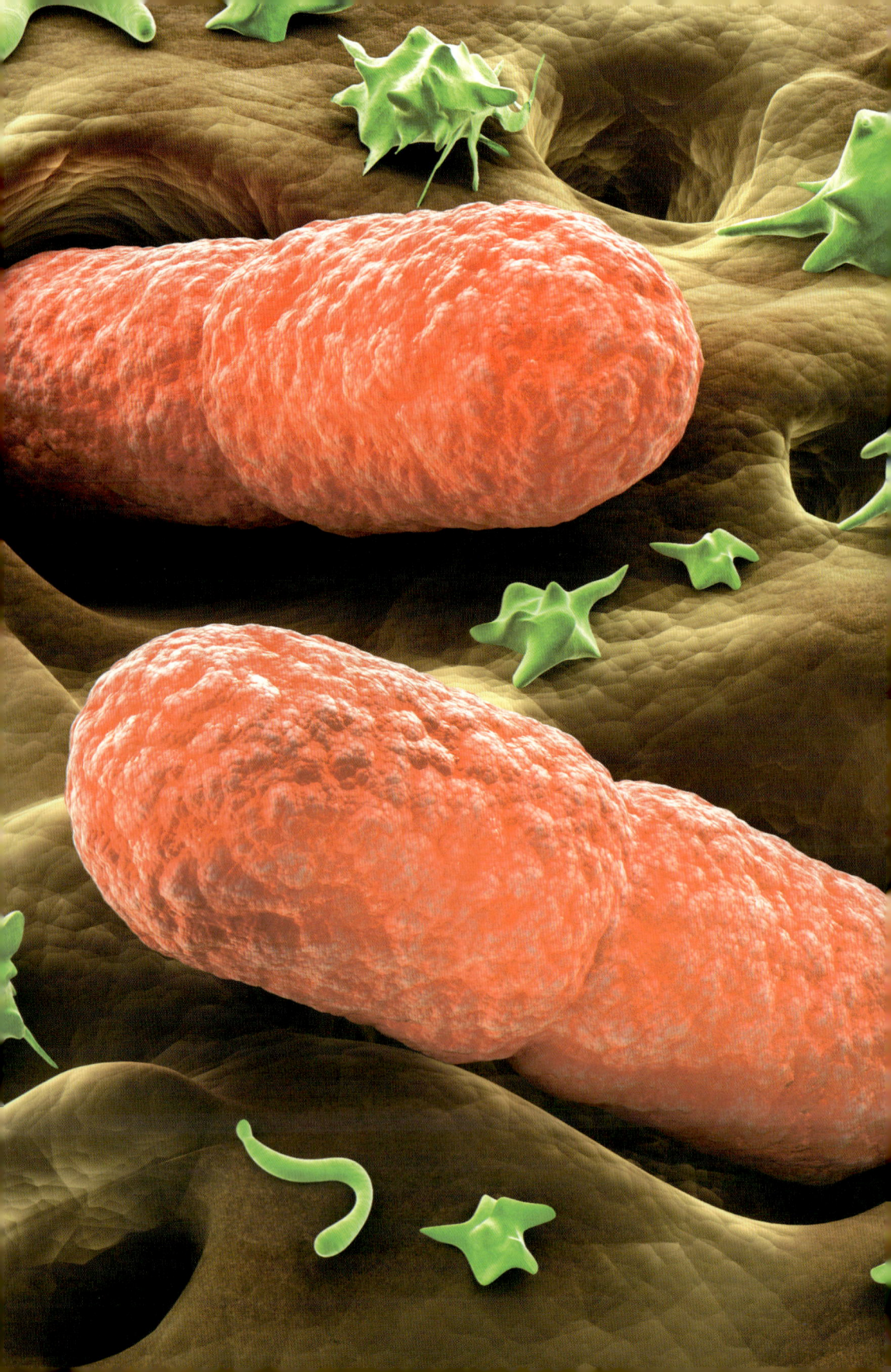

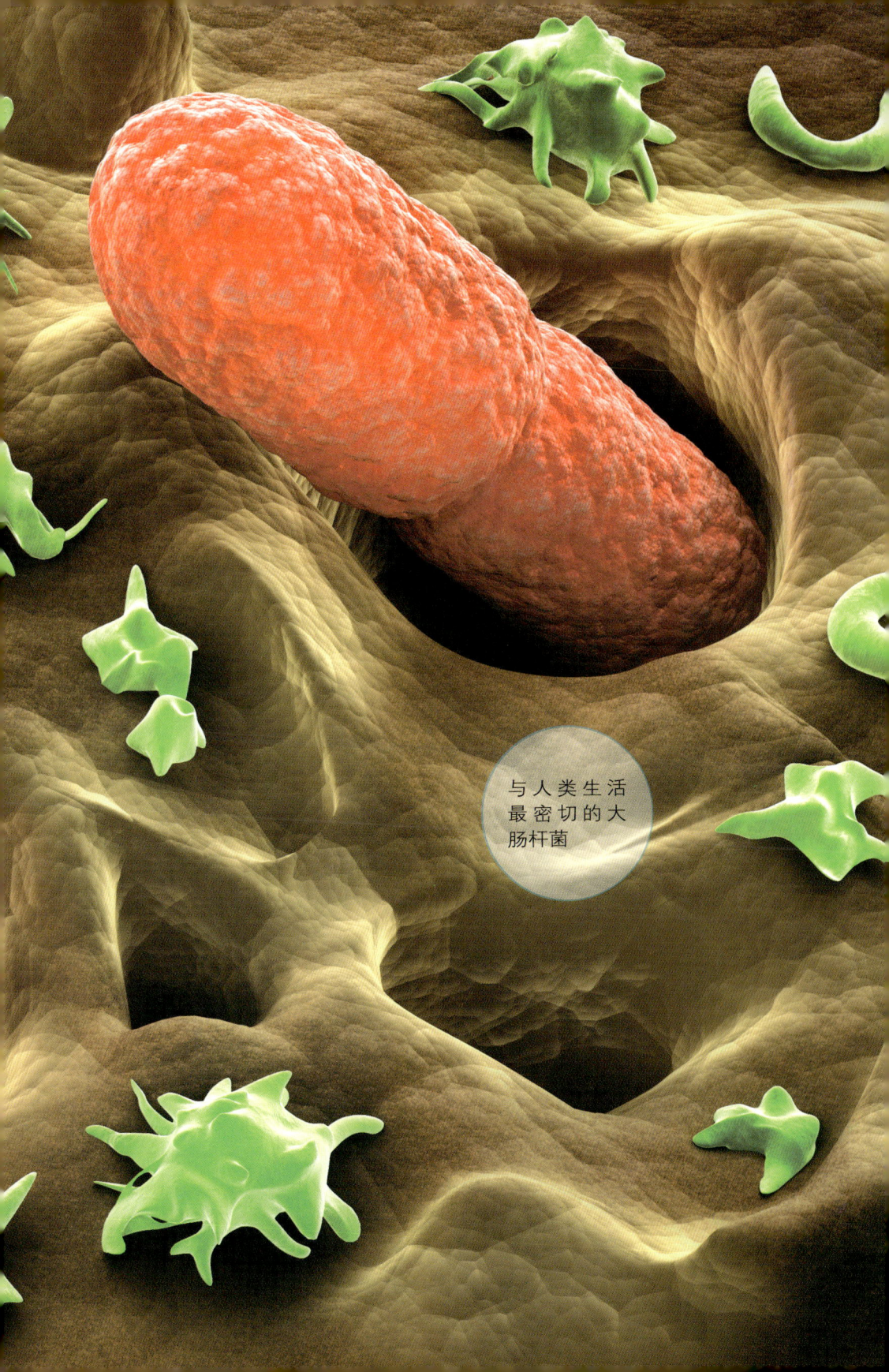

与人类生活
最密切的大
肠杆菌

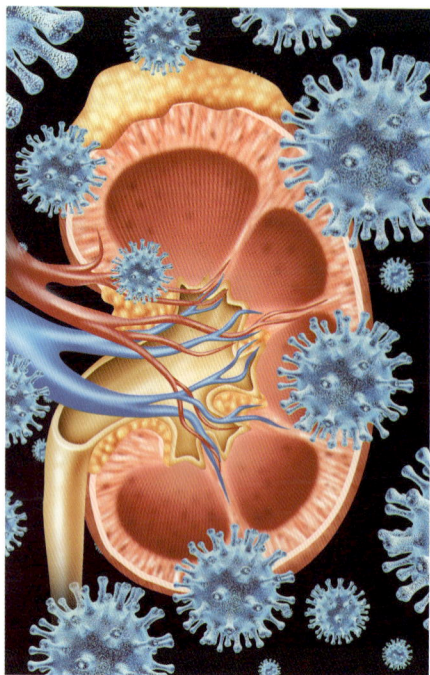

40亿英镑。然而，自1996年3月20日英国政府首次承认吃了含有牛海绵状脑病（疯牛病）的肉可能患克雅氏病后，世界禁止英国牛肉出口，这样国内国外的直接经济损失达164亿美元，而且使失业率、通货膨胀率上升。凶手是谁?

微小杀手残害人类、动物、植物的惨景一幕接一幕。

时针指到了1997年。世界卫生组织指出，自第二次世界大战后至20世纪90年代初，特别是随着天花、脊髓灰质炎、麻风病等7种传染病被根除或得到有效控制后，人们曾误以为人类最后战胜传染病已为期不远。但事实却并非如此。肺结核、疟疾、鼠疫、白喉、霍乱、登革热、脑膜炎、黄热病等疾病又卷土重来，有的甚至在一些地区重新大规模传播。与此同时，进入21世纪以来，艾滋病、埃博拉出血热、新型肝炎，与疯牛病相关的新型克雅氏病等30来种新出现的传染病已严重威胁到人类的健康。

1996年全球死亡的5200万人中，1700万人死于各种传染病。疟疾病例每年有500万个，其中200万人死亡。被肺结核杆菌感染的人共有20亿，占人类总人口的1／3，此后10年死于肺结核的人也达到3000万。

艾滋病自20世纪80年代初被发现以来已感染了2400万人，其中400万已死亡。被丙型肝炎病毒感染的人目前已达到近2亿人。据世界卫生

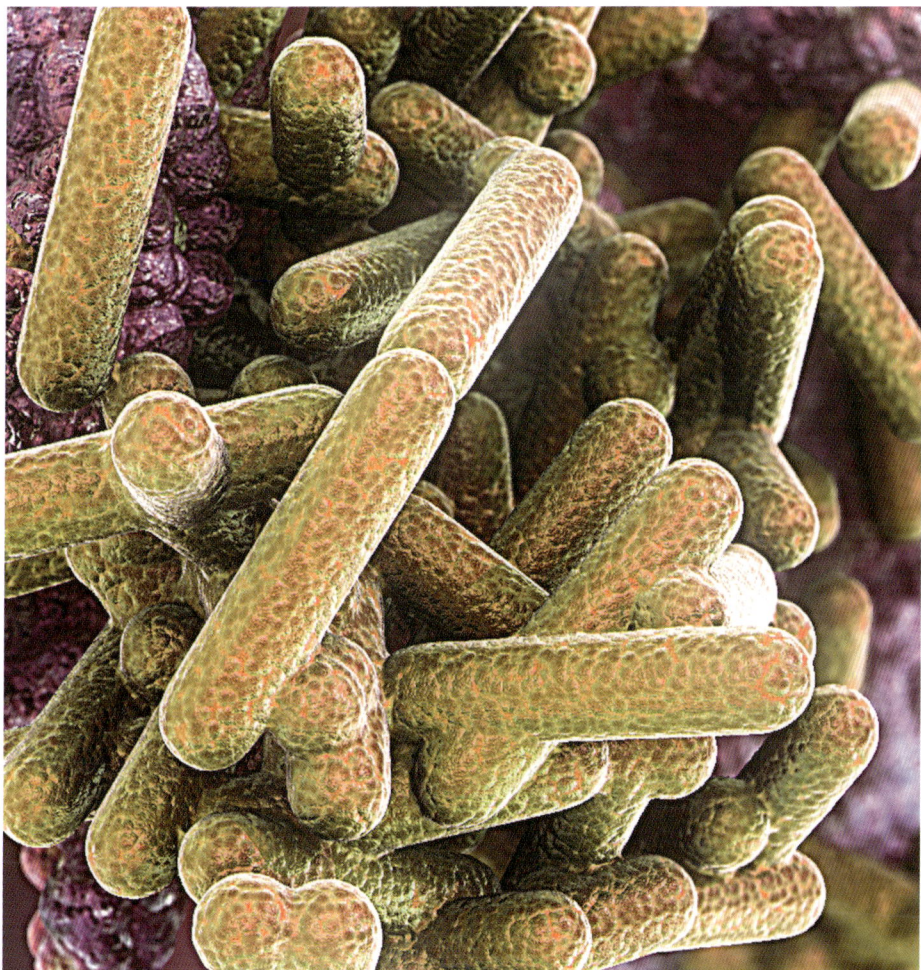

组织调查，在世界人口中，有一半人受到新老传染病的威胁。更令人担忧的是，近年来，人们发现许多病菌产生了抗药性，不少抗生素逐渐丧失效用。由于研制费越来越高，投入使用的新抗生素不但数量少，而且有效"寿命"越来越短。这构成了威胁人类健康的最大隐患。

世界卫生组织已专门成立了协调防治新老传染病的机构。总干事中岛宏认为："人类目前正处于一场世界性传染病危机的边缘，任何国家都不能幸免。"他曾在世界卫生日前夕呼吁国际社会高度警惕，并在世界范围内共同采取措施，抵御传染病的流行。

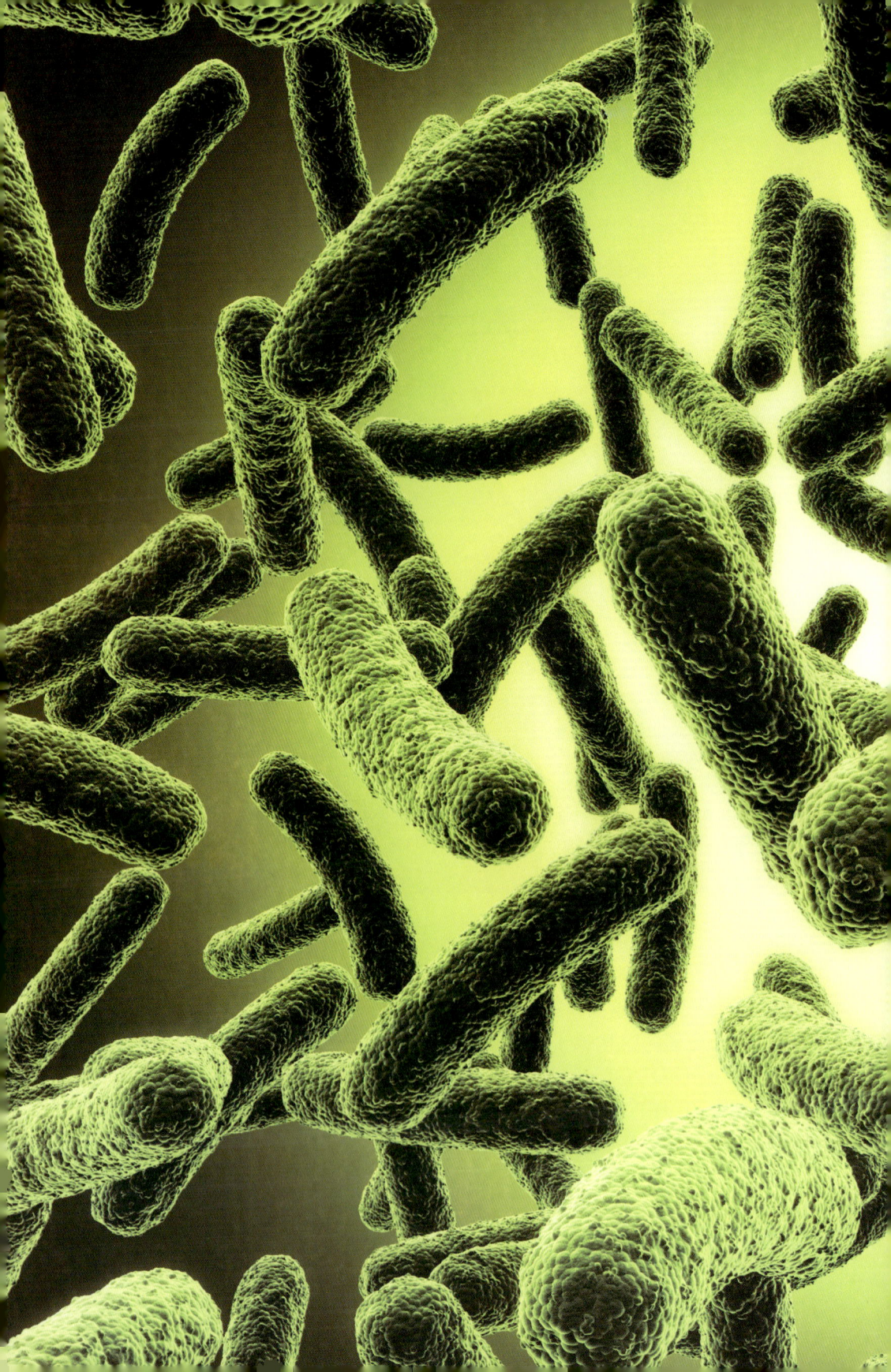

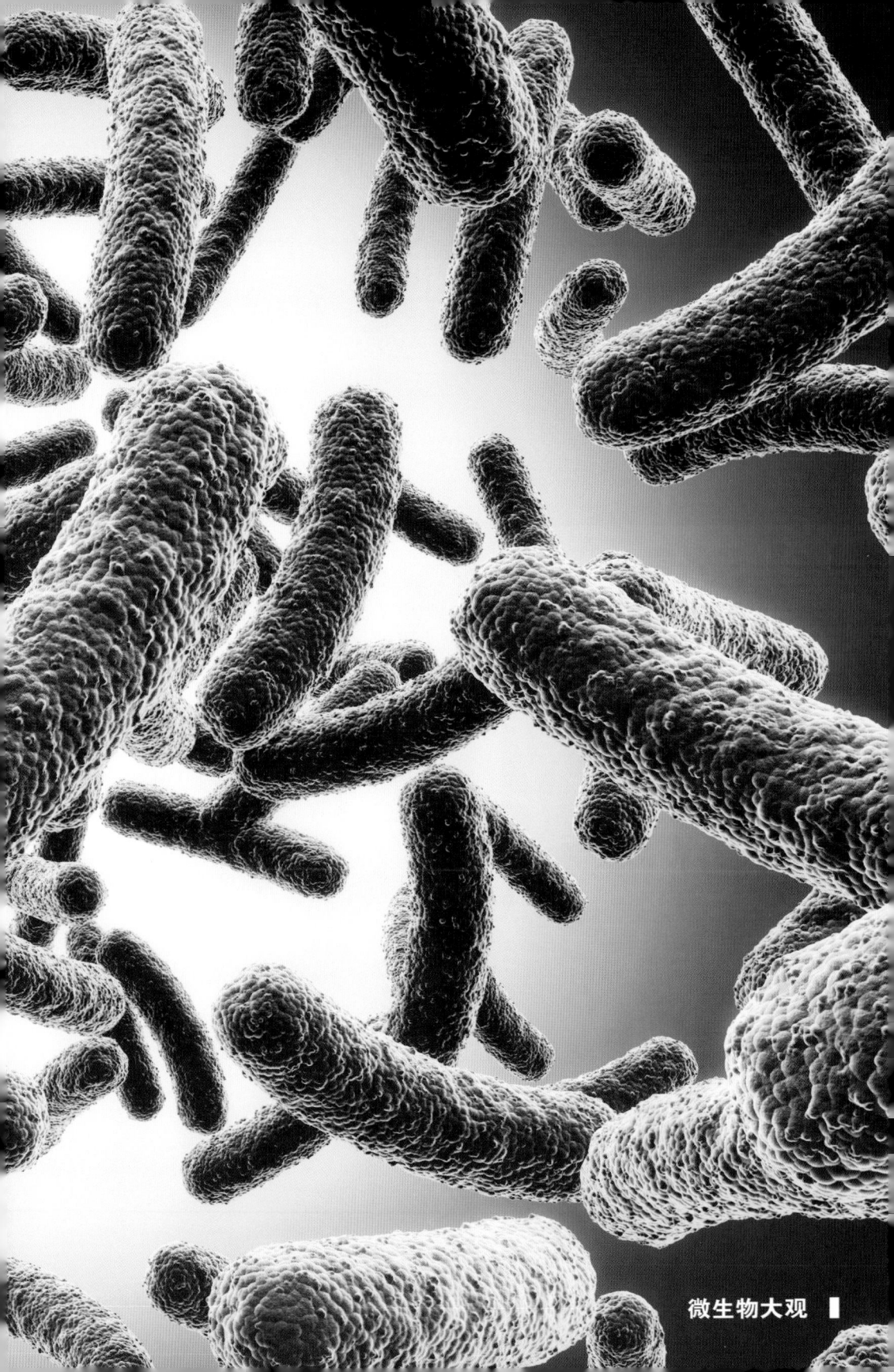

"小人国"
里的主角

细菌的家族

当你漫步在微生物王国，会发现在这个"小人国"里，细菌是一个"人多势众"的大家族。

提起细菌，你或许会首先想到能引起疾病、残害生命的病原菌，恐惧感和厌恶感油然而生。其实，我们大可不必谈菌色变。确实，有许多细菌是引起人体疾病的罪魁祸首，像霍乱弧菌、结核杆菌、肺炎双球菌等，但

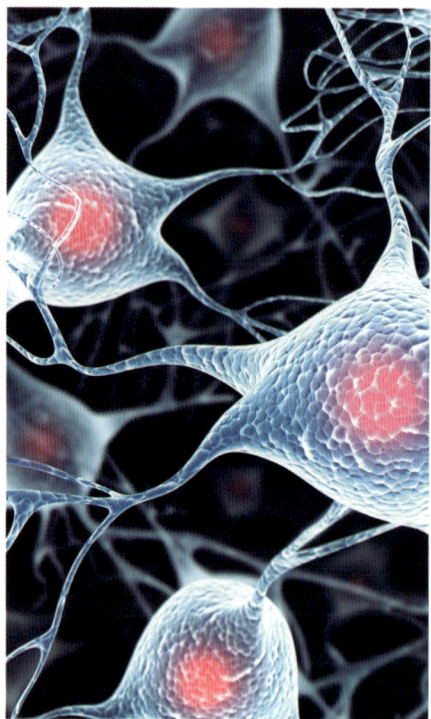

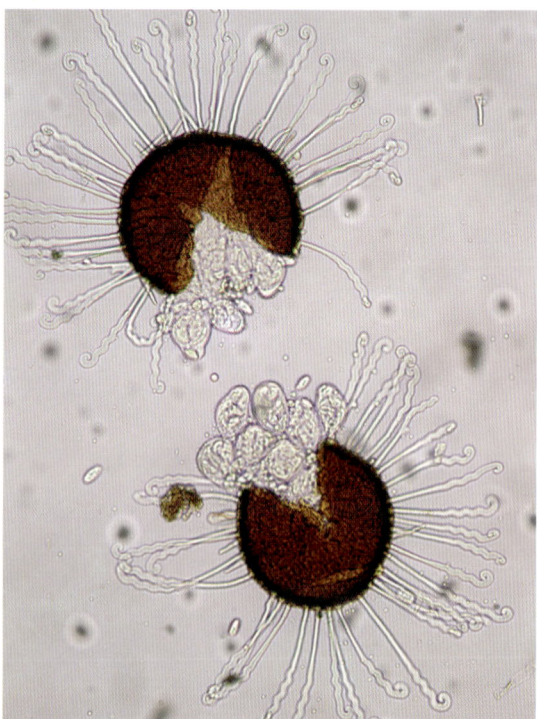

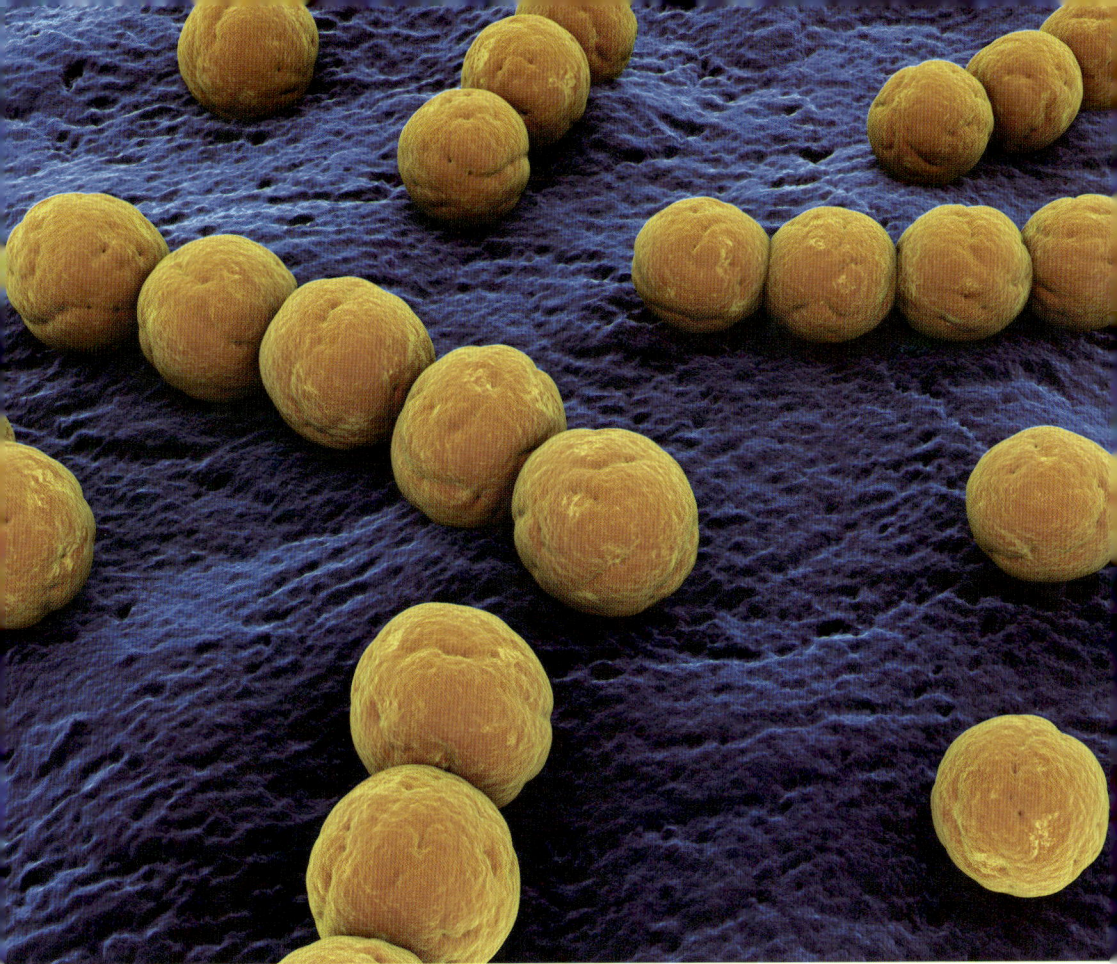

这些作恶多端的病原菌毕竟只占细菌的一小部分，绝大部分的细菌对我们人类是有益的，它们是人类的朋友。

细菌非常微小。打一个形象的比喻，让大约1000个细菌一个挨一个并列排在一起的长度，才相当于一个小米粒那么大。比如从河沟中取一些污水，在洁净的玻璃片上滴一滴，然后放在显微镜下，放大几千倍甚至几万倍，你才可以一睹细菌的"芳容"！

细菌的种类繁多，长相多种多样，但都是以单个细胞形式存在。它们的基本形态大体分为三种，即球形、杆形和螺旋形，因而我们可相应地把细菌分为球菌、杆菌和螺旋菌三种。

有的细菌身体圆鼓鼓的，像个小球，它们是球菌。在球菌中，有的我行我素，独往独来，过着单身生活，称为单球菌，例如尿素微球菌。有的喜欢成双入对，两两存在，称为双球菌，例如引起人肺炎、中耳炎、胸膜炎的肺炎双球菌。也有的球菌爱热闹，喜欢成群结队生活在一起，它们或者一个一个地排列形成链状，好像珍珠项链一样，我们称之为链球菌，它们往往对人体危害很严重，可以引起伤口化脓、扁桃体炎、肺炎、败血症以及儿童易患的猩红热；或者不规则地聚集成一簇，由于它像一串葡萄，因此称为葡萄球菌，如金黄色葡萄球菌就是最常见的引起化脓炎症的球菌。

有的细菌长得像一根火柴梗，称为杆菌。像大家非常熟悉的大肠杆菌，它生活在我们的肠道里，与我们终生相伴；也有许多杆菌是病原菌，如炭疽杆菌、结核杆菌、坏死杆菌、破伤风杆菌等，它们可引起烈性传染病，严重地危害人畜。有一种肉毒杆菌产生的肉毒素是目前已知的毒物中最毒的一种，1毫克这种毒素能杀死10亿只老鼠，也可使几十万人死亡。

还有一类细菌形体也像一根细棍，但它们不是直的。有的身体弯曲成弧线，我们称它为弧菌，最有代表性的弧菌就是霍乱弧菌，它是引起烈性

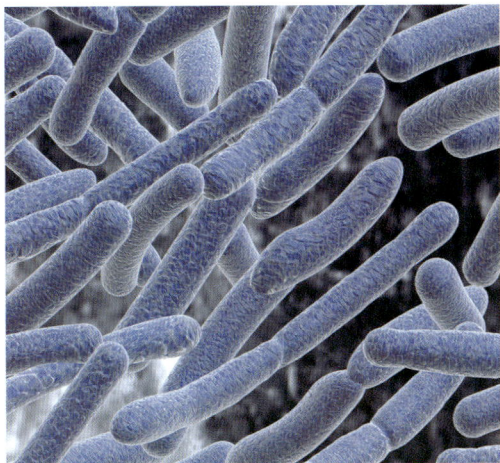

传染病——霍乱的元凶；如果身体弯曲成一圈儿一圈儿的，像弹簧一样，这样的细菌就叫螺旋菌，常见的螺旋菌如幽门螺杆菌。

细菌的结构

假如我们把组织标本切成薄片，放在电子显微镜下观察，就会看到它的内部结构。

细菌的最外层是一层坚韧的保护层，这是细胞壁，它包裹着整个菌体，使细胞有固定的形状。紧贴细胞壁的里面，有一层极薄而柔软富有弹性的细胞膜，别看它薄，却起着重要的作用，它好比城池四周的岗哨，控制着细胞内外物质的出和进，关系着细胞的生死存亡。

原来，细菌的细胞膜上设置了许多关卡，只有那些细菌生命活动需要的物质，才会被放行进入，细菌代谢产生的废物也可以通过细胞膜排出去，其他的物质则禁止通行，这种现象叫作细胞膜的选择透过性。

包裹在细胞膜内的是细胞质和不成形的细胞核。细胞质由一团黏稠的胶状物质组成，它相当于细菌的"生产车间"和"仓库"。

细胞质中含有高效专一的

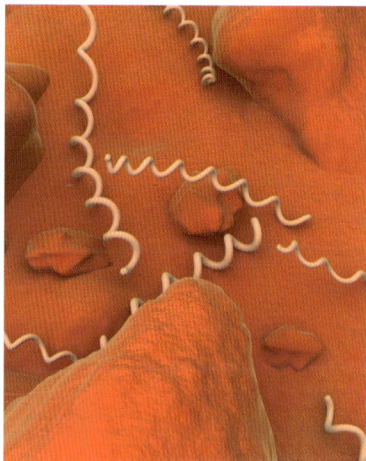

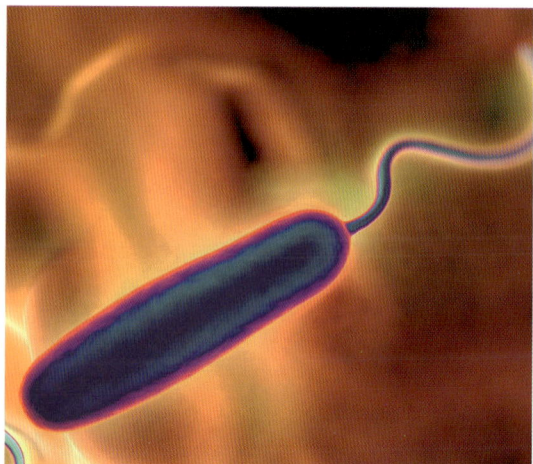

生物催化剂——酶，保证了各种生命代谢活动的顺利进行；还有蛋白质的"装配机器"——核糖体，以及贮藏营养的"能源库"——淀粉粒等。

细菌的细胞核物质裸露在细胞质内的一定区域，没有核膜包绕着，与高等生物的细胞核不同，只能叫作核区或原核，正因为如此，我们把细菌称为原核生物。细胞核物质的主要成分是脱氧核糖核酸，简称DNA，它负责细菌的传宗接代和生息繁衍。

各种细菌的基本结构都包括细胞壁、细胞膜、细胞质和核区。同时，不同细菌还有自己的一些特殊结构，主要有荚膜、芽孢和鞭毛。

某些细菌的细胞壁外，有一层疏松的、像果冻样的荚膜，它好比给细菌的身体包上了厚厚的保护层，可以帮助细菌抵御外界化学物质的侵袭。因此，荚膜与一些病原菌的致病力有密切关系，有荚膜的细菌致病力强，不易被药物杀死。比如，肺炎双球菌若失去了荚膜，致病能力就大大减弱。

有的细菌在遇到恶劣的环境时，细胞内会浓缩形成一个圆形或椭圆形的休眠体，我们称它为芽孢。像能在肉类罐头中繁殖的肉毒杆菌，在100℃的水中煮七八个小时才死亡，就是因为它在高温下形成了芽孢。

芽孢为什么具有这么强的抵抗力呢？

原来芽孢的含水量特别低，细胞壁厚而致密，对寒冷、高温、干旱和化学药剂的抵抗能力很强。当遇到合适的环境时，芽孢又重新长成细菌体。因此，在食品、医药、卫生等行业都以杀死芽孢为标准来衡量灭菌是否彻底。

细菌的运动

如果你用牙签挑一点自己的牙垢放在显微镜下观察，会发现许多细菌是非常活泼好动的，它们不停地你推我碰，四处乱窜，很是热闹。原来，有些杆菌和螺旋菌长有运动器官——鞭毛。鞭毛是从细菌内部长出的又细又长的丝状物，鞭毛旋转摆动，就可使细菌迅速运动。

细菌运动速度非常惊人，许多细菌运动速度平均为20～80微米／秒。单从这些数字来看，似乎它们跑得很慢，但如果与它们的身体长度相比，这已显得迅捷无比!

研究发现，跑得最快的猎豹每秒钟可跑出30.48米的距离，折算起来，每秒钟也只能跑出其身体长度的25倍；而细菌每秒钟的运动距离可达到自身长度的50～100倍。由于鞭毛太细了，在普通光学显微镜下很难看到，只有在电子显微镜下才能观察到鞭毛十分复杂而精细的结构，通常球菌没有鞭毛。细菌是自然界中分布最广、数量最多、与人类和大自然关系最为密切的一类微生物。因此，我们说细菌是微生物"小人国"的主角。

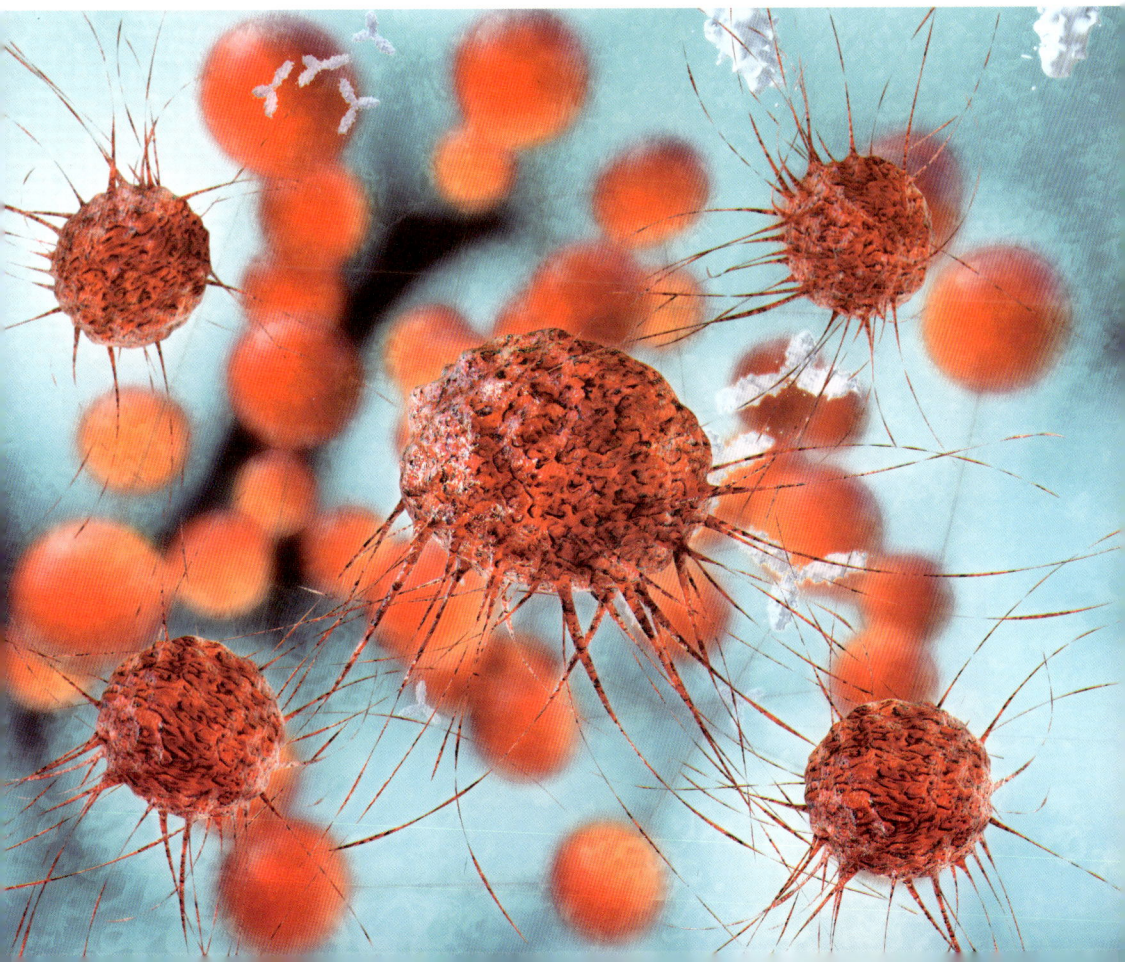

Wei Sheng Wu
Wang Guo
Qi Guan | # 微生物
王国奇观

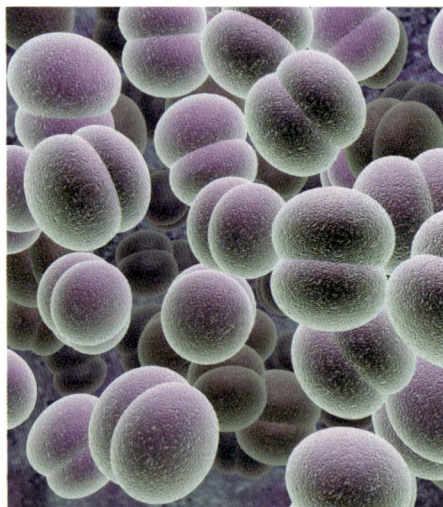

微生物的食量

微生物是地球上最早的"居民"。假如把地球演化到今天的历史浓缩为一天，地球诞生是24小时中的零点，那么，地球的首批居民——厌氧性异养细菌在7时降生；13时左右，出现了好氧性异养细菌；鱼和陆生植物产生于22时；而人类在这一天的最后一分钟才出现。

微生物所以能在地球上最早出现，又延续至今，这与它们具有食量大、食谱广、繁殖快和抗性高等特点有关。

个儿越小，"胃口"越大，这是生物界的普遍规律。微生物的结构非常简单，一个细胞或是分化成简单的一群细胞，就是一个能够独立生活的生物体，承担了生命活动的全部功能。

它们个儿虽小，但整个体表都具有吸收营养物质的机能，这就使它们的"胃口"变得分外大。如果将一个细菌在一小时内消耗的糖分按体重比换算成一个人要吃的粮食，那么，这个人得吃500年。

　　微生物不仅食量大，而且无所不"吃"。地球上已有的有机物和无机物，它们都贪吃不厌，就连化学家合成的最新颖复杂的有机分子，也都难逃微生物之"口"。

　　人们把那些只"吃"现成有机物质的微生物，称为有机营养型或异养型微生物；把另一些靠二氧化碳和碳酸盐来合成养分的自食其力的微生物，叫无机营养型或自养型微生物。

微生物的繁殖

　　微生物不分雌雄，它的繁殖方式也与众不同。以细菌家族的成员来说，它们靠自身分裂来繁衍后代，只要条件适宜，通常20分钟就能分裂一次，一分为二，二变为四，四分为八……就这样不断成倍地分裂下去。

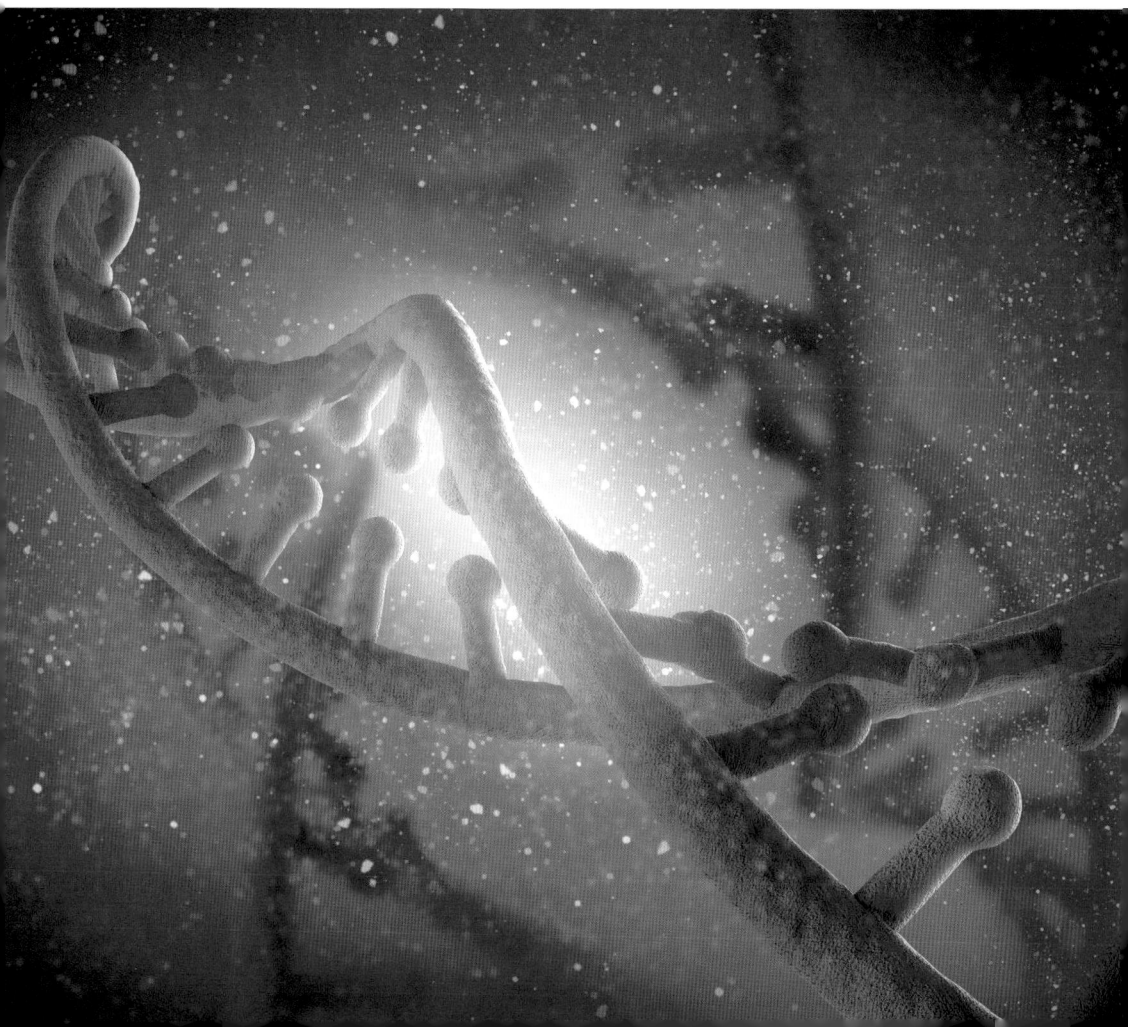

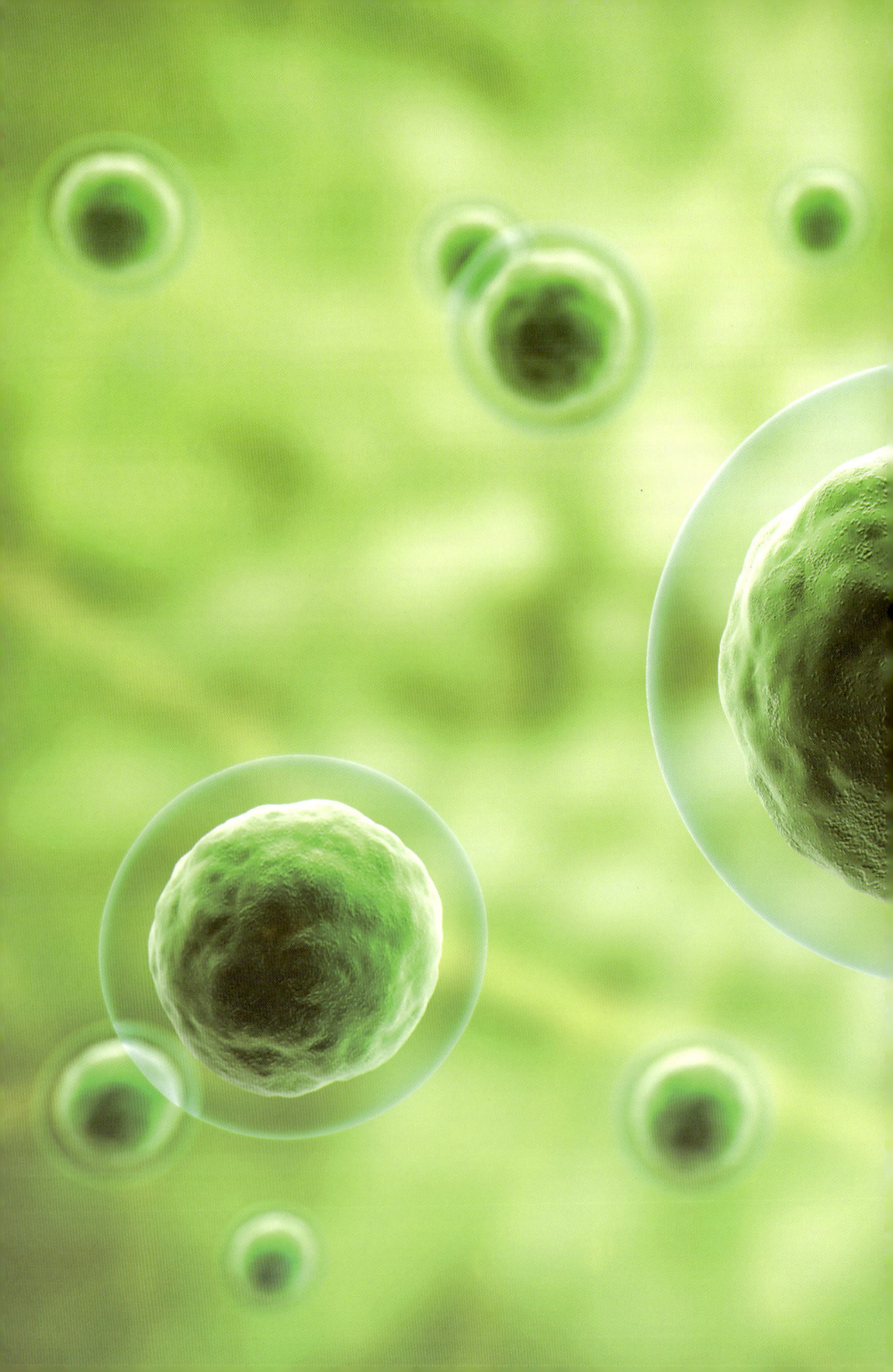

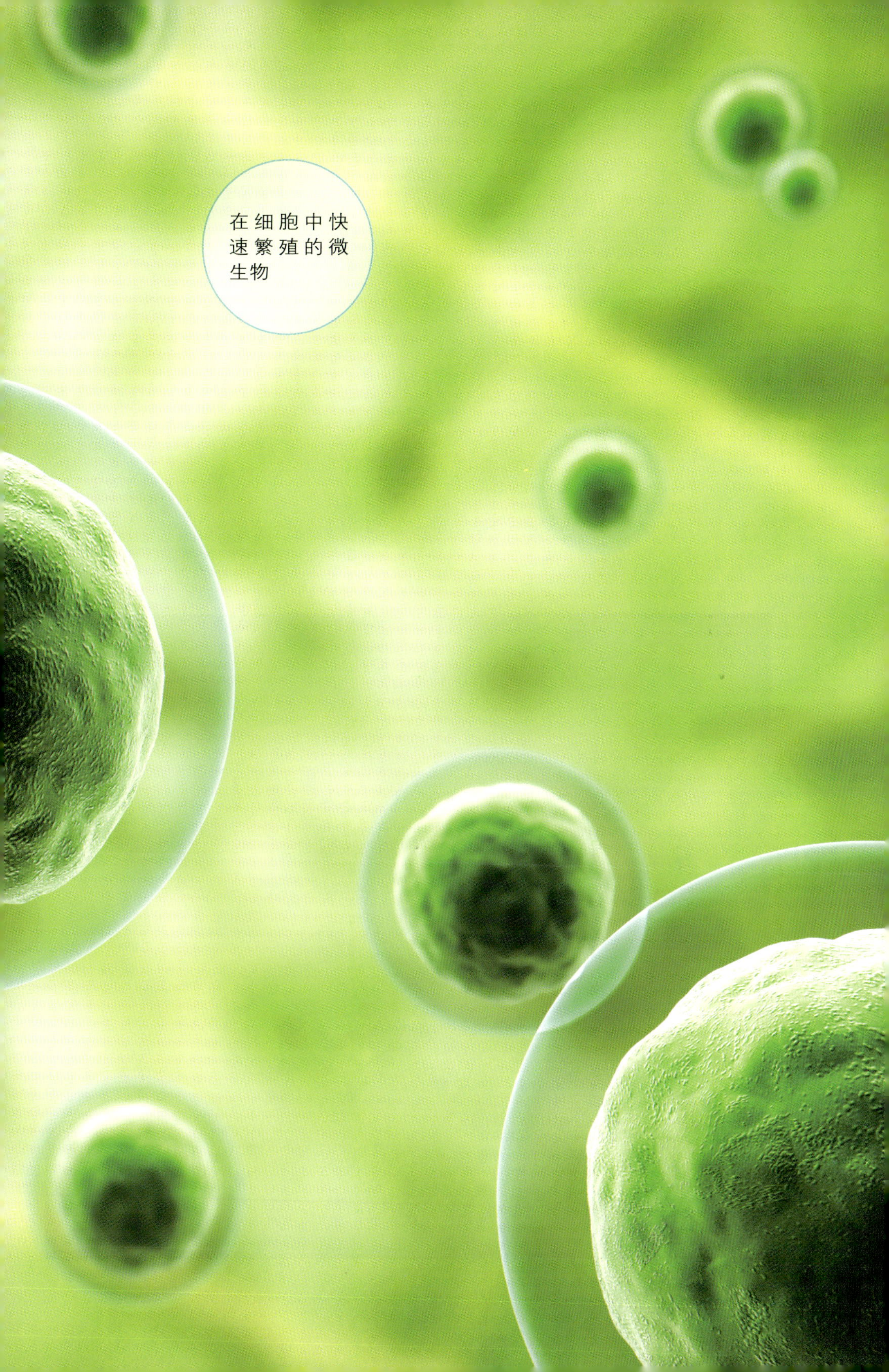

在细胞中快速繁殖的微生物

如果按这个速度计算，一个细菌在48小时内能产生2.2×10^{43}个后代。虽然这种呈几何级数的繁衍，常常受环境、食物等条件的限制而实际上不可能实现，但即使这样，也已使动植物望尘莫及了。

微生物的生存环境

微生物具有极强的抗热、抗寒、抗盐、抗干燥、抗酸、抗碱、抗缺氧、抗压、抗辐射及抗毒物等能力。

因而，从10000米深、水压高达1140个大气压的太平洋底到8.5万米高的大气层，从炎热的赤道海域到寒冷的南极冰川，从高盐度的死海到强酸和强碱性环境，都可以找到微生物的踪迹。由于微生物只怕"明火"，所以地球上除活火山口以外的地方，都是它们的领地。

微生物当然也要呼吸，但它们有的喜欢吃氧气，是好氧型的；有的则讨厌氧气，属于厌氧型的；还有的在有氧和无氧环境下都能生存，是兼性厌氧型的。

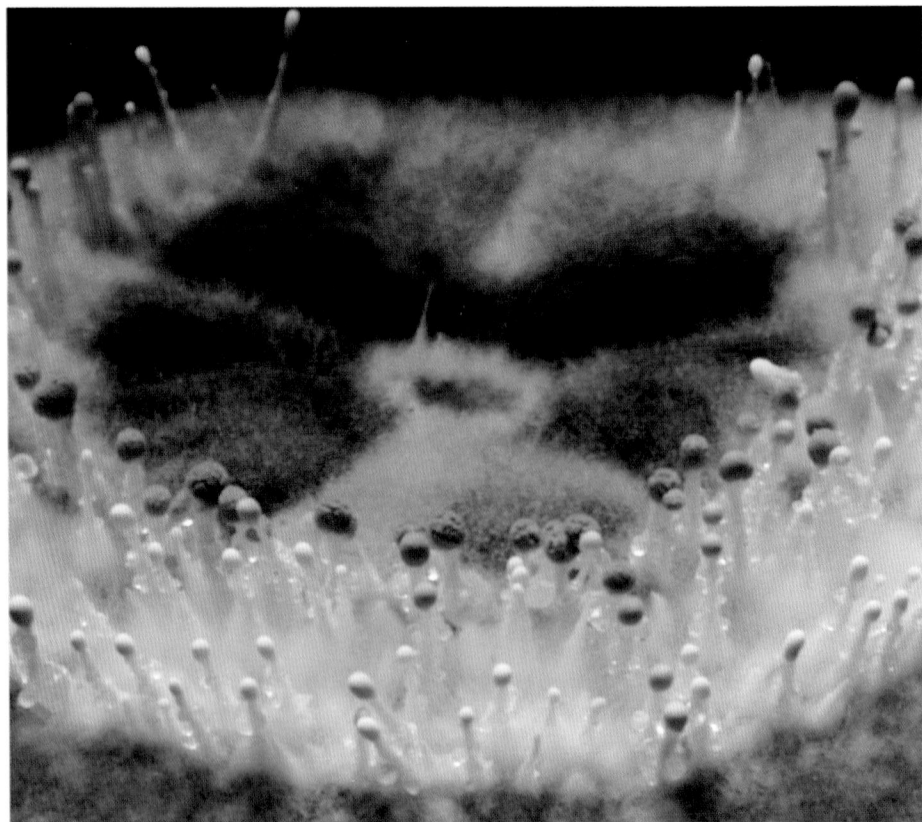

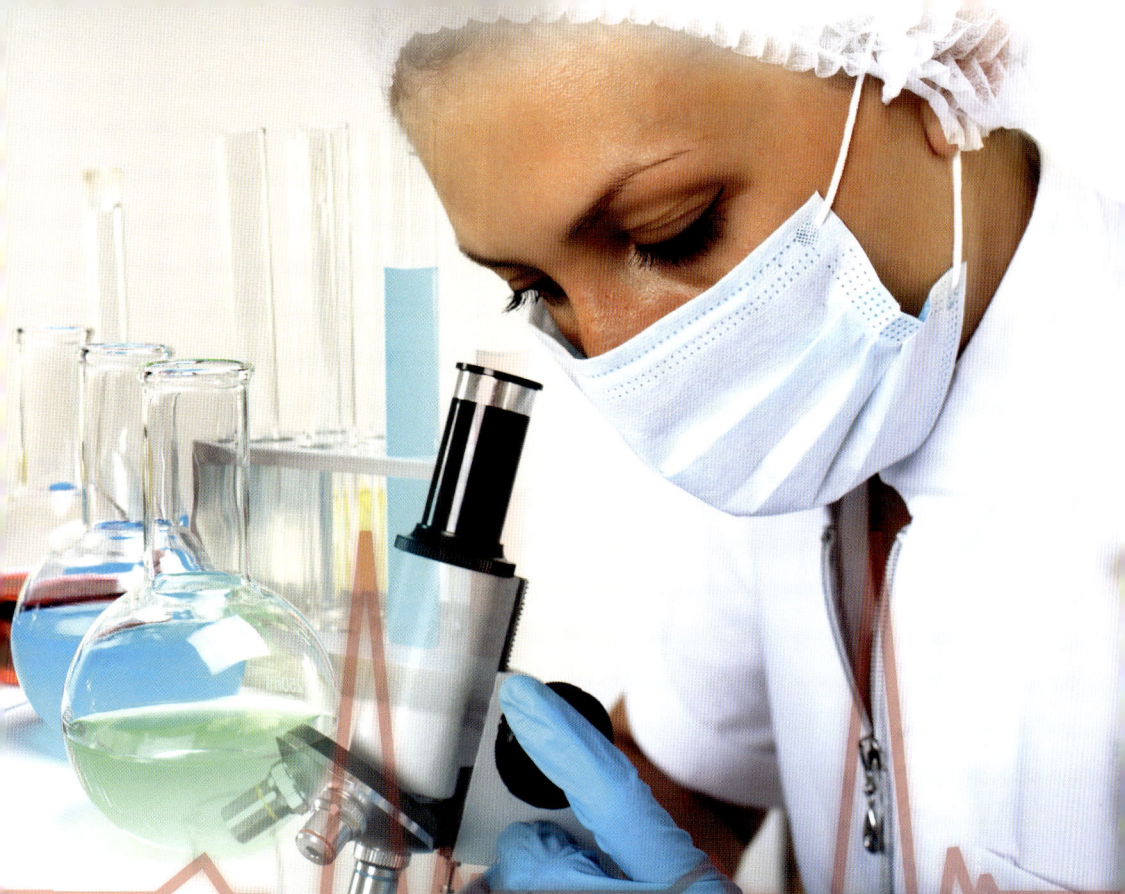

微生物的
变异功能

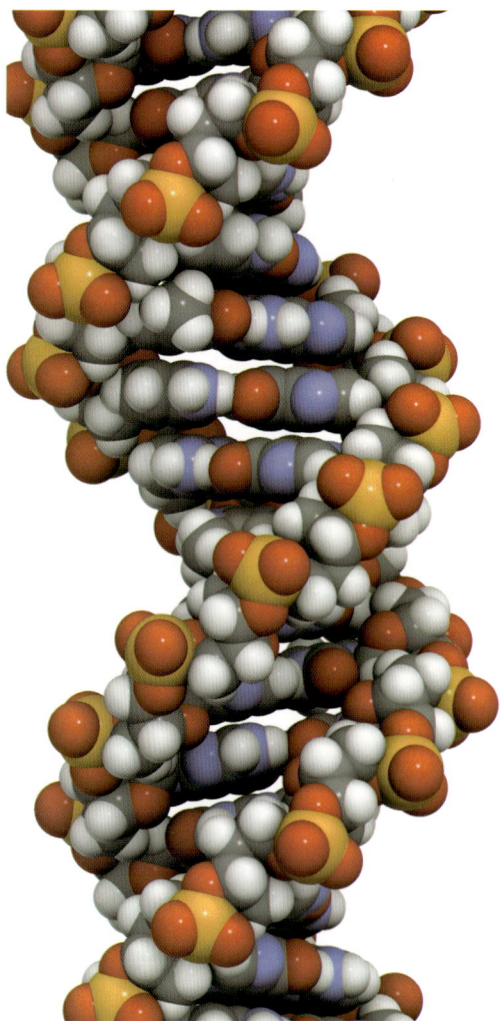

微生物的抗原性

迄今为止，人类虽然研究出了几十种流感病毒的疫苗，可是流感仍然蔓延流行。原因是什么呢？原来，由于多肽分子中一个氨基酸突变，流感病毒可在一两年内变成新种，改变原来的抗原性，那么，原来对它有效的疫苗也就失去了作用。流感病毒大约在10年左右发生一次抗原性的大变迁，多肽分子上许多氨基酸都发生突变，致使对先前存在的一切免疫力都表现出抗性。

医院是病人集中的地方，也是微生物聚集的场所。每天，病人通过咳嗽、吐痰、流脓、脱落皮屑、排大小便等方式将病原微生物排出体外，污染医院环境。

为了避免病人出现交叉感染，医院采取了各种保洁措施，请专人清扫、抹洗，甚至用紫外线照射，用消毒剂喷洒、熏蒸。但交叉感染仍然时有发生。原因之一，是由于空气中及水龙头、门把手、桌椅、床垫等物品上还残留有病原微生物。另一个原因

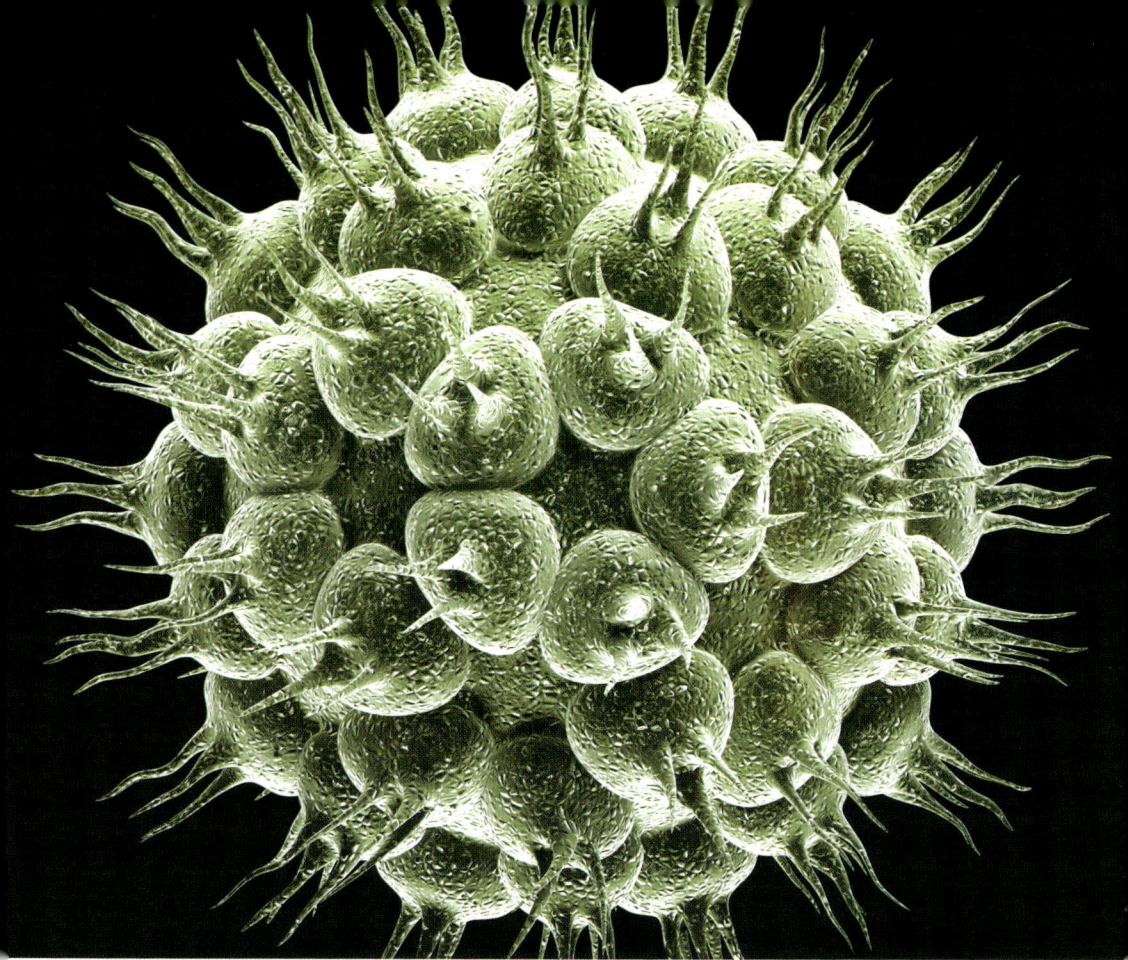

则是，有不少的病原微生物对各种药品产生了耐药性。

这些病原微生物时常改变自己，以最有效的方式入侵人体。举个例子来说，1943年青霉素刚刚问世，那时，它对金黄色葡萄球菌作用浓度是0.02微克／毫升。20年后，金黄色葡萄球菌有的菌株的抗药性比原始菌株提高了10000倍（即青霉素的作用浓度可达到200微克／毫升）。

20世纪40年代初，刚开始使用青霉素时，即使是严重感染的病人，只要每天分数次共注射10万单位青霉素即能见效。现在，成人每天需注射100万单位左右，病情严重时，可能会用到数千万甚至上亿单位的青霉素！

变异带来的好处

微生物的变异尽管会给人类带来危害，但也带来了不少益处。因为许多微生物多才多艺，人们对它们倍加重视。但是，有时它们很娇气，稍有不适便罢工、怠工；有一些生产出来的产品很是珍贵，但产量太低……长期以来，人们想出了各种方法，按照自己的意愿来改造微生物，让它们最大限度地为人类服务。

经过长期摸索，人类已经使一些"儿子"可以变得比"老子"有本事，青出于蓝而胜于蓝，并且还能把这种本事传给后代。这种在人为或自然情况下发生的后代与亲代不同并能继续遗传的现象叫作变异，变异后的菌种叫作变种。

人类可以利用变种生产产量高、质量好的产品。青霉素刚开始投产的时候，一株菌种只能生产几十个单位的青霉素，而医治一个病人需要10万个单位，这样一个病人的需求量就得由几千株菌种来生产！但现在这一问题已经迎刃而解，利用一种青霉素变种就能使每株菌种生产出几万个单位，大大提高了抗生素的生产水平。

物竞天择促成变异

微生物的变异现象为什么这么普遍，微生物为什么有这么强的适应能

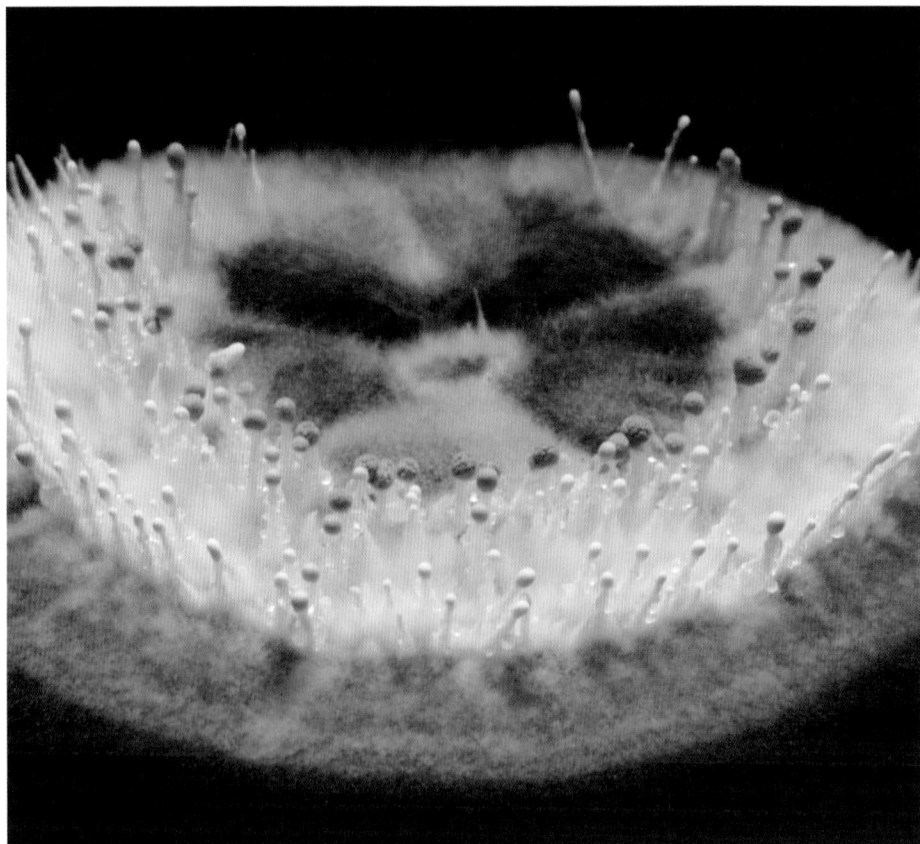

力呢？我们可以打一个比方：齐天大圣孙悟空曾被关进太上老君的炼丹炉里整整烧了七七四十九天，待到太上老君得意扬扬地揭开炉盖，火眼金睛孙悟空腾空而起，吓得太上老君落荒而逃。如果孙悟空在炼丹炉里经不住"烤"验，哪能生还呢？更谈不上有火眼金睛的本事了。微生物变异也有一些类似的道理。在极其漫长的岁月中，大自然经过了翻天覆地的变化，有的生物种类不能适应便从此绝迹，就像恐龙一样，如今只能凭借化石来揣测它们的模样与习性。

这些灭顶之灾当然也危及微生物，有的种类在劫难逃，从此断子绝孙；有的种类灵活多变，通过自身的改变来适应自然环境，久经磨难而子

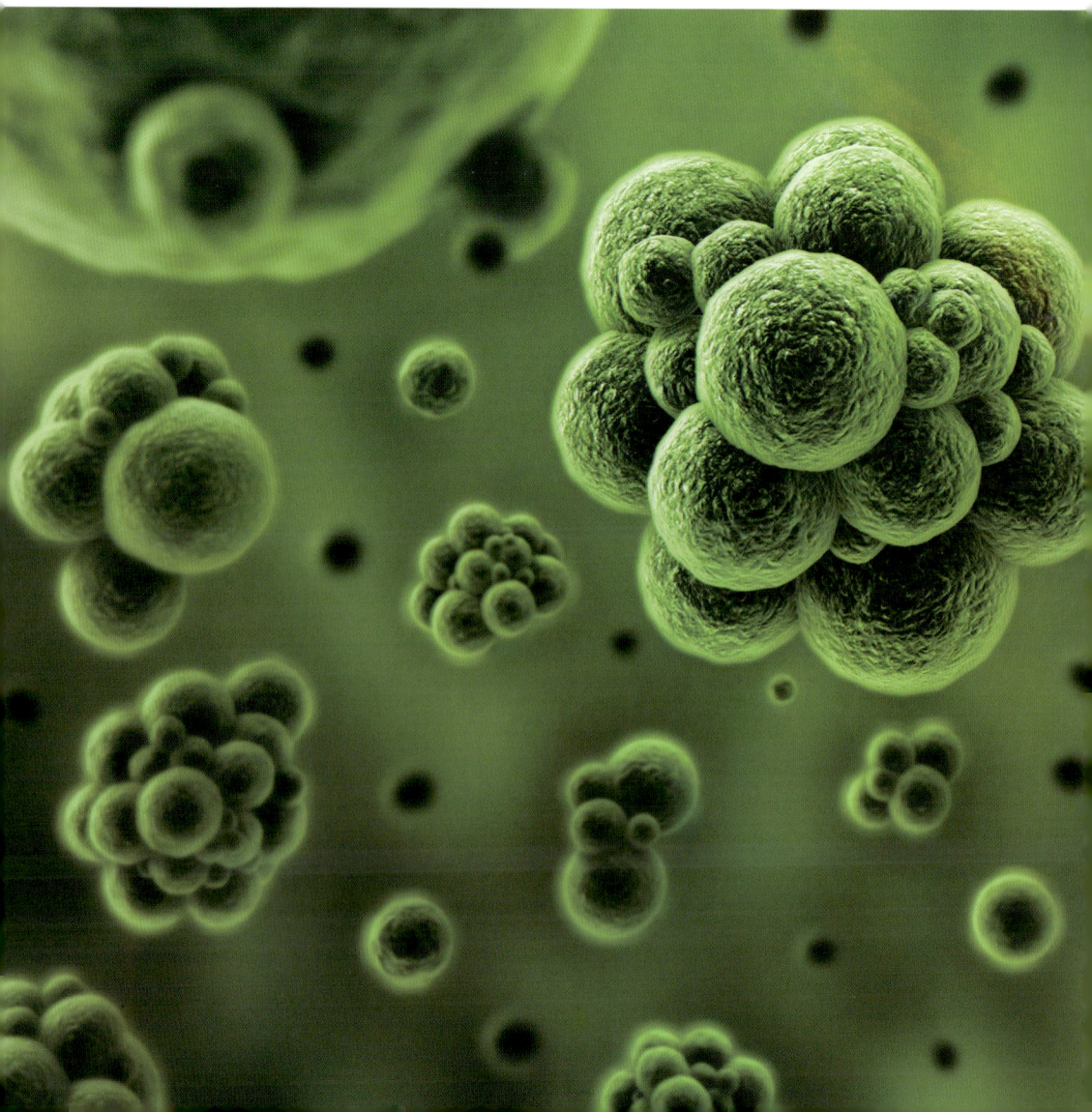

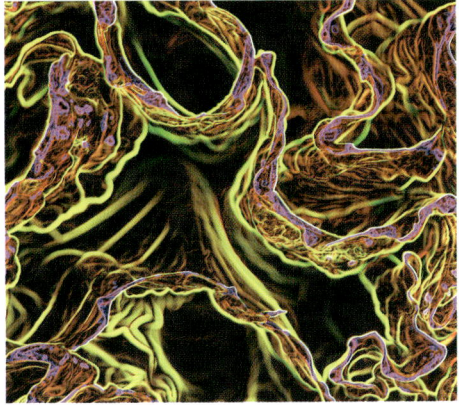

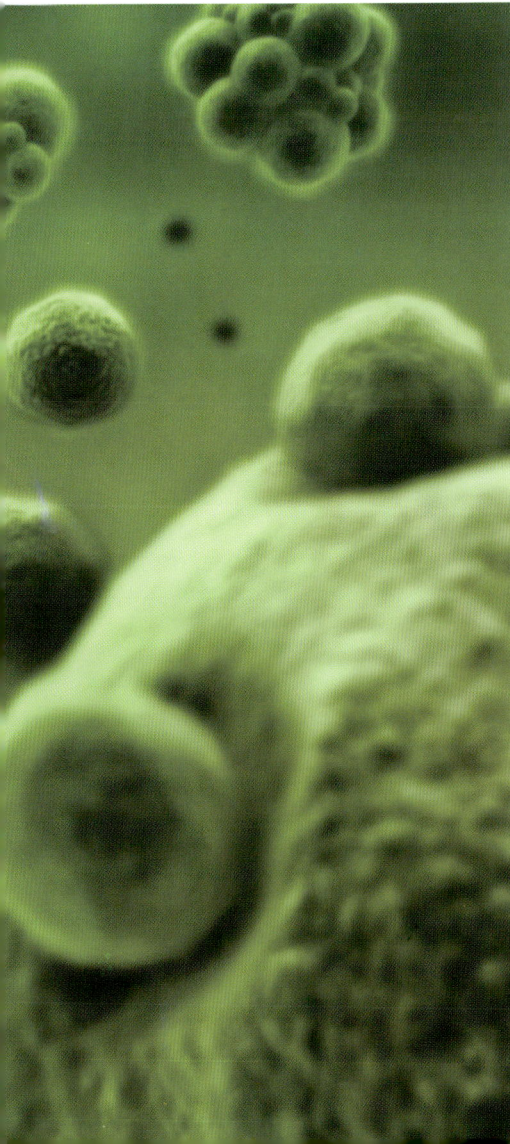

孙繁盛。

　　在物竞天择的条件下，微生物的变异能力是非常强的。

　　因为，微生物个体一般都是单细胞或者接近于单细胞，它们通常都是单倍体，繁殖快，数量多。而且，它们与外界环境接触面积相对较大，即使变异频率十分低，也可以在短时间内出现大量变异的后代。这些随着环境变迁仍顽强地活下来，并在地球上繁衍的微生物，就成了自然界中微小却顶天立地的变形金刚了。

细菌的
生存需求

不同细菌的生存环境

生物学家们根据相似的细胞结构，原先把所有的细菌都归入一个界。然而，虽然所有的细菌看上去都相似，但组成细菌体的化学成分间存在较大的差异。在分析了这些化学成分的差异后，科学家们重新将细菌分成两个独立的界，即古细菌界和真细菌界。古细菌的意思是"远古的细菌"，即这些细菌是古代的。在恐龙出现前，古细菌就已经在地球上生存了数十亿年了。科学家们认为现代的古细菌类似于地球上最早的生命形式。很

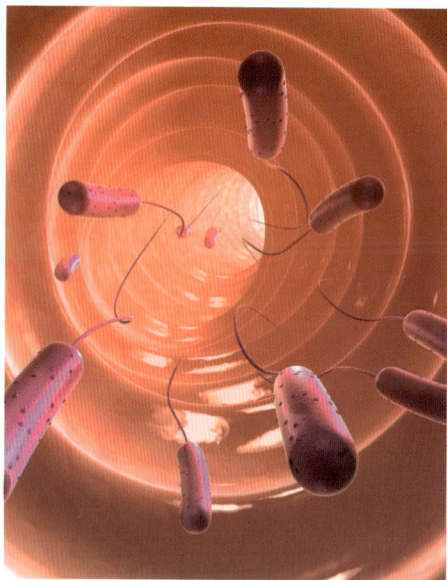

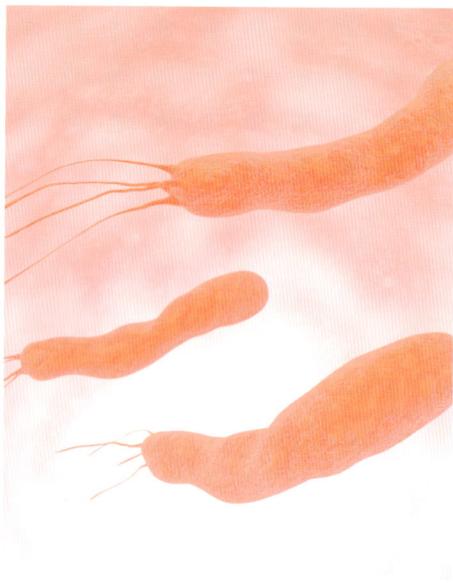

上图：生活、繁衍在动物肠道内的不同形态的细菌

上图：阴暗、潮湿地方滋生的霉菌

多古细菌生活在极端环境中，有的古细菌生活在温泉中；有的则生活在110℃的热水中；还有的生活在盐水中，如犹他州大盐湖；另有一些古细菌生活在动物的肠道、沼泽底部的淤泥以及污水中。有些地方也许让你联想到臭味，没错，正是这些古细菌制造了臭气。

真细菌界与古细菌不同，大部分真细菌生活在非极端环境中，在任何地方都可以找到它们的踪迹。现在，就有数百万的真细菌生活在你的体表和体内，贴附在你的皮肤上或聚集在你的鼻子里。不用害怕，它们大部分对你是有益而无害的。

真细菌帮助维持地球的部分自然条件，也帮助其他有机体的生存。例如，有些真细菌漂浮在水的表面，这些细菌利用太阳能合成有机物和氧气。科学家们认为数十亿年前是自养型的细菌增加了地球大气中的氧气含量。如今，那些细菌的后代帮助维持地球中20%的氧气含量。

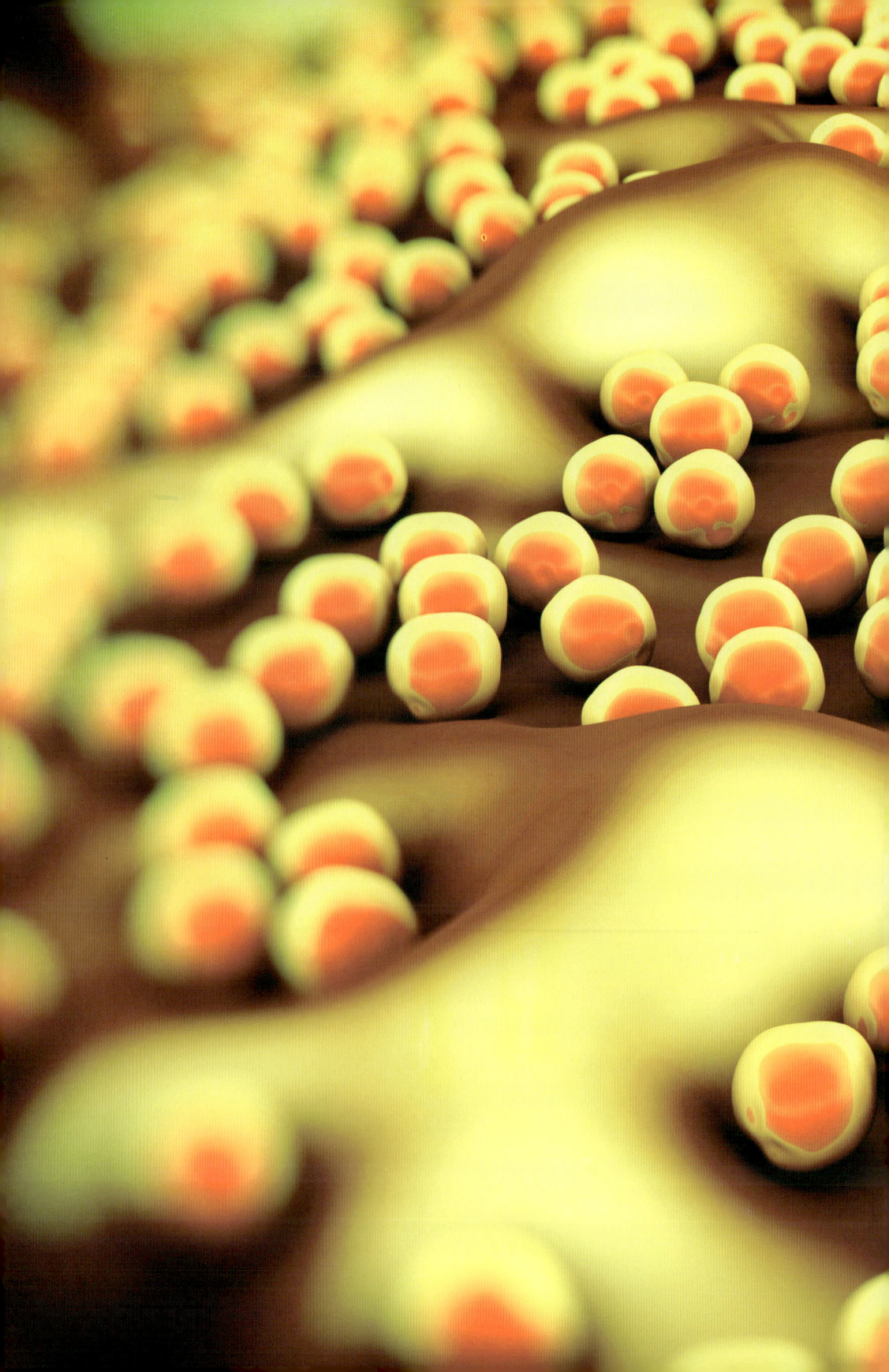

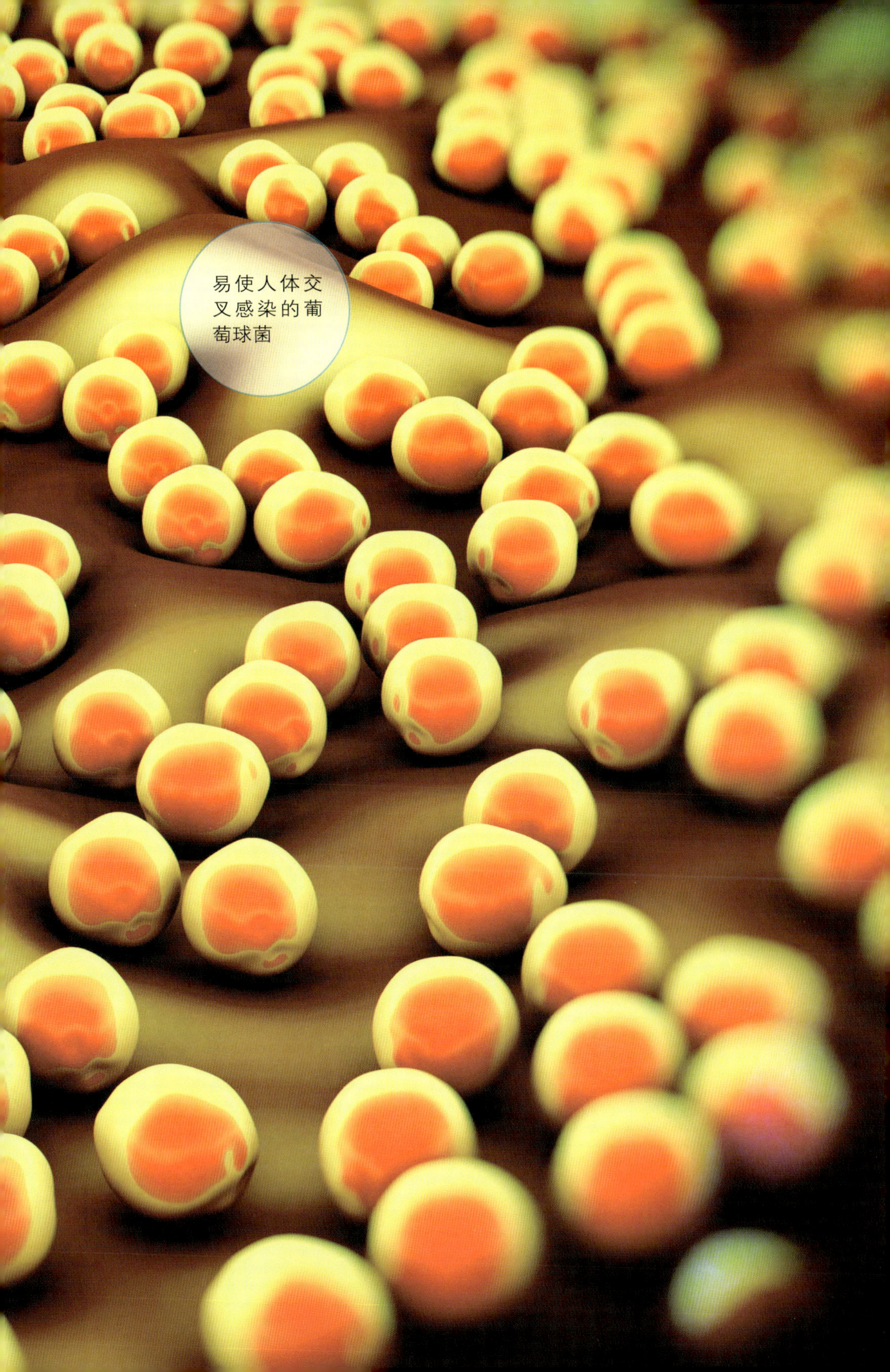
易使人体交
叉感染的葡
萄球菌

细菌的生存特征和技巧

从生活在活火山口的细菌到生活在毛孔中的细菌，所有细菌想要存活下来，都必须具备一定的条件。环境中必须有食物来源，细菌具有分解食物并释放其中能量的能力，另外，当周围环境变得恶劣时细菌具有特别的生存技巧。有些细菌属自养生物，能合成自身所需的食物。自养细菌制造食物的途径有两种，一种自养细菌像植物一样能利用太阳能合成食物；还有一些比如生活在大海深处的自养细菌，就无法利用太阳能，只能转而利用环境中的能量来制造食物。自养细菌就运用以上两种方法即太阳能或化学能中的其中一种来合成自身所需的食物。

还有一些细菌属异养生物，通过消耗自养生物或其他异养生物来获

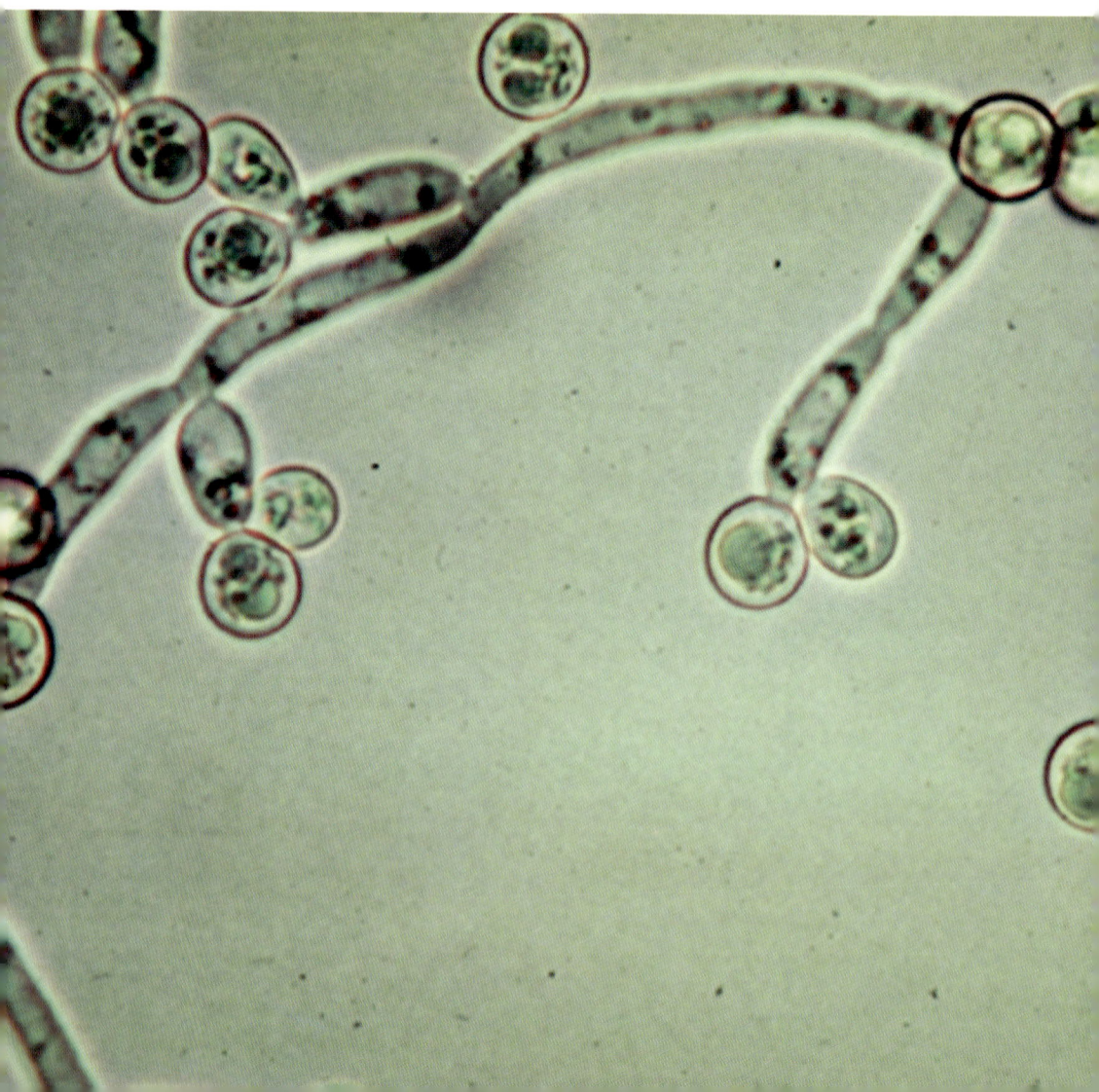

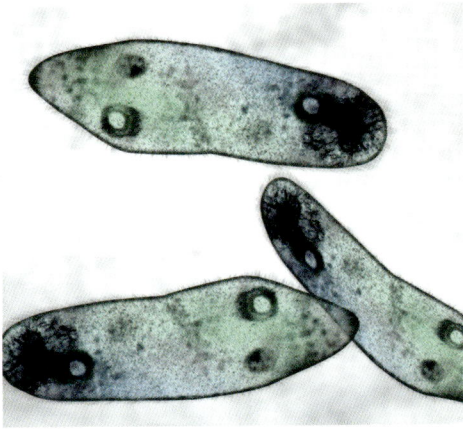

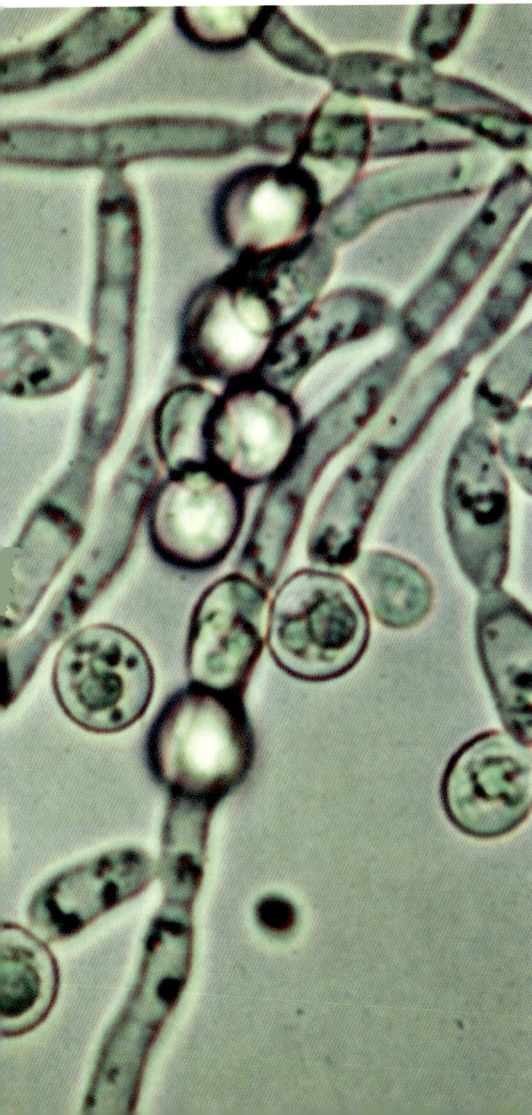

取食物。异养细菌能消耗各类食物，如从你爱吃的牛奶和肉类到树林里腐烂的树叶。

细菌分解食物并从中取得能量的过程叫作呼吸作用。与其他生物一样，细菌执行呼吸功能时，需要稳定的能量，能量采自食物。

大部分细菌和许多其他生物一样，分解食物时需要氧气。但是有一些细菌的呼吸作用就根本不需要氧气。实际上，一旦它们所处的环境中出现了氧气，它们的末日就到了。对它们来说，氧气是致命的。

有时周围的环境会变得不利于细菌生长。例如，失去了食物源或环境中产生出对细菌造成毒害的废弃物时，有的细菌便会形成内生孢子，以此形态在恶劣的环境下生存。

内生孢子在细菌细胞内形成，是一种小小的、圆形的、具有厚壁的休眠细胞。它含有细胞的遗传物质和一些细胞质。因为内生孢子能耐冰冻、高温和干旱，对恶劣环境有很强的抵抗力，所以能存活许多年。

内生孢子很轻，一阵风就可以把它们吹起并送到一个全新的地方。如果内生孢子落在一个适宜的环境中，就会萌发，接着细菌就开始生长增殖。

绚丽多姿的霉菌

霉菌属于真核微生物

微生物世界中色彩最艳丽的是霉菌，人们最早认识和利用的微生物也是霉菌。

2000年前我国古代用于制酱的曲霉，制作腐乳和豆豉的毛霉，以及日常制作甜酒的根霉，都是霉菌。人们最早发现和应用的抗生素——青霉素，就是由霉菌中的青霉产生的。

霉菌很容易在含糖的东西上生长，大家都有过这样的经历，比如面包和水果，没放两天就长绿毛；夏天炎热潮湿；连家具上也毛茸茸一片，霉味冲天，更不用说农民粮仓中的粮食了，有资料表明，全世界由于霉变而白白浪费的谷物约占总量的2%，这是多么大的损失呀！

那么就让我们看看霉菌到底是什么吧？

霉菌属于真核微生物，是丝状真菌的统称，由分枝或不分枝的菌丝组成。大多数霉菌菌丝中含有

隔膜，把菌丝分隔成多个单核细胞，隔膜中有小孔连接相邻的细胞，这种菌丝叫有隔菌丝；另一些霉菌菌丝中没有隔膜，整个菌丝表现为连续的多核单细胞，这种菌丝叫无隔菌丝。

菌丝的生长是通过末端伸长而进行的，菌丝生长，相互缠绕形成绒毛状、絮状或蜘蛛网状菌落，比细菌和放线菌菌落大几十倍。

霉菌如何传宗接代

霉菌是怎么传宗接代的呢？它的高招是产生孢子。夏天酱油表面常常长出一层白毛，这是一种叫白地霉的霉菌，它的菌丝产生横隔膜，并在横隔膜处断裂而形成一串像糖葫芦一样的孢子，叫节孢子；用来制作美味的豆豉和腐乳的毛霉，当发育到一定阶段时，顶端的细胞膨大形成一个囊状结构，叫孢囊，内部产生许多孢子，我们称它为孢囊孢子；引起谷物和花生发霉的曲霉，则是将菌丝顶端膨大形成球形的顶囊，顶囊的表面长出许多辐射状的小梗，小梗的顶端长出成串的孢子，我们称它为分生孢子。

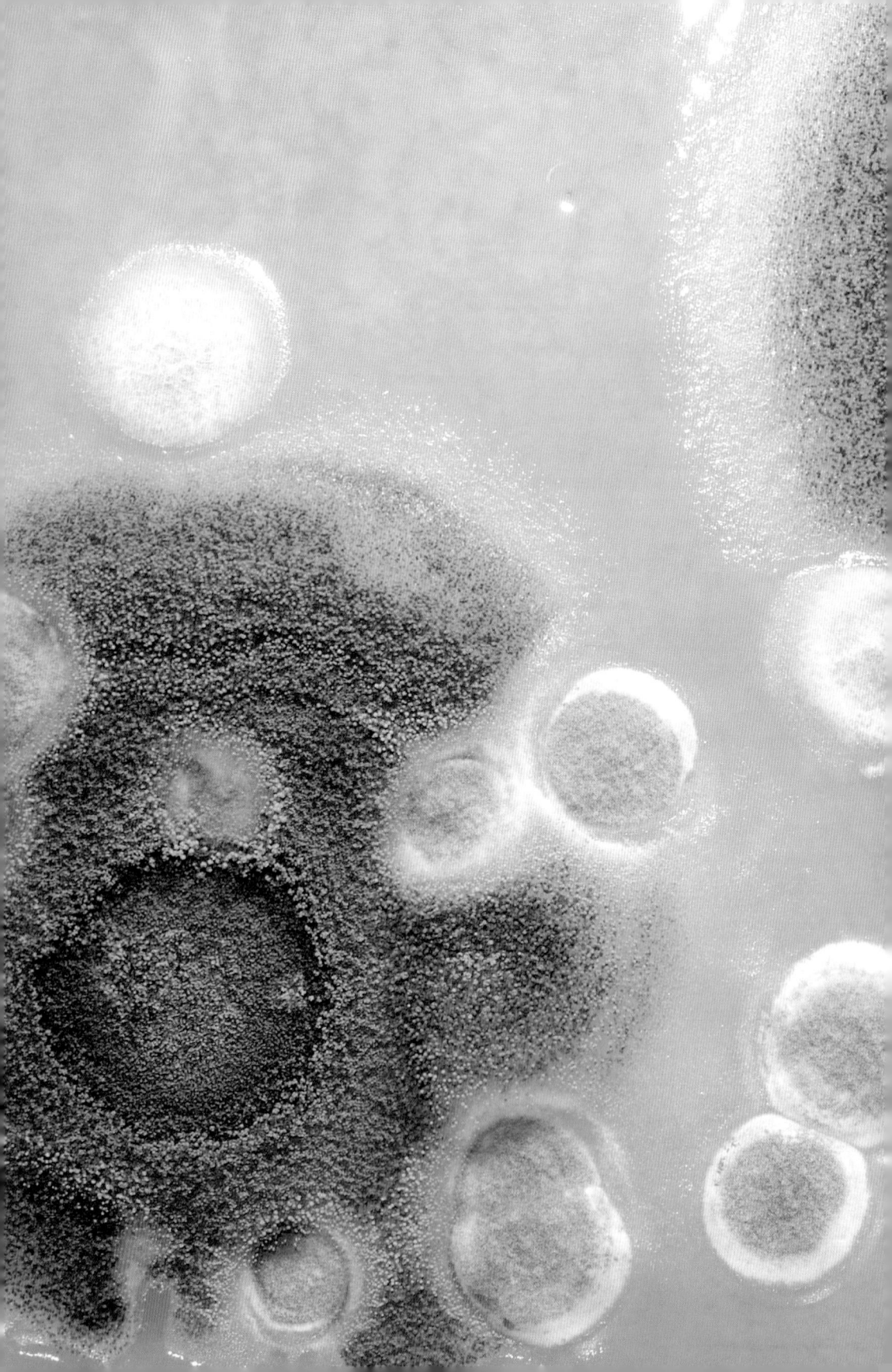

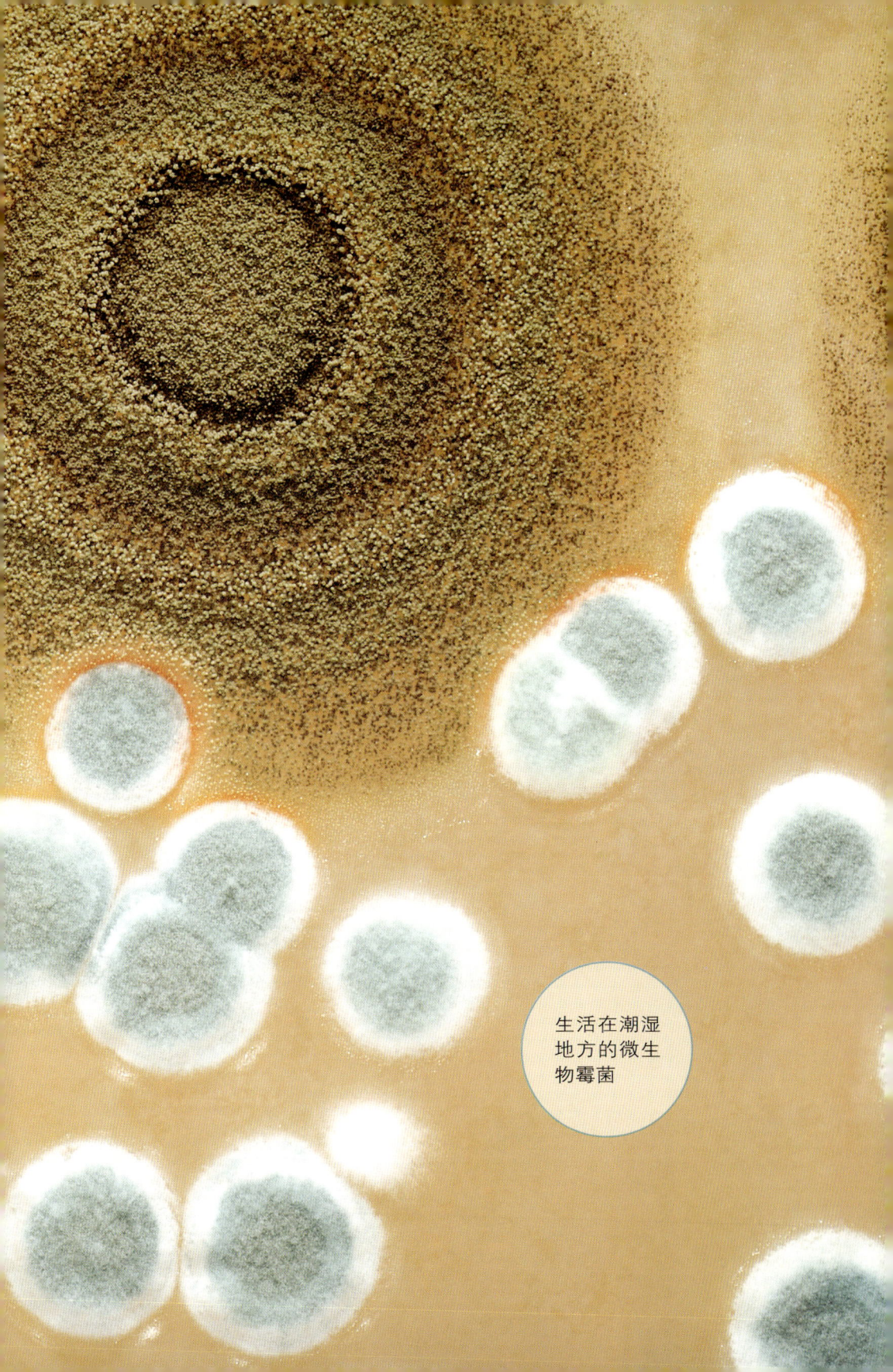

生活在潮湿地方的微生物霉菌

　　所有这些孢子都会在合适的条件下萌发而形成新的霉菌，使它们繁衍不息。由于这些孢子的形成过程中没有发生两性细胞的结合，所以属于无性繁殖，这些孢子统称为无性孢子。

　　经过两个性细胞的结合而产生新个体的过程为有性繁殖，经过细胞质和细胞核的融合，减数分裂形成有性孢子。霉菌的有性繁殖不及无性繁殖那么经常与普遍，往往在自然条件下发生，在一般培养基上不常出现。

　　其繁殖方式因菌种不同也有不同，有的霉菌两条异性菌丝就可以直接结合，有的则由菌丝分化形成特殊的性器官，并形成有性孢子。孢子具有小、轻、干、多以及形态色泽各异、休眠期长和抗异性强等特点，这有助于它们在自然界随处散播。孢子的这些特点有利于接种、扩大培养、菌种选育及保藏等工作，但易造成污染、霉变和传播动植物的真菌病害。

　　谈到这里，细心的朋友可能会想起前面我们曾经谈到细菌的芽孢，它们跟真菌的孢子有什么不同吗？真让你问着了，尽管它们都有休眠期长、

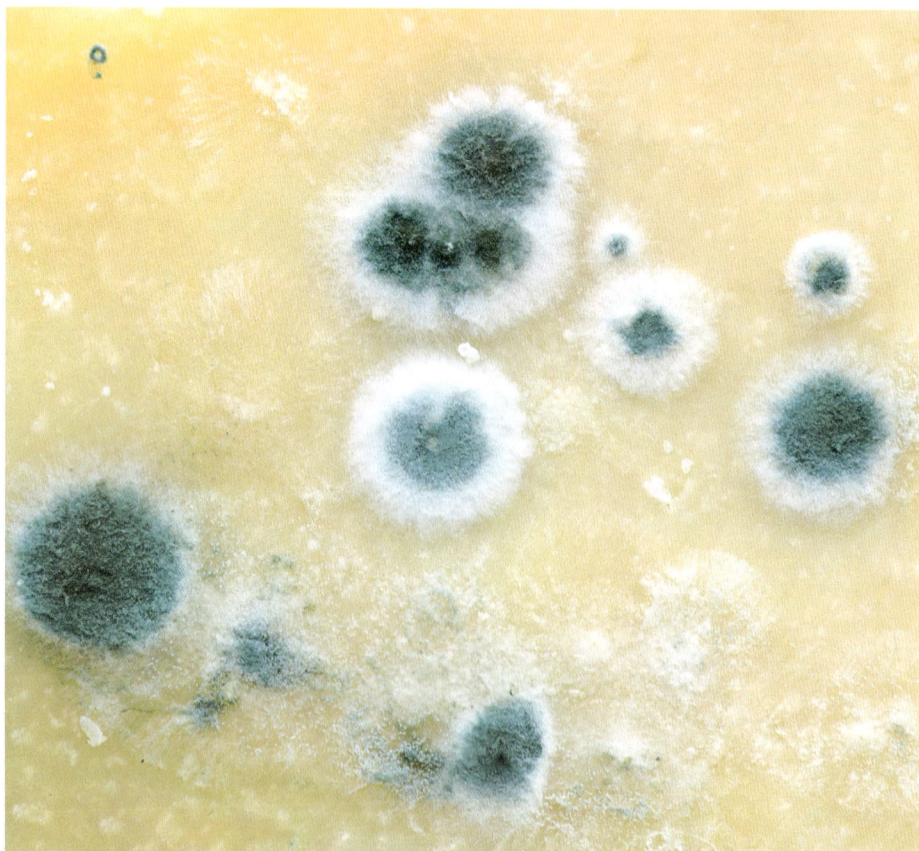

抗逆性强等特点，但却是两类不同性质的结构。

第一，真菌的孢子是真菌的重要繁殖方式，而细菌的芽孢是抗性结构；第二，真菌的一条菌丝或一个细胞可以产生多个孢子，而一个细菌细胞只能产生一个芽孢；第三，真菌的孢子可在细胞内或细胞外产生，而细菌的芽孢只能在细胞内产生；第四，细菌芽孢抗热性远远强于真菌的孢子；第五，真菌的孢子形态色泽多样，细菌芽孢形态极为简单。

霉菌的危害和作用

霉菌能产生多种毒素，而其中毒素最强的当属黄曲霉菌产生的黄曲霉毒素，黄曲霉毒素可以致癌，而产生黄曲霉毒素的温床则是发霉的花生和

谷物。有些毒素尚不知是否致癌，但曾多次酿成严重中毒事件。霉菌家族非常庞大，我们在这里为大家介绍几种与人类密切相关的霉菌。

毛霉可以产蛋白酶、淀粉酶等，可用于制作美味的腐乳和豆豉，是有名的调味大师；根霉的淀粉酶活力非常强，工业生产上的糖化作用就是由它来完成的；青霉能产生青霉素，这是人类发现和利用的第一个抗生素，现在它仍在为我们服务；白僵菌是著名的昆虫病原真菌，可以产生毒素和抗生素，因为昆虫幼虫感染此菌会遍体生白毛，僵硬而死，因而得名白僵菌，它已成为真菌中治虫效果最好的农药之一；曲霉可以产生多种酶制剂及抗生素，还能生产柠檬酸等多种有机酸，在工业上用途极为广泛。

左图：青霉为分布很广的子囊菌纲中的一
　　　属，和曲霉属有亲缘关系，代表种
　　　是灰绿青霉，从土壤或空气中很易
　　　分离。

田园奇才
放线菌

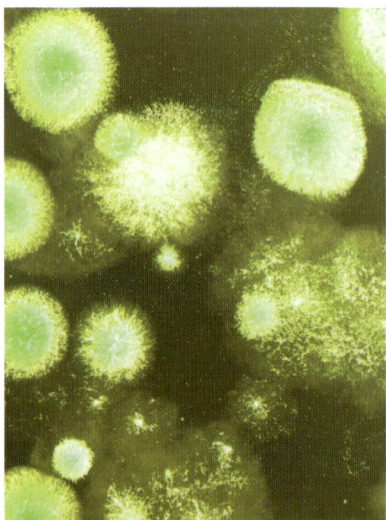

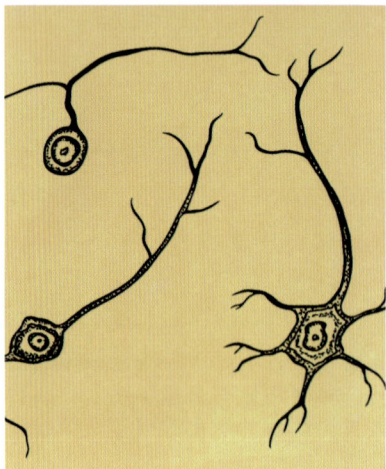

活跃于土壤中的放线菌

土壤为什么这么肥沃？土壤里到底有些什么东西呢？土壤为什么会散发出泥土的芬芳？

土壤里有土壤颗粒、水、盐、矿物质。一粒土壤便可以称为一个微生物世界，每克肥沃的土壤就含有几亿或数十亿的微生物。其中，使泥土具有泥腥气味的正是一类比细菌高级一点的微生物——放线菌。

放线菌的确是"菌"如其名，它仿佛是许多线丝乱七八糟地扯在一起形成的。别看有这么多条线丝，实际上它只是一个细胞。有人形容它为微生物世界的菊花，这些线丝就是它伸展开来的"花瓣"。

实际上，这种比喻并不科学。一朵盛开的菊花并不是一朵花，它是由许许多多小的舌状花、筒状花组成的花序。与此相反，纷乱的菌丝组成的放线菌只是一个单细胞。

放线菌的生长比细菌慢，但它要比细菌长得多。单细胞的个体向周围伸展出菌丝体，而且有分枝，分枝而成的细

丝就叫作菌丝。

如果我们把放线菌放在固体培养基上培养，这一个细胞可以长出类似枝条和根的东西。伸展在半空中的枝条叫作气生菌丝。在气生菌丝顶端能产生各种形状孢子的叫作孢子丝。

放线菌的孢子丝长得多种多样，有的是直链状，有的是波浪状，有的弯曲成螺旋一样。孢子丝的形态是放线菌的特征，可以帮助我们识别不同的放线菌菌种。

孢子是由孢子丝横断分裂或原生质凝聚而成，就像一串佛珠。它有很厚的孢子壁，如同植物种子的硬壳，能保护孢子不受外界恶劣条

生物名片

名称：放线菌

类别：放线菌目放线菌科

特征：具备细胞壁、细胞膜、细胞质、拟核等基本结构

作用：可以分解有机物，改善土壤

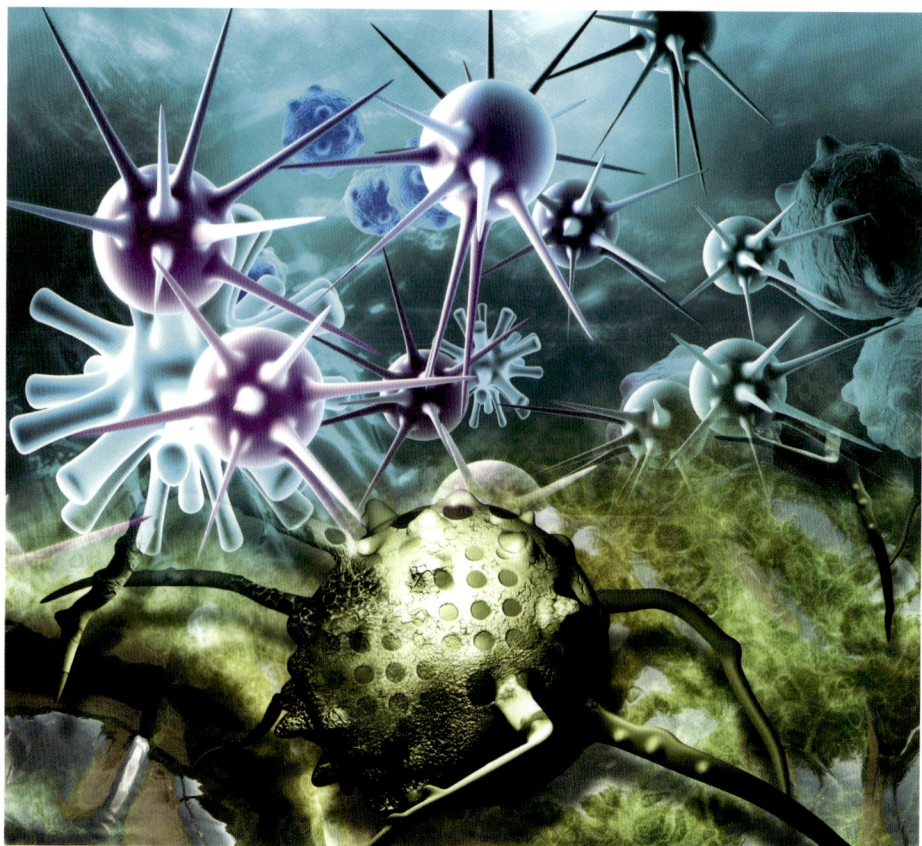

件的伤害。放线菌的种类不同，孢子的形状和颜色也不一样。有的孢子是球形，有的像枣；有的表面光滑，有的表面粗糙；有的还有小刺或鞭毛。

　　孢子是放线菌传宗接代的工具，离开菌体的孢子能长时间不死，当遇到适宜条件就发芽形成新的菌丝体。

　　将放线菌产生的大量成熟孢子采集下来，装在既无营养又无水分带有砂土的小玻璃管中，放入冰箱，这些孢子就能很安然地在这个"小仓库"中保存很长的一段时间。

　　除了有伸到空中的气生菌丝外，还有类似根一样伸入培养基专门吸收营养的营养菌丝。这些营养菌丝仿佛是深深扎入土壤中的植物的根系，使菌落长得很牢固。

　　放线菌常以孢子或菌丝状态广泛地存在于自然界。不论数量还是种类，以土壤中最多。据测定，每克土壤中含有数万乃至数百万个孢子，放线菌产生的代谢产物往往使土壤具有特殊的泥腥味。

活跃于抗生素中的放线菌

链霉素、氯霉素、土霉素……这些是我们在医院中常常见到的抗生素，你知道，它们是由谁生产制造出来的吗？

这些抗生素正是由放线菌产生出来的。据统计，目前全世界使用的抗生素药品约有80%来自于放线菌。

我们熟悉的链霉素是由一种叫灰色链丝菌的放线菌产生的，它对治疗肺结核病非常有效。

科研人员在福建省土壤中找到的龟裂链丝菌，能产生巴龙霉素，是治疗阿米巴痢疾和肠炎的特效药；一些研究者从山东济南土壤中找到一种放线菌产生创新霉素，它最适宜治疗大肠杆菌引起的各种感染；小单孢菌产生的庆大霉素和由小金色放线菌产生的春雷霉素对烧伤病人防止致病菌感染有积极疗效；由龟裂链丝菌产生的金霉素和四环素、由委内瑞拉链丝菌产生的氯霉素及许多链丝菌都能产生新霉素，可以用来治疗多种感染性疾病。

因为这些抗生素能够抑制范围广泛的细菌和其他病原体，所以又有广谱抗生素之称。由红链丝菌产生的红霉素和在贵州土壤中分离的一种放线菌产生的万古霉素常常用来治疗其他抗生素医治无效的疾病。

由放线菌产生的克念菌素、制霉菌素能抑制致病的真菌。此外，放线

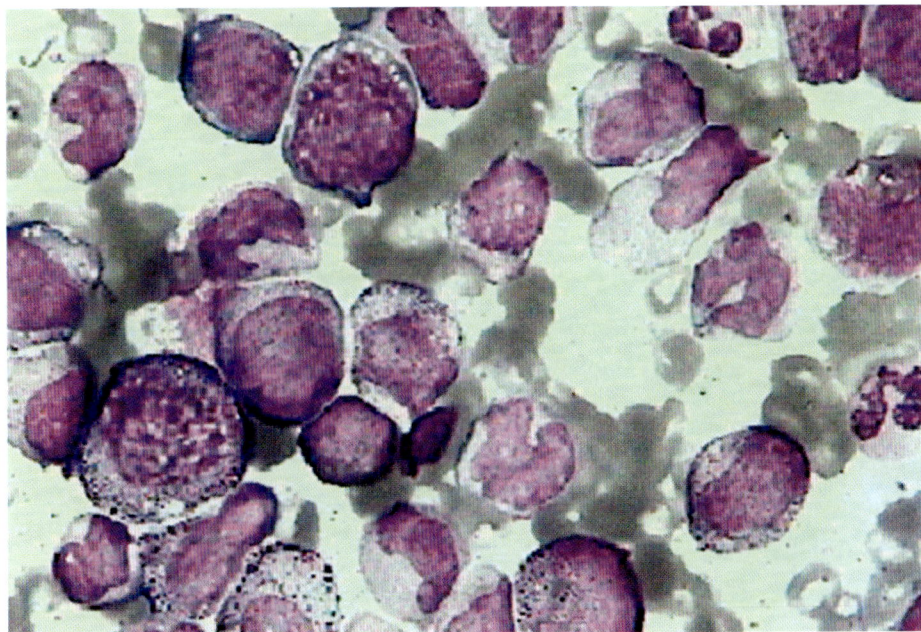

菌产生的抗癌抗生素也已经应用于临床。

放线菌的延伸研究

在放线菌的研究中，人们经常思考着这样一个问题：它们为什么会产生多种多样的抗生素呢？有人认为这是放线菌为了维护自身生存，而用来对付其他生物的一种武器；也有人认为抗生素是菌体新陈代谢过程中的解毒产物；或者它只是毫无用处的排泄废物；还有人认为抗生素是细胞中的储藏物质，以备必要时用。虽然莫衷一是，但不影响抗生素的使用。

不过，人们已经发现了在放线菌的细胞中，有一种叫质粒的结构与抗生素的产生有密切关系。因此，不少人认为，各种抗生素的产生是由自然界中存在的各种质粒决定的。

质粒最早是20世纪50年代初期在大肠杆菌中发现的，它能够决定细菌的"性别"。后来，人们发现它的作用不仅在于此，它与痢疾杆菌的抗药

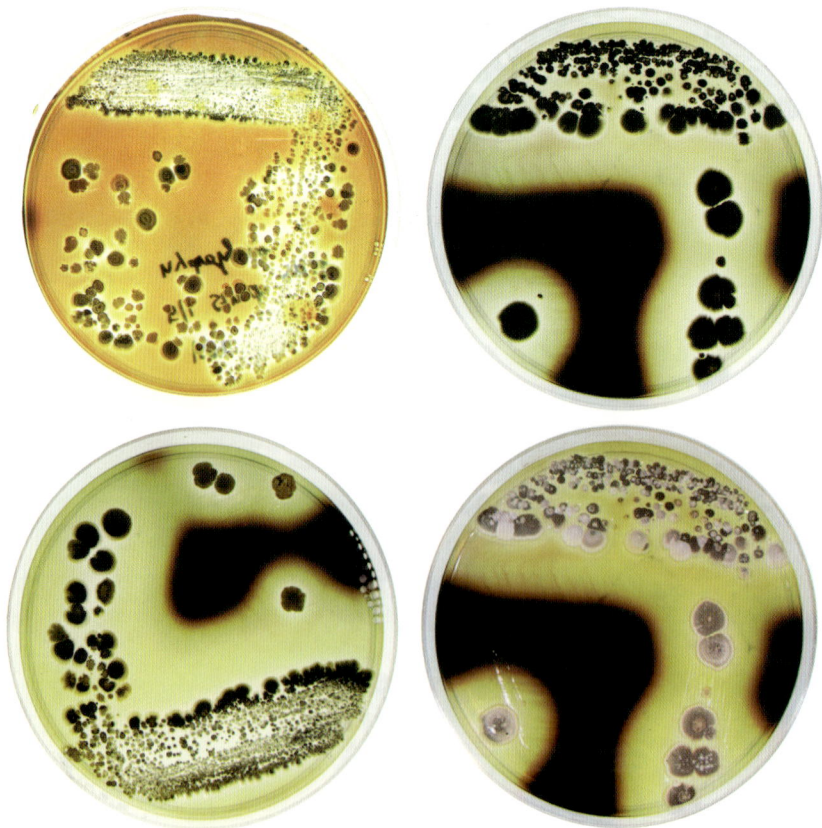

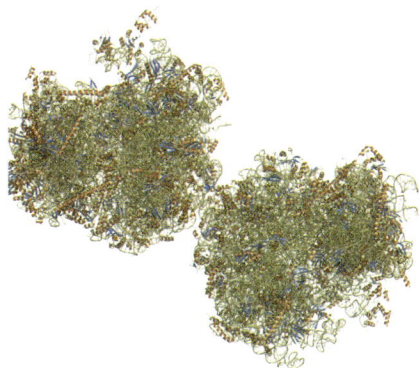

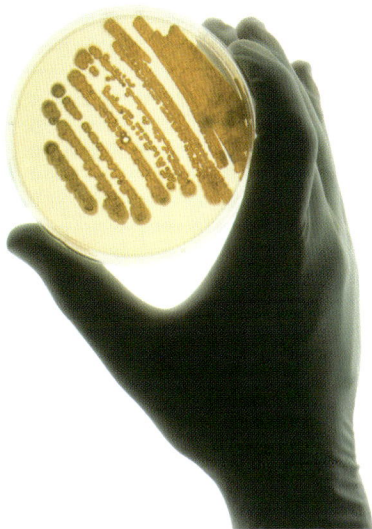

性有关，与大肠杆菌产生的一种毒素也有关系。

到了20世纪60年代，人们又发现质粒决定着放线菌抗生素的产生。如果我们设法把质粒从细胞中除去，那么，痢疾杆菌就会失去抗药性，大肠杆菌不再分泌毒素，放线菌也不产生抗生素了。

几种抗生素质粒是染色体外的遗传因素，它可以进行自我复制，能代代相传，并控制着细胞的一些特性。

质粒还有一种特性，它不像其他一些细胞结构那样安心在一个岗位上工作，经常跳槽。当两个细胞接触时，它可以从一个细胞跳到另一个细胞中去，也可以被噬菌体带着"走亲戚"。

质粒转移到新的细胞，可以使新的细胞具有质粒所控制的特性。如果能将产生抗生素的质粒转移，不仅可以使原来不会产生抗生素的微生物产生抗生素，而且还可以人工制造出能生产几种抗生素的新的微生物来。

在抗生素出现之前，磺胺药剂有一个短暂的全盛时期，但由于菌体对磺胺产生了耐药性，而且，这种耐药性不仅能够遗传，而且还具有广泛性。抗生素一经发现和应用后，很快取代了磺胺药。随着科学的不断发展，药物也在不断地推陈出新。

测定抗生素的抗菌谱

抗生素能治疗疾病，但具体的某种抗生素到底能治疗哪种疾病呢？这就需要进行抑菌试验，测定抗生素的抗菌谱。这项工作的大致过程是这样的：先把抗生素涂抹在供致病菌生长的固体培养基上，然后分别接种上各种活的致病菌，在一定条件下经过一段时间培养，观察致病菌类的生长繁殖情况，推断出这种抗生素对哪些致病菌有抑制作用，再通过其他方法配合考察、研究，便能确定这种抗生素是否可以用来治疗这种致病菌所引起的疾病。

抗生素的使用给人类的健康提供了保障，但是，如果剂量使用不当，就会给人类带来这样或是那样的麻烦。剂量不足，不但达不到杀菌目的，反而会使致病菌产生耐药性；剂量过大又会对人体产生副作用，甚至威胁生命。

有时，即使是在正常剂量范围内，也会使有些人产生不少毒副反应。

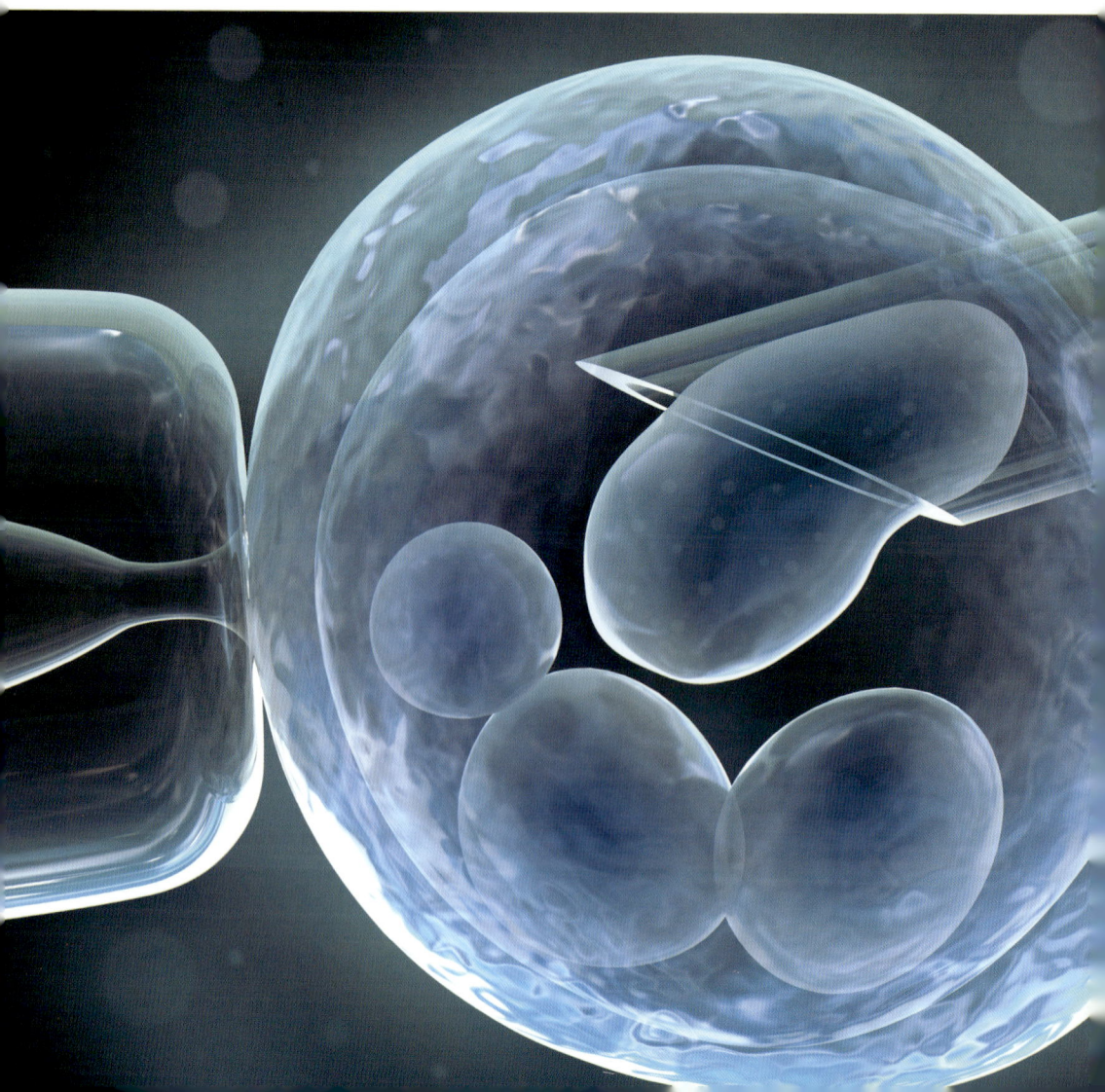

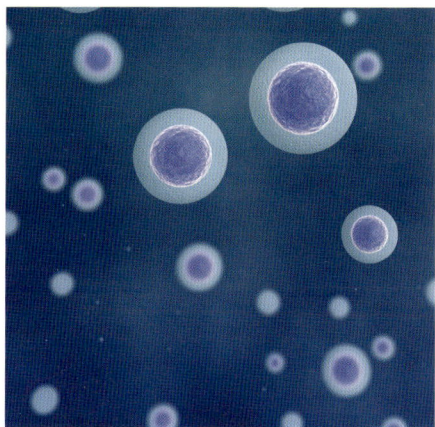

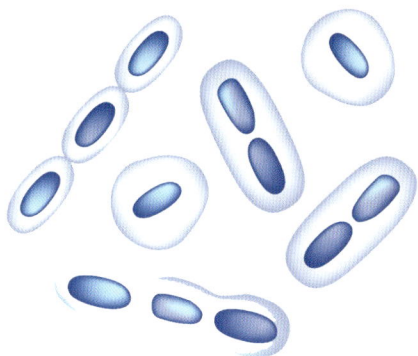

但最让人担心的还是抗生素引发的过敏反应，若抢救不及时，还会导致死亡。在注射青霉素时，必须先做皮试，就是为了避免过敏反应。

庆大霉素、链霉素、妥布霉素和卡那霉素等都属于氨基糖苷类抗生素。其抗菌谱主要针对革兰氏阴性杆菌，常用于感染性腹泻，如急性肠炎、急性菌痢等。尤其是庆大霉素，因其价格低廉、疗效好，临床应用范围之广可与青霉素媲美。

但是，这类抗生素的毒副作用也很可怕，它能导致神经性耳聋及肾功能衰竭。所以，使用此类抗生素，一定要严格掌握用药的适应证，以免产生后患。

害人又救人的微生物

令人闻之色变的瘟疫

谈及流行性感冒（以下简称"流感"），几乎是无人不知，无人不晓。

但你知道吗？流感曾是或者仍是人类所痛恨的杀人恶魔呢！1918～1919年的几个月间，流感杀死的人比第一次世界大战4年间所死的人还要多！1995年11月27日~12月3日，莫斯科市就有12.6万人患流感，而且患病人数与日俱增。因为这一原因，莫斯科市教育局决定12月11~18日学校放假，而且因为情况的恶化而不得不延长假期。这可怖的疾病是如何引起的呢？难道真如古代巫医们所说是魔鬼附身吗？

早在14世纪，另外一种魔鬼开始肆虐欧洲大地，它指挥着黑死病——鼠疫狞笑着走过欧洲的每一个国家。所到之地，到处都是失去亲人者的哀

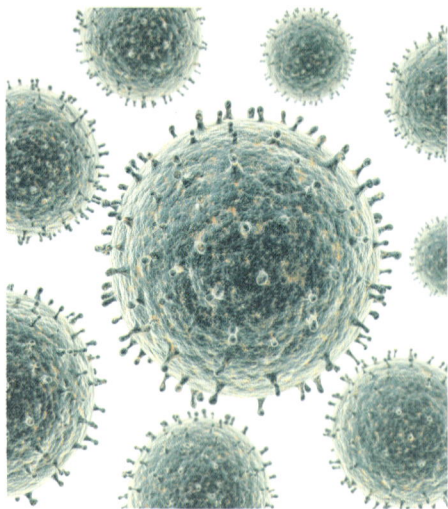

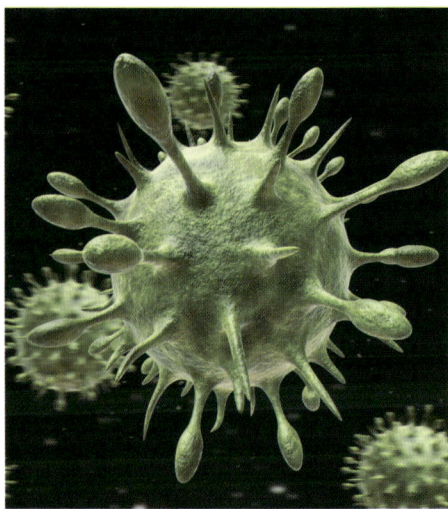

号和病人痛苦的呻吟。这个横行霸道的魔鬼，给人类带来了生存史上空前的浩劫，仅是14世纪在欧洲的一次流行，就夺走了2500万人的生命。

这是历史上惨痛的一页。但是，更为惨痛的却是人类在恶魔面前是那样的束手无策。在科学处于窒息和被压制的黑暗时代，人们只有求助于骗人的巫医、无知的迷信。但咒语、神术并非回春之术，人们只能眼睁睁地看着病中的亲人痛苦地死去。

魔鬼的恶爪还在延伸，白喉、霍乱、天花……层出不穷的传染病夺走了无数宝贵的生命。今天我们觉得很普通的肺炎，在几十年前，也使许多老人和小孩丧失了生命。

化腐朽为神奇的微生物

世上之事真是无奇不有，在人类千方百计寻找真凶的时候，人们却发现土壤里存在大批的"劳动者"，大地拥有无数的"清洁工"，它们把动物、植物的尸体和排泄物以及各种遗弃物分解为简单物质，直至变为水、二氧化碳、氨、硫化氢或其他无机盐类为止，它们不仅完成自然界物质循环作用，还供给植物和农作物肥料。它们和那些夺人性命的恶魔都有一个共同的名字——微生物。只不过一种是害人的微生物，一种是救人的微生物而已。

害人的微生物如前面提到的"流感"病菌、鼠疫病菌、白喉、霍乱、天花等，都是人类在还没有发现救人细菌时能够随时夺人性命的杀人凶手；救人的微生物更多，如人们比较熟悉的青霉菌等。青霉菌能破坏细菌的细胞壁并在细菌细胞的繁殖期起杀菌作用，用它提炼出来的青霉素能够治疗以前人们闻之色变的肺炎、肺结核、脑膜炎、心内膜炎、白喉、炭疽等多种疾病。因为青霉菌的发现，千千万万个在第二次世界大战中受伤感

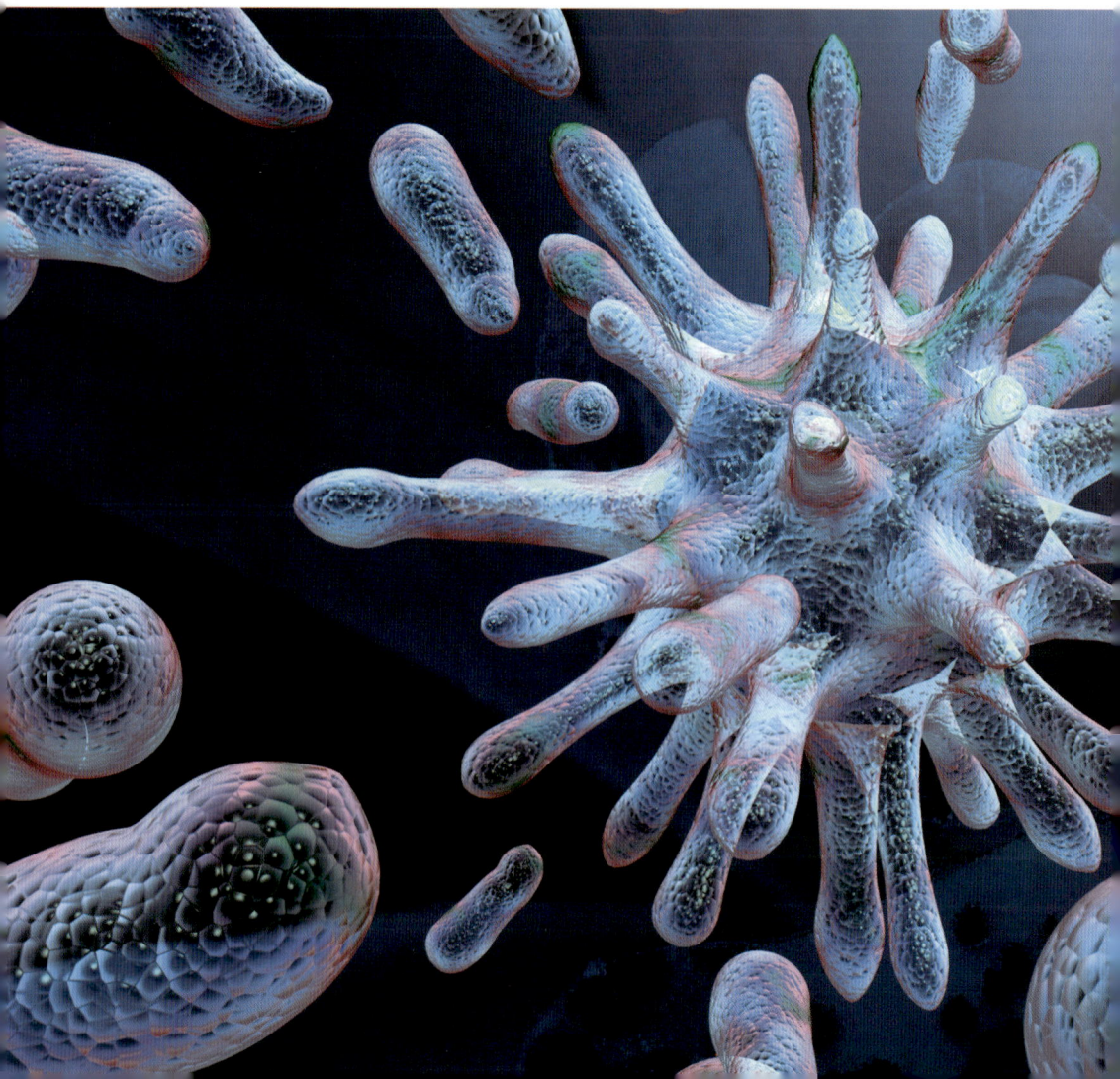

染的盟军战士重新获得了健康。

　　传说大禹时代有个叫作狄仪的人，偶尔尝到一种东西，觉得味道甘洌香醇，就想方设法自己动手制作，于是深受人类喜爱的酒诞生了。从此，中国人就有了酒喝。我们应该感谢狄仪，但更应该感谢隐藏在酒窖中辛勤工作着的那些秘密"功臣"——微生物。

　　西方的汉堡包，中国的馒头，还有豆腐乳、醋、酱油、泡菜，以及我们爱喝的酸奶，如果没有那些默默隐藏着的微生物，恐怕不论人们怎样辛勤地工作，也不会做出如此美味的食品。

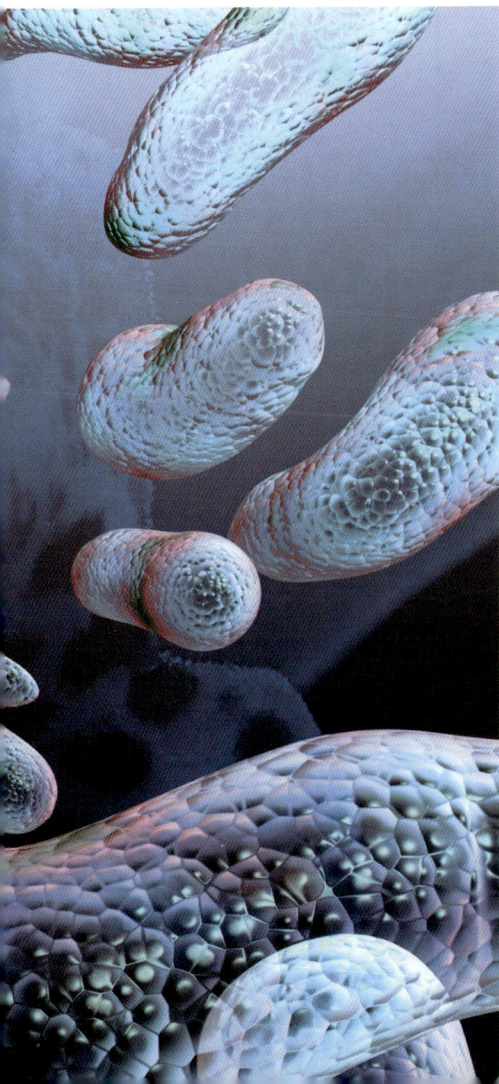

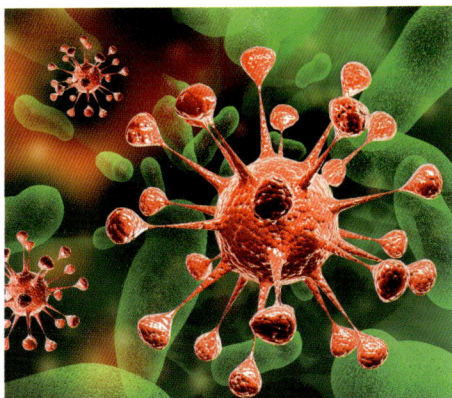

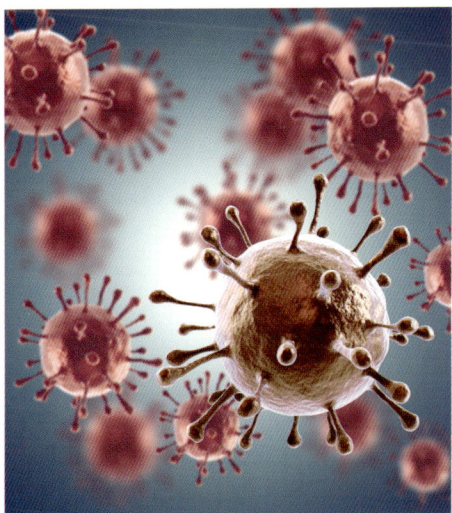

微生物中的
"少数民族"

狡猾的立克次氏体

有一类微生物与细菌很相像，个子稍小，结构与细菌类似，但生活习惯与细菌大不相同，它们专门生活在活细胞中，在活细胞中要吃要喝，是典型的寄生虫。与这个生活习惯相适应，它们的细胞膜较疏松，物质进出较自由，尽管方便了取食，但它们注定离开寄主就无法生存。

这时候，你肯定会想，如此一来，一旦寄主死去，它们岂不就断子绝孙了吗？

不用担心，它们狡猾得很，它们早已经为自己找好了退路，它们可以利用蚤、蜱、螨等吸血昆虫作跳板，先在蚤等胃肠道上皮细胞中增殖并大量存在于其粪便中。

人一受到叮咬，抓痒痒时，它们就从抓破的伤口或直接从昆虫下嘴处进入人的血液并在其中繁殖，流行性斑疹伤寒、恙虫热（丛林斑疹伤寒）

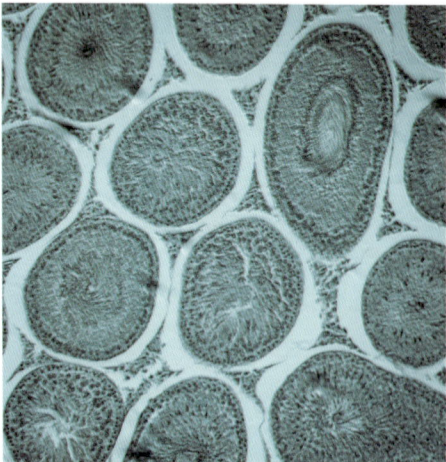

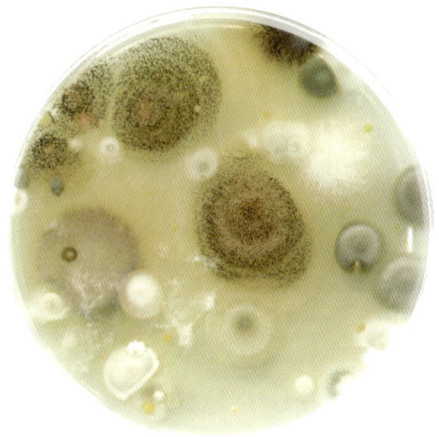

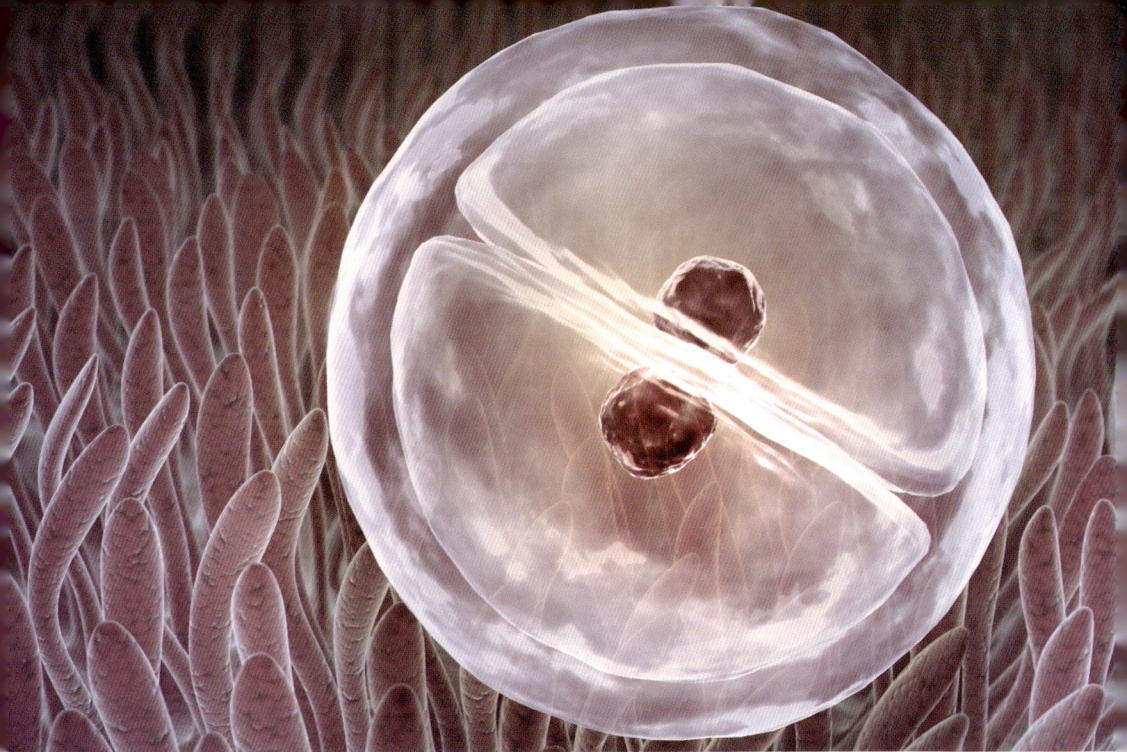

等都是因此引起的。

　　当蚤等再叮咬病人吸血时，它们就双从人血中到达虫体内繁殖，如此循环往复。由于这类微生物最早是于1910年由一位名叫立克次（H.T.Ricketts）的美国医生发现的，他在研究中不幸感染去世，为纪念他就将这类微生物命名为立克次氏体。

易形高手支原体

　　你知道世界上能独立生存的最小生物是什么吗？是支原体。这类原核微生物没有细胞壁，细胞膜柔软，能透过细菌滤膜（这种滤膜可以截留住细菌)，而且外形多变，是著名的易形高手。

　　支原体能够引起人和畜禽呼吸道、肺、尿道以及生殖系统的炎症，它们还是组织培养的污染菌，并能引起植物患黄化病、矮缩病等。

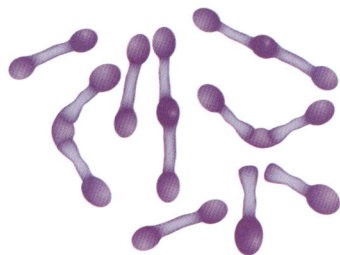

生物名片

名称：立克次氏体

类别：变形菌门立克次体科

特征：呈球状或杆状，是细胞
　　　内寄生物

危害：经过细菌进入人体传
　　　播疾病

真菌的营养和药用价值

真菌的营养价值

食用菌是一类营养丰富、味美可口的真菌，它们绝大部分属于担子菌，其可食部分是子实体。最常见的食用菌有香菇、草菇、平菇、木耳、银耳、金针菇等，一般统称之为蘑菇。

让我们来谈谈蘑菇。据说法国著名小说家大仲马到德国去旅行。有一天晚上，正下着大雨，他忽然想要吃蘑菇，便冒着雨跑到饭店里。他一时想不起德文中"蘑菇"该怎么写，便在纸上画了个蘑菇。谁知侍者误解了他的意思，便给他送来了一把雨伞，把这位大文豪弄得啼笑皆非。的确，蘑菇的形状很像一把撑开的伞，那小小的伞盖下，还呈放射状排列着一层像伞骨子似的菌褶呢！

蘑菇也是微生物中的"巨人"。原本是生长在肥沃的田野、草原和马厩肥上的一种菌类，肉质肥腴，气味芳香，为各国人民所喜爱。

由于它们的生长受到一定的限制，人类想出了各种各样的方法进行人工培养。目前，蘑菇栽培业正向大

型化、机械化、自动化方向发展。美国宾夕法尼亚州温菲尔德有一所世界上最大的蘑菇工厂，在全长177千米的半地下式菇房里，年产蘑菇可达18000吨。

蘑菇是有益健康的佳品，500克蘑菇所含的蛋白质，相当于1000克瘦肉、1500克鸡蛋或6000克牛奶的蛋白质含量，无怪乎欧洲人把它称为"植物肉"。

除此之外，蘑菇还含有丰富的B族维生素，尤其是维生素B_{12}的含量比肉类要高。它能防止恶性贫血，改善神经功能，并有降低血脂的作用。

双孢紫晶菇、木耳中所含维生素B_1也比一般植物性食品要高，对增加食欲、恢复大脑功能，增加哺乳期妇女的乳汁分泌有一定好处，心脏病、神经炎、神经麻痹等患者多食此类蘑菇有助于病体康复。

四孢蘑菇和双孢蘑菇还含有一般菇类少见的烟酸。四孢蘑菇对生活在热带和亚热带的人来说，有预防癞皮病的作用；双孢蘑菇被吸收到血液后，转变成烟酰胺，能起到辅酶作用，有助于防止贫血。

双孢蘑菇还含有少量的生物素、吡哆醇及维生素K。生物素能参与体内脂肪的代谢，吡哆醇在利用不饱和脂肪酸时能参与反应过程；维生素K是凝血酶原或其他凝血因子合成不可或缺的物质，维持血液的正常凝固功能。

四孢蘑菇、香菇、草菇还富含维生素C，经常食用可防止坏血病发生，并有助于保持正常糖代谢及神经传导，促进食欲。

真菌的药用价值

蘑菇不仅能补充营养，还可以防止多种疾病呢!

人们在对真菌的美味赞不绝口的时候，保健品市场上也悄然兴起了一股"真菌"热。其中，最值得人们称道的就算是灵芝与猴头菇了。其实，灵芝是一种真菌，它属于真菌门、担子菌亚门、层菌纲、多孔菌目、灵芝科的灵芝属。

但是，你如果想知道一种生物在浩瀚无涯的生物界的地位，想去生物世界拜望拜望它们，一定要弄清它们生活在哪个国家（门）、住在哪个省（纲），具体在哪个市（目），哪个区（科），哪条街（属），门牌号码（种）是多少，否则，在生物的汪洋大海中，哪儿去捞你想要找的那根绣

花针呢！学会了这一招，就可以找到灵芝的"家"。灵芝安家的地方挺别致，它喜欢把家安在栎属或其他阔叶树干的基部、干部或根部。而且，它老是撑着个半圆形或肾形的红褐色泛着油漆光泽的伞等着你，那伞的杆儿挺怪，不在正中，看着怪可笑的。

《神农本草经》说它有益心气、安精魂、补肝益气、竖筋骨、好颜色等功效。

此外，灵芝还含氨基酸、多肽、蛋白质、真菌溶菌酶，以及糖类（还原糖和多糖）、麦角甾醇、三萜类、香豆精甙、挥发油、硬脂酸、苯甲酸、生物碱、维生素B_2及维生素C等；它的孢子还含有甘露醇、海藻糖呢！

无论在肝脏损害发生前还是发生后，服用灵芝都可保护肝脏，减轻肝损伤。灵芝还能促进肝脏对药物、毒物的代谢，对于中毒性肝炎有确切的疗效。尤其是慢性肝炎，灵芝可明显消除头晕、乏力、恶心、肝区不适等症状，并可有效地改善肝功能，使各项指标趋于正常。

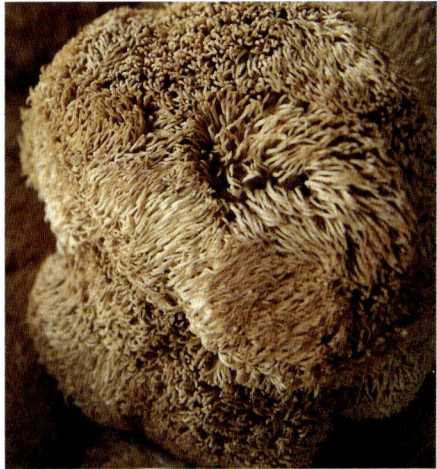

生物名片

名称：真菌

类别：真菌门藻状菌纲、子
　　　囊菌纲

特征：有细胞核，能进行有
　　　性有无性繁殖

作用：药用保健、滋补人体

　　也就是说，灵芝可用于治疗慢性中毒、各类慢性肝炎、肝硬化、肝功能障碍。你说厉害不厉害？

　　真菌界还有一个与之相媲美的宠儿，那就是猴头菇。

　　自古以来，猴头菇就是有名的疱厨之珍，它和海参、燕窝、熊掌并称为中国的四大名菜。民间还有"山珍猴头，海味燕窝"的说法。

　　中医认为，猴头菇有助消化、利五脏的功效，它的提取液对医治消化不良、胃溃疡、十二指肠溃疡、食道癌、胃癌、贲门癌均有明显疗效。

　　猴头菇有这么重要的作用，为什么起这样俗气的名字呢？

　　其实，只有这个名字才能惟妙惟肖地刻画出它的形象。

　　野生的猴头菇一般长在老而未死的栎、柞、桦等阔叶树的枝干断面或腐朽的树洞中。北方人一般把贴生于树干上的叫狗屁股，而把坐生的称为猴椅子。

　　每年七八月，秋雨霖霖，正是猴头菇"蹲窝"的时候，往往在你不经意间会蓦然出现，在那浓荫掩蔽的树洞中，有一只小毛猴，正在伸出脑袋向外探望，仿佛就要纵身离洞，去大闹天宫似的。

　　猴头菇属于真菌界、担子菌门、层菌纲、非褶菌目，它与灵芝等多孔菌又完全不同，它的孢子不是长在菌孔中，而是生长在那些像毛发一样的菌刺上。

　　将成熟的猴头菇掰开，可以看到肥厚的菌体，那是由许多粗而短的分枝互相融合而成的。在分枝的末端，有无数针状突起，这就是着生孢子的菌刺。

有营养和药
用价值的真
菌

幼嫩的猴头菇呈白色，老熟后变为黄棕色，毛茸茸的，活像一只毛猴脑袋。国外称为刺猬菌，虽然也有些形似，但不如猴头菇一名那样逼真，饶有情趣。

真菌中的"妖魔鬼怪"

蘑菇口味清淡醇美、富有营养，而且有助于人体健康，真像是一群美丽而又善良的天使。不过在这群天使中也有"妖魔鬼怪"呢！

首先来谈谈"妖"。在巴西丛林浓密的灌木丛中有一种软绵绵的白色"小蛋"，这种"小蛋"慢慢长大，并且，"蛋壳"上很快出现了裂痕，紧接着绽成两半，从里面跳出一只橘黄色的小伞，原来是一只蘑菇的菌蕾。

这只蘑菇生长的速度快得令人吃惊，两小时内，长了50厘米。令人更为惊奇的是：一个奇迹发生了，那黄澄澄的伞盖下突然抖落出一道雪白透明的薄纱，一直拖到地面，就像一位风采秀丽、清丽可人身着曳地长裙的少女，亭亭玉立于风中。

不要迷醉于此情此景，因为一股像腐烂动物尸体所发出的难闻的臭味会从菌体上四溢开来。这时，已经是夜幕低垂，有一股绿宝石般的光辉从伞盖下倾泻下来，映着薄纱，招来无数飞舞的小甲虫。翌日清晨，除了地面上一滩黏液外，"面纱女人"、发光蘑菇全都失踪了。

再说说"魔"。

很早以前，墨西哥的迷幻药是很有名的，据说他们能用这种迷幻药将受试者的灵魂引导到天堂，进行神秘的精神幻游。当人们服用这种药物后，眼前便会出现各种各样色彩斑斓的几何形建筑、变幻莫测的湖光山色、光怪陆离的奇珠异宝、不可名状的飞禽走兽……各种人世间难以见到的奇异景象。

　　对于这种迷幻药，墨西哥的魔术师向来视为秘密，很少为外人所知。直到19个世纪末，秘密才泄露出来，原来他们师承了古印第安人的一种秘方，这种迷幻药就是用当地出产的某种蘑菇制成的。

　　这种被古印第安人崇拜的"神之肉"蘑菇至少有两种，即墨西哥裸盖菇和古巴裸盖菇。小量食用能引起对外界的淡漠感，大量食用才能引起人们的幻觉和幻象。

　　经过科学家的研究，这些"魔"终于现出了原形。原来，致幻剂成分是裸盖菇素含有的生物碱，它们干扰了大脑中5-羟色胺和肾上腺素的正常代谢，从而使人产生种种幻觉。

　　这类"菇魔"的神奇魅力使许多科学家都致力于这项研究，希望能利用这类蘑菇的暂时性作用来影响人脑，以进一步探索大脑活动的奥秘。而蘑菇中的"鬼"是一些置人于死地的"鬼"。

　　古罗马政变者多次利用蘑菇之中的"鬼"来达到他们的野心。据罗马古代史籍记载，克劳狄继承王位后，先后废除、杀戮4位王后，其中只有梅莎琳留下一位王子，叫布里泰尼居斯，是法定王位继承人。克劳狄以后又纳阿格里潘为后，她与前夫曾有一子名为尼禄。阿格里潘为了能让自己的儿子继承王位，便用毒菇谋杀了克劳狄。

　　而后，因为宫廷内各种争权夺利的斗争，很多人都陆陆续续地成为毒菇手下之鬼。最后，加尔巴夺得了王位，他深知其中利害，害怕自己遭到同样的暗算，即位后立即宣布：此后，王宫菜肴中再也不许使用与毒菇体形类似的美味红鹅膏了。

最后，我们来谈一谈"怪"。蘑菇属于真菌，是一种大型微生物，以死亡有机质为生。它属于比较低等的生物，寿命很短促，因而个体一般都不大。

但是，其中偏偏有超级巨人。在我国大兴安岭的冷杉林里，有一种多年生的松生层孔菌，菌盖最宽处可达50厘米。

这种真菌多生在树干基部，结实得可以当凳子坐。捷克斯洛伐克有一只层孔菌，重量虽然只有96克，而菌盖却扩展到4米以上，算得上是菇中巨人了。

右图：灵芝喜欢把家安在栎属或其他阔叶树干的基部、干部或根部，它具有养颜护肤之功效，能延缓人体衰老。

| # 食物和炸药中的微生物

牛为何吃草却能挤奶

牛为什么吃进去的是草，而挤出来的是奶呢？

草的主要成分是纤维素和半纤维素，要想把它当作食物利用，就必须具备分解纤维素的纤维素酶。我们经常吃的蔬菜中就有不少纤维素，由于人不能分泌纤维素酶，蔬菜中的纤维素尽管吃到肚子里，却不能被当作营养吸收利用，最终只能随粪便排出体外。

牛和人一样，也不能分泌这种纤维素酶，它是怎么能把草吃进肚子里当作营养物质利用而变成牛奶的呢？研究研究牛的胃，这个秘密就展现在你的面前了。

牛有一个特殊的胃，这个胃由瘤胃、网胃、瓣胃和皱胃4个小胃构成。瘤胃是一个温暖舒适的家，食物丰富又不像人的胃那样分泌胃酸。于是，微生物就成群结队地来此安家落户了。它们搭起了"房子"，盖起了"工厂"，开始报答给它们提供食宿的恩人。

草料一被牛吃进瘤胃，它们就立即被加工生产，把草中的纤维素加工

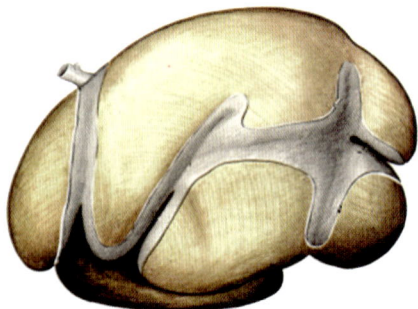

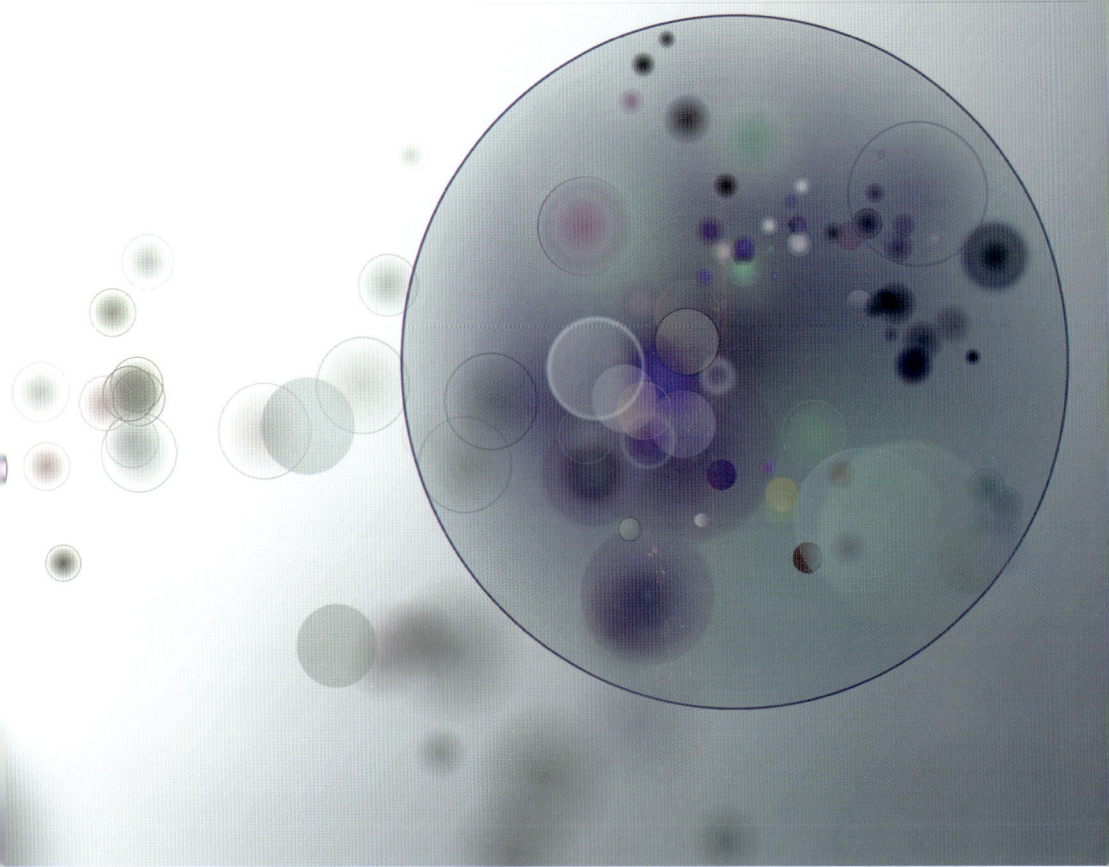

成脂肪酸、醋酸、丙酸等有机酸，脂肪酸在瘤胃中就被牛作为营养吸收利用了。同时，大量繁殖的微生物随着初步消化的草料进入后两个胃中。在那里，由胃分泌的蛋白酶将草料连同微生物的菌体一起消化形成氨基酸、维生素和其他营养物质，然后被牛吸收用来制造牛奶。

酸菜为何有的香脆有的腐烂

每逢盛夏，气候炎热，一般的菜肴都很难令人下咽，这个时候，来几块酸萝卜或者几片酸白菜，嘎巴嘎巴嚼着脆脆的，和着傍晚镀上夕阳光泽的闲散的凉风喝着稀饭，那真是惬意极了。

但是，总有那么几家人，只能眼睁睁瞅着别人家惬意，自家坛子里的萝卜和白菜，味道却是怪怪的。原来，他们"手气不好"，把酸菜做坏了。

真的是有的人"手气好"，有的人"手气不好"吗？哦，原来，这也是微生物在作怪呢！

在泡制酸菜的时候，蔬菜上、水中都含有许多微生物。最初这些微生物都是自由自在地生长繁殖，因为坛子里除了具有微生物生长所需要的营养、水分、温度外，还有一个适合它们生长的一定酸碱度的环境。

我们曾提到微生物生性各异，它们对酸碱度的要求也各有不同。多数细菌和放线菌适宜在偏碱性的环境中生活，而多数酵母和霉菌适宜偏酸性的环境。酸菜中常见的乳酸杆菌在生长过程中分解蔬菜中的糖，产生大量的乳酸，使环境中的酸度急剧增加。这样一来只适应在偏碱性、中性条件下生活的微生物就无法生长。

而乳酸杆菌由于能耐受一定的酸度就生长更迅速，使乳酸含量继续增加，一些能在偏酸性环境下生活的微生物这时也被迫缴械投降，乳酸杆菌在含酸量达2%时仍然能很好地生活，它们便在杀死或抑制其他微生物之后成了酸菜坛中的霸主。

生物名片

名称：乳酸杆菌
类别：芽孢杆菌纲乳杆菌科
特征：杆状或球状、嗜酸性
作用：维护人体健康和调节
　　　免疫功能

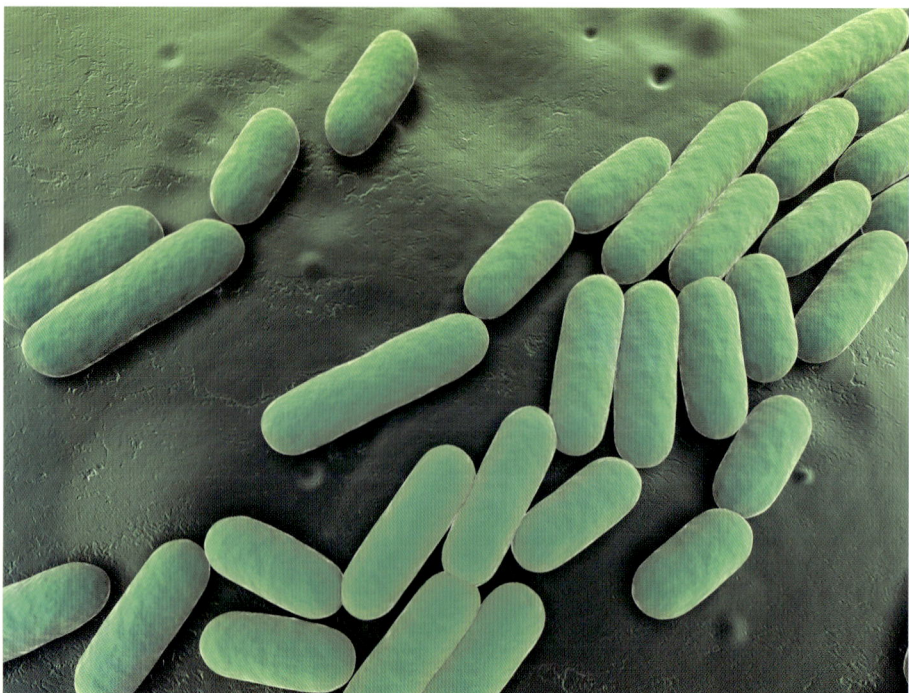

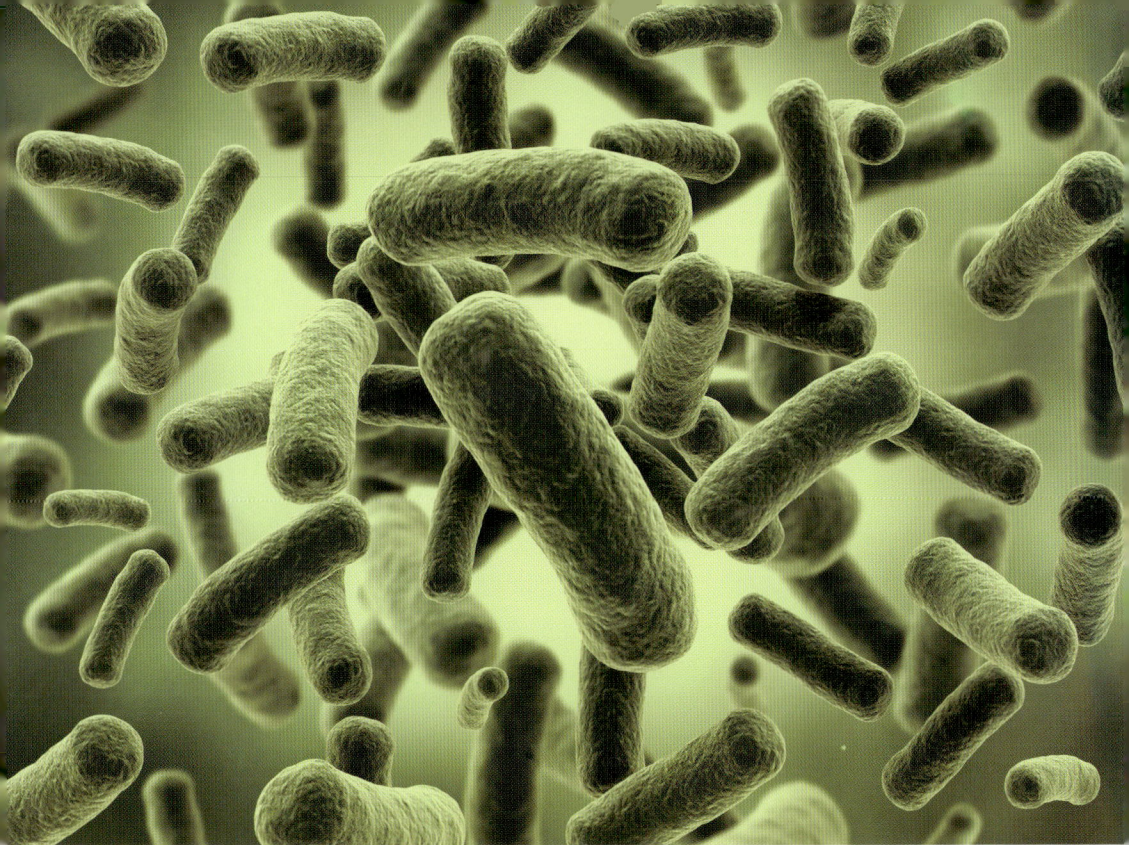

上图：乳酸杆菌能够分解蔬菜中的糖，产生大量的乳酸，使环境中的酸度急剧增加，这就是人们能够泡出好吃的酸菜的原理。

"手气好"的人实际上就是因为没有破坏泡菜坛子中的酸碱度，促使乳酸杆菌大量繁殖，保护了蔬菜不被其他微生物吃掉，并且使蔬菜有了爽口的酸味。"手气不好"的人则恰恰相反，他们在制作酸菜或保存酸菜时，由于方法不当破坏了乳酸杆菌的生存环境，乳酸杆菌连生命都不能保全，哪来功夫做酸泡菜呢！

酒是怎么做出来的

我们在过节、喜庆的时候，总是要以酒助兴。说到酒，可真有说不完的话。李时珍在《本草纲目》中记载："烧酒非古法也，自元时始创其法。"因此一般认为烧酒是元朝才开始的。袁翰青引证了白居易的《荔枝楼对酒》一诗中的"荔枝新熟鸡冠色，烧酒初闻琥珀香"，雍陶的"自到成都烧酒熟，不思身更入长安"等唐人诗句，认为烧酒在唐代以前就有了。不管上面的考证哪一种对，总之几千年来，我国的古人们就已会用酒麦曲来做各种美酒了，只不过他们不知道酒麦曲里含有活的酵母菌等发酵微生物罢了。酵母，有人称它是细菌的兄弟，把它归入霉菌的大家庭。

然而，它有它特殊的生活方式。它专爱吃糖、淀粉之类的碳水化合物。它吃过了之后，就把那些碳水化合物都分解为酒和二氧化碳了。它吃了淀粉，就留下黄酒；吃了麦芽，就留下啤酒；吃了葡萄，就留下葡萄酒。它是天生的造酒专家，在不知不觉中，却为人类所利用了。

它的身子非常轻。一个细胞直径不及5微米，那胞浆的固体重量极轻。它的繁殖非常快，只需在酒桶的原料里撒下一点儿"种子"，它们很快就发芽，一个个子细胞从母细胞怀里蹦出，不久满桶都是它的子孙了。它这一族里成员很复杂，各有特殊的性格，因而所酿出的酒，那酒味就各有些差别了。酵母菌这发酵的本领还被聪明的人类利用它来制造面包和馒头。面包和馒头本是一团面糊，生硬不中吃，把酵母菌埋在它们的心窝里，到了适宜的温度，就会发出猛烈的碳酸气，把那面糊吹膨胀了，变成一块一块又松又软包藏着无数小孔的东西，最后腾腾的热气把有功的酵母菌全都杀尽了，于是我们吃了这样一块面包或馒头，就觉得又香又酥软又甜美了。

下图：酵母菌的作用可大啦！它可以帮助人们酿酒，还能发酵面粉，帮人们蒸出又软又大的白面馒头。

酵母菌还能生产炸药呢

　　酵母菌在食品方面的功劳我们了解的还是比较多的，可又有多少人知道它在国防军备中的巨大贡献呢？

　　甘油，它的名字就表明了它是一种具有甜味的、像油一样的液体，最早是由瑞典的科学家在皂化橄榄油时发现的。它是油和脂肪的组成成分，在自然界中以甘油酯的形式广泛分布。

　　在冬天我们和它很亲密，用来涂手搽脸，防止皮肤冻裂；而在战时，它却大批大批地被军工厂收买去了，因为它还是制造炸药的一种主要原料。它和硝酸化合，变成硝酸甘油，只要温度一高出180℃，它就会爆炸。德国在一战初期就深感甘油缺乏，虽然在酵母菌所寄生过的果油、糖汁中，都有一些甘油的存在，但是产量实在太少。于是德国的军事家赶忙研究如何改良酵母菌使它多产甘油。研究的结果表明，要使酵母菌发酵生产更多的甘油，必须供给碱性的糖汁，加亚硝酸钠之类的药品，还要防止外界的杂菌污染，仅仅这样细微的改变，甘油产量就飞速增长了。

　　在微生物发酵工业中，人们十分重视对微生物生命活动机制、代谢途径的研究，这已是发展生产、指导生产的一个重要理论基础。

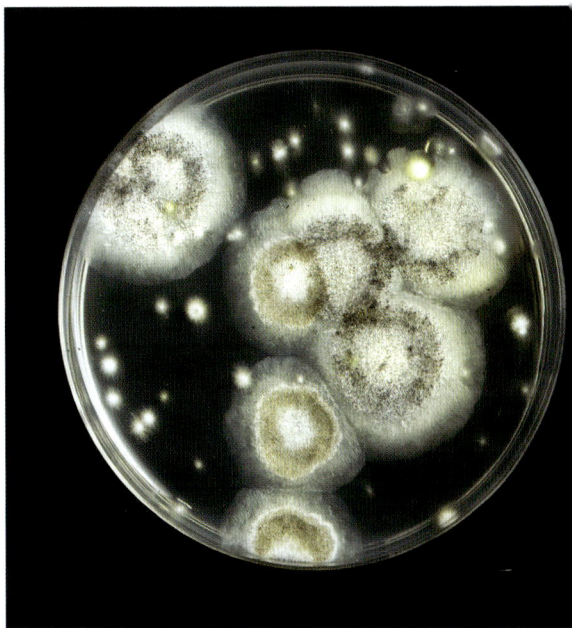

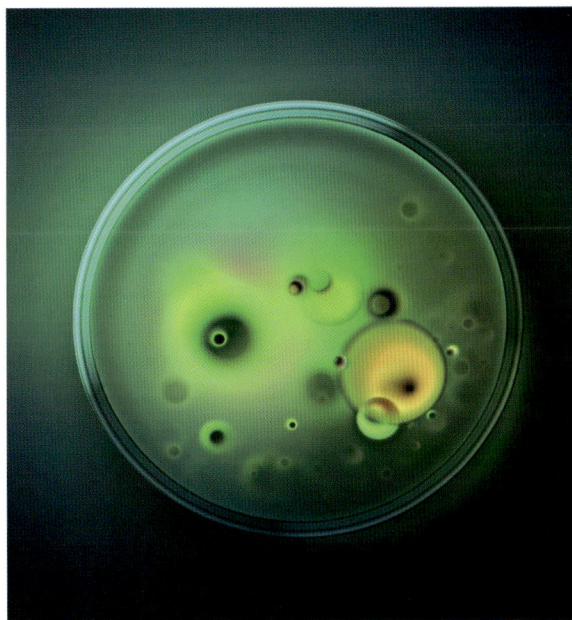

上图：酵母菌除了酿酒、发面外，还在制造炸药方面发挥重要作用。

| # 细菌织布不是天方夜谭

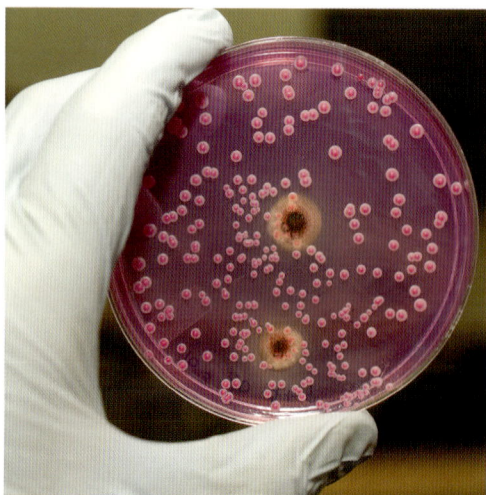

细菌也会织布

大家知道，传统的织布方法离不开纱和织布机。要说细菌织布，那不是天方夜谭吗？当然不是!

英国科技工作者发明了利用细菌织布的方法。这种方法很特别，不需用纱线和梭子，所用的原料竟是葡萄糖和其他养料。

科学家将这些织布原料，移入菌种，再给予适宜的温度，细菌就会迅速繁殖生长。每个细菌繁殖的速度可快啦，每小时可以繁殖1亿个。

这样，细菌在适宜的温度等环境条件下，每天可织出3～4厘米长的布来。只要有细菌存在，布就会不断地织出来。当老的细菌"寿终正寝"后，便有新的细菌"前仆后继"接替这一织布工作，完成老细菌未竟的事业，这样循环不断，就能织出"天衣无缝"的布来。

细菌织布的优点

细菌织的布有很多优点，布的纤维长，结实牢固，比普通的布密得

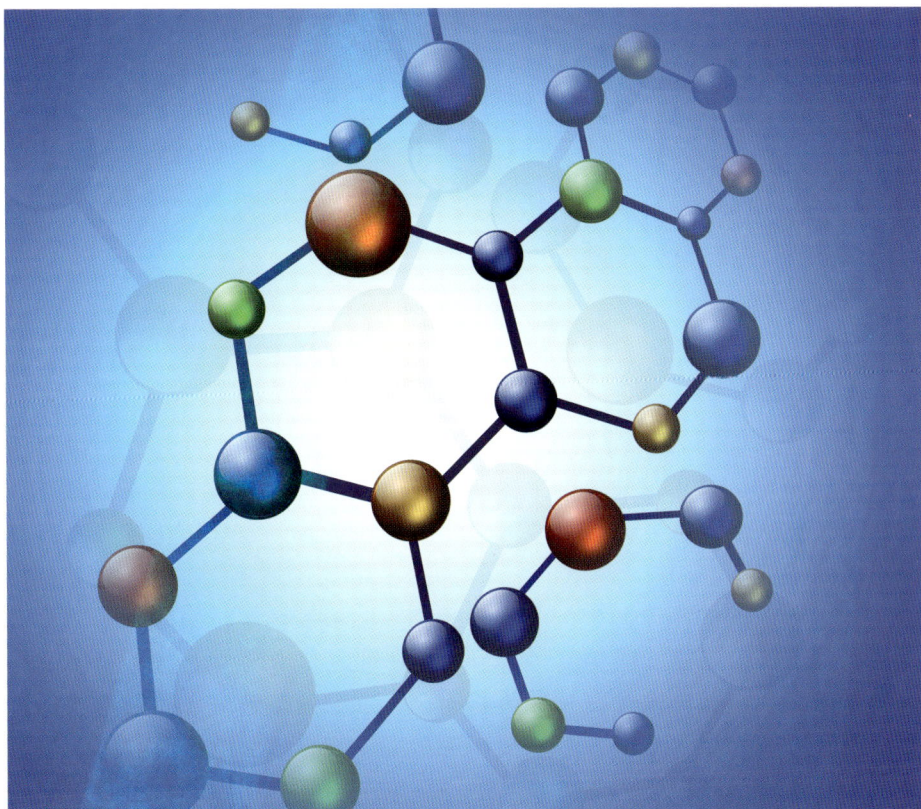

上图：葡萄糖分子结构式的三维效果图。

多。因为这种无棉纱的布是细菌织成的，所以最适宜作为医疗上的绷带，它能够使伤口形成一种与人的皮肤细胞组织相似的柔软的"皮肤"，从而促使伤口愈合，疗效显著，很受医生的青睐。还有，细菌织出的布十分细密，用它来过滤杂质效果极佳。

当然，"细菌工"所消耗的葡萄糖价格昂贵，要实现大规模的细菌织布还有一定困难。

那么，如何大规模生产细菌布呢？科学家们寄希望于遗传工程。他们把合成纤维束带的基因转移到光合细菌的细胞内，利用太阳能来生产纤维束带。科学家们预言：这种不用棉纱织出来的布，不仅可用于医疗卫生和工业生产，而且还可以用于人类的衣着服饰，前途十分光明。

| # 工农业生产
的好帮手

取氮能手固氮菌

氮是植物生长不可缺少的"维生素"，是合成蛋白质的主要来源。固氮菌擅长空中取氮，它们能把空气中植物无法吸收的氮气转化成氮肥，源源不断地供植物享用。

在形形色色的固氮菌中，名声最大的要数根瘤菌了。根瘤菌平常生活在土壤中，以动植物残体为养料，自由自在地过着"腐生生活"。

当土壤中有相应的豆科植物生长时，根瘤菌便迅速向它的根部靠拢，并从根毛弯曲处进入根部。豆科植物的根部细胞在根瘤菌的刺激下加速分

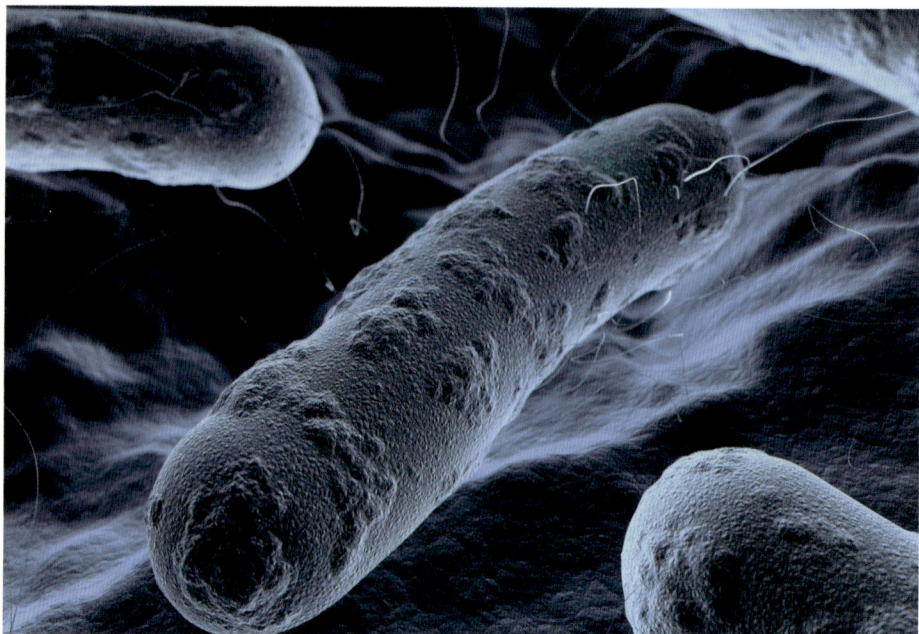

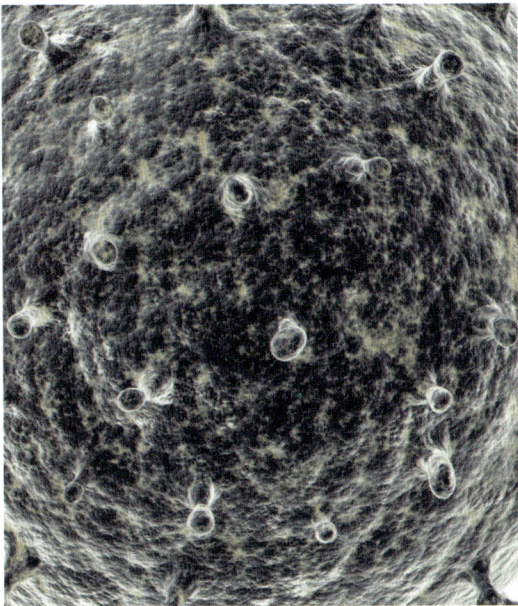

裂、膨大，形成了大大小小的"瘤子"，为根瘤菌提供了理想的活动场所，同时还供应丰富的养料，让根瘤菌生长繁殖。根瘤菌又会卖力地从空气中吸收氮气，为豆科植物制作"氮餐"，使它们枝繁叶茂、欣欣向荣。

这样，根瘤菌与豆科植物结成了共生关系，因此人们也把根瘤叫共生固氮菌。根瘤菌生产的氮肥不仅可以满足豆科植物的需要，而且还能分出一些来帮助"远亲近邻"，储存一部分留给"晚辈"，所以我国历来有种豆肥田的习惯。

还有一些固氮菌，比如圆褐固氮菌，它们不住在植物体内，能自己从空气中吸收氮气，繁殖后代，死后将遗体"捐赠"给植物，使植物得到大量氮肥。这类固氮菌叫自生固氮菌。

氮气是空气中的主要成分，占空气总量的4 / 5。然而由于氮气分子被三条"绳索"——化学键所束缚，因此大部分植物只能"望氮兴叹"。固氮菌的本领在

生物名片

名称：固氮菌

类别：细菌界细菌门

构成：菌体杆状、卵圆形或球形，无内生芽孢，革兰氏染色阴性

作用：把空气中的氮转化为氮肥供植物使用

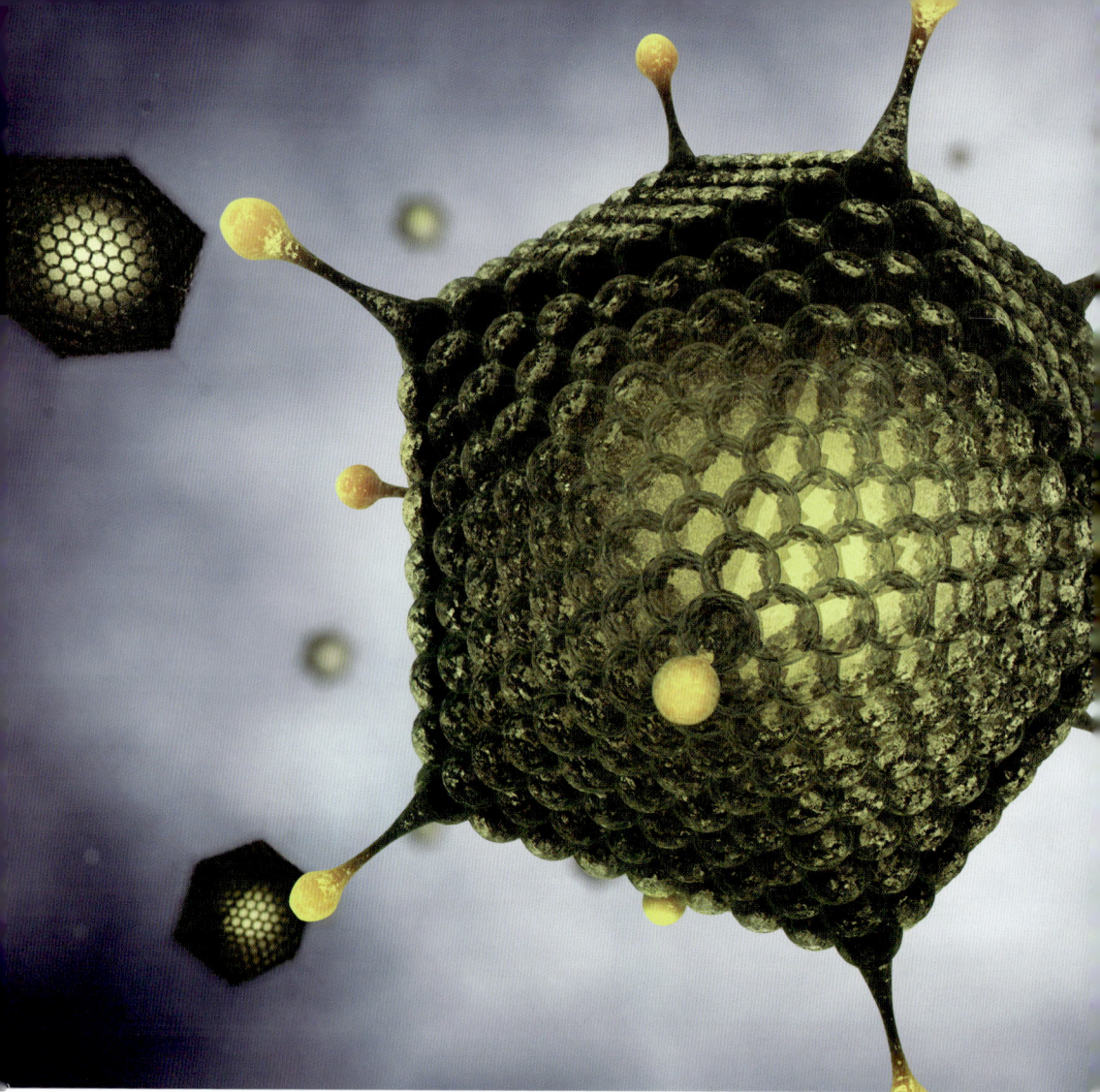

于它有一把"神刀"——固氮酶，可以轻易地切断束缚氮分子的化学键，把氮分子变为能被植物消化、吸收的氮原子。

现在人类生产氮肥使用的化学方法，不仅需要高温、高压等非常苛刻的条件，而且还浪费大量原料，氮分子的有效利用率很低。固氮菌每年从空气中约固定1.5亿吨氮肥，是全世界生产氮肥总量的几倍。

所以，科学家正在认真研究固氮酶的构成。我国科学家在20世纪70年代仿制出与固氮酶功能相似、能够固氮的分子。相信在不远的将来，人类一定能学会并利用固氮菌"巧施氮肥"的本领。

采油向导烃氧化菌

石油是工业的"血液"。但石油深深地埋藏在地下，怎样才能找到它呢？微生物王国中的烃氧化菌居然可以成为石油勘探队员的向导。

我们知道，石油是由各种碳氢有机化合物组成的，这种碳氢化合物叫烃。石油虽然被深埋在地下，但总有一些烃会透过岩层缝隙跑到地层浅处。而烃氧化菌有个怪癖，生性喜欢吃烃，它们专门聚集在含烃的土壤中，过着以烃为"食"的生活。

虽然偷偷溜到地表层来的烃很少，但对烃氧化菌来说足以维持生命并繁殖后代了。因此，勘探队员如果在某地区的土壤里发现大量的烃氧化菌，那么说明那里很可能有石油。于是，配合其他找矿手段，就可以确定石油矿藏的分布范围了。因此烃氧化菌无形中就成了采油向导。

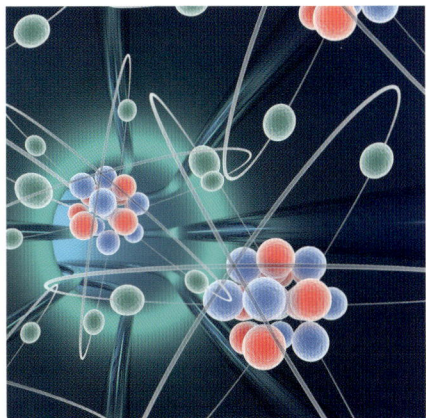

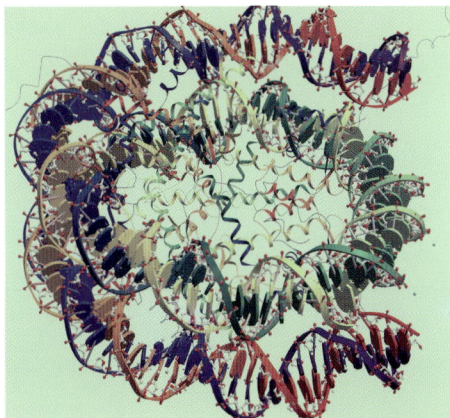

烃氧化菌还可以为人类除弊兴利。工业废水中常常含有能污染环境的有毒烃，人们利用烃氧化菌的食性，在废水池中"放养"少量烃氧化菌，它们边"吃"边繁殖，最后，有毒烃被吃光了，废水也就变成了有用的水。烃氧化菌本身还是优质饲料。

吃蜡冠军石油酵母

在石油化工公司的炼油厂中，寄宿了一批爱"吃"蜡的食客，它们就是被称为石油酵母的解脂假丝酵母和热带假丝酵母。

炼油厂为什么要供养这批食客呢？原来，石油产品的质量与蜡的含量有很大关系。在高空飞翔的飞机，如果使用含蜡量高的汽油，那么高空的低温会使蜡凝固起来，堵塞机内各条输油管，使飞机发生严重事故。

因此，石油产品需要经过脱蜡处理。工业上有多种脱蜡办法，但是设备复杂，消耗材料和能源也多。于是，炼油厂的工程师从微生物实验室中请来了这批专爱吃蜡的食客——石油酵母。在要脱蜡的石油产品中，石油

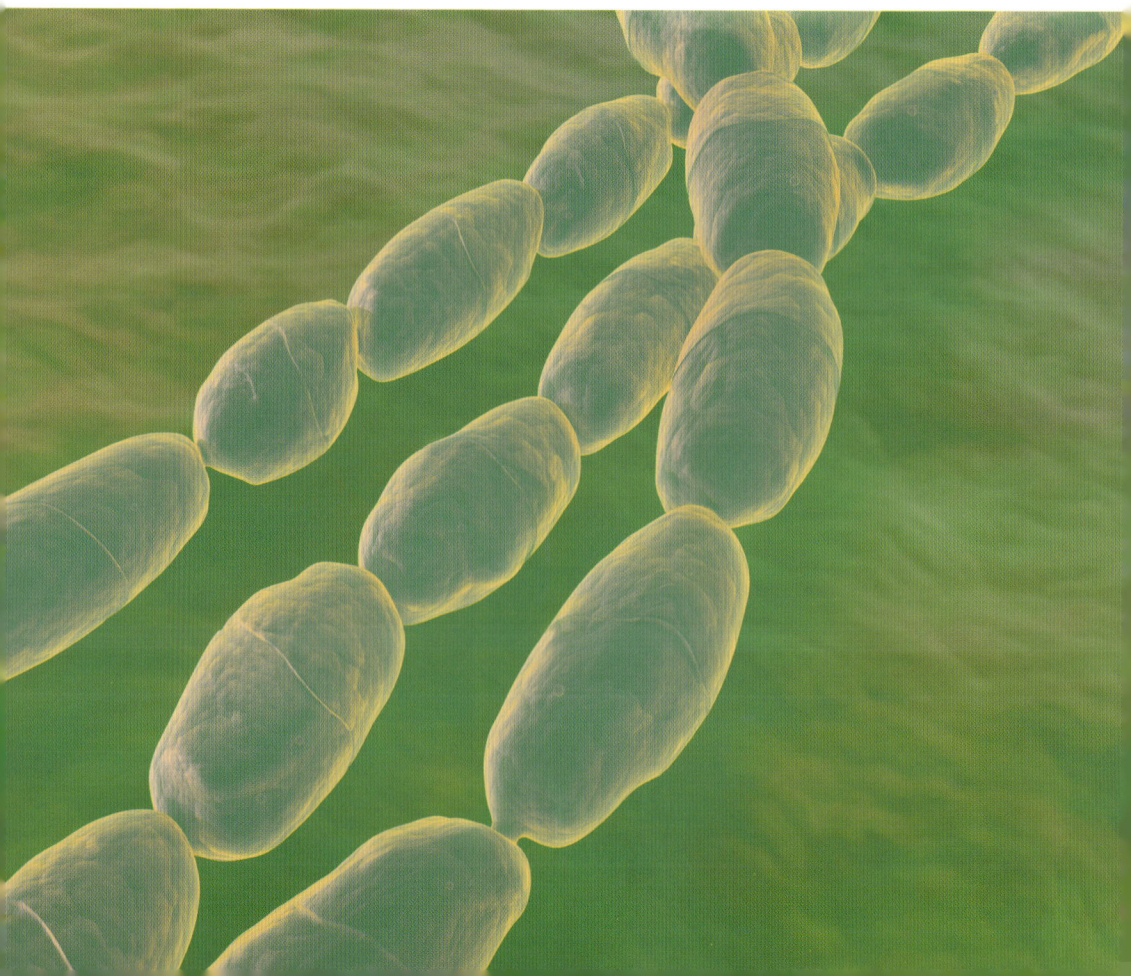

酵母如鱼得水，大吃特吃，把石蜡一扫而光，同时自己迅速繁殖起来。这样，人们既得到了高级航空汽油和柴油，又获得了大量石油酵母，真是一举两得。

氧化亚铁硫杆菌的浸矿脱硫作用

19世纪40年代，人们从矿山流出的酸矿水中发现有微生物存在，并且发现它们能将矿石中的金属浸出，最后分离出这种微生物，人们才逐步明白了，在用这种方法炼铜时默默无闻的微生物担任着重要的角色。古老的方法又获新生，用微生物浸矿来提炼金属成为现代人十分关心的研究课题。

我国细菌浸铜的研究与实验也取得了重大进展。湖南省应用细菌浸渍由柏坊铜铀伴生矿回收铜和铀已告成功，并用于生产。湖北省大悟县芳贩铜矿进行了堆积浸出的生产实验，亦有成效。

微生物浸矿所用微生物主要是氧化亚铁硫杆菌。它的主要生理特征是，在酸性溶液中，将亚铁氧化成高铁，或把亚硫酸、低价硫化物氧化成硫酸，所生成的酸性硫酸高铁是金属硫化物的氧化剂，使矿石中的金属转变为硫酸盐而释放出来。

细菌冶金浸矿时，先将矿石收集起来堆成几十万吨的大堆，可高达

100多米，用泵把细菌浸出剂、硫酸铁和硫酸喷淋到矿石表面。随着浸出剂的逐步渗透，矿石堆就发生了化学反应，生成蓝色的硫酸铜溶液流到较低的池中。然后再投入铁屑把铜从溶液里置换出来。这种方法叫作堆积浸出法。

还有一种池浸法，它是把矿石放在池子中部的筛板上，浸出剂从上部喷淋流入下部池中，反复循环。这种方法可以提高浸出速度，提取率较高。也可以把浸出剂直接由矿床的上部注入进行浸溶，这种办法更加经济，不需要开采矿石，特别是对于尾矿、贫矿更适合。如果将矿石粉和浸出剂放在同一容器内，使用空气翻动或机械搅拌，具有提取速度快、产量高的优点。

利用微生物不仅可以浸矿，还可以用来脱硫。煤中含硫，直接燃烧时，含硫气体放入空气中，造成环境污染。化学脱硫方法耗能大，物理脱硫方法较化学法省钱，但煤粉有损失，利用微生物脱硫则很有潜力。

脱硫过程是这样的，先将煤碾碎，用稀酸进行预处理后，将煤粒与水混合。在反应器中，加以含有适当营养物的培养基（主要是硫酸铵和磷酸氢二钾），并接种适当培养

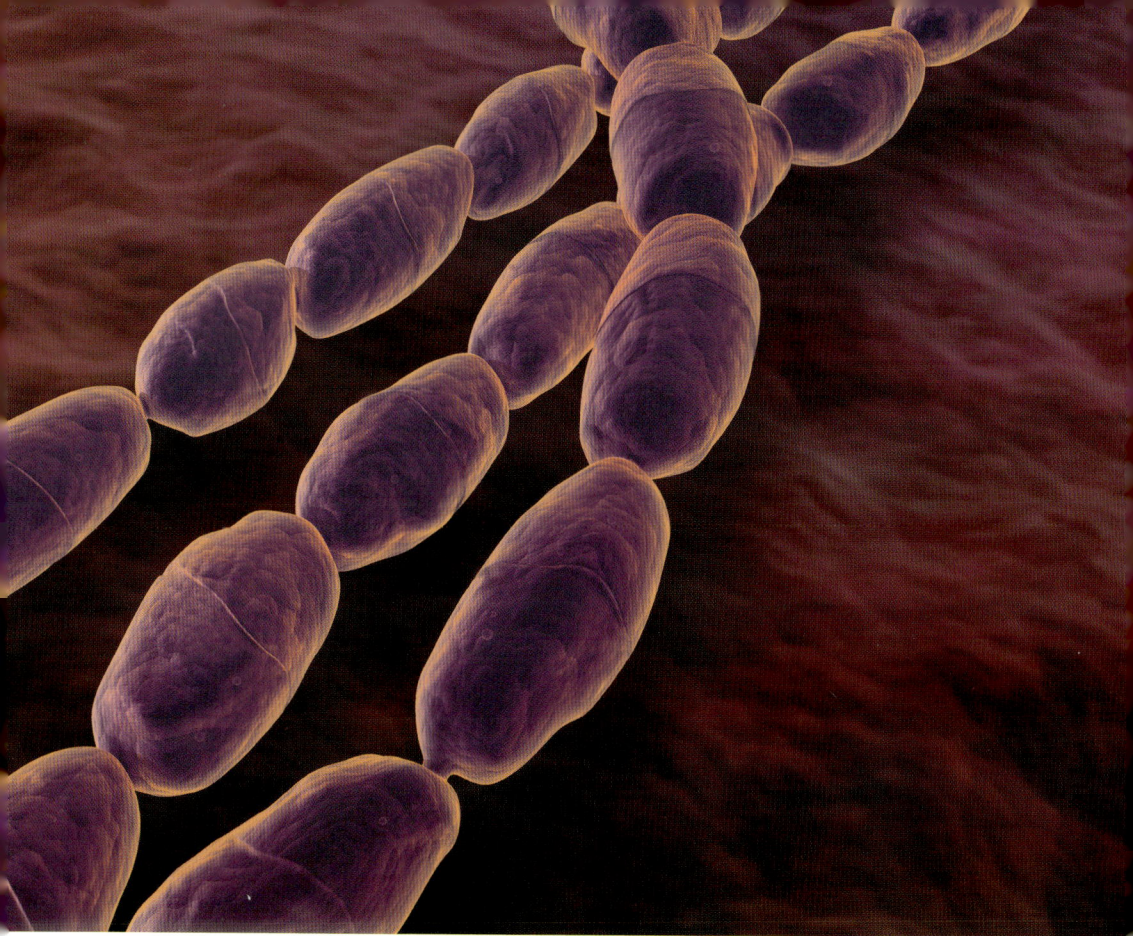

的菌种，通入空气和二氧化碳（烟道气），温度控制在28～32℃（对氧化亚铁硫杆菌）。反应结束，将煤与培养液分开，从培养液中回收硫。

利用微生物浸矿冶炼金属所以受到人们的重视，是因为它不需要大量复杂的设备，方法简便，成本低，特别适于开采小矿、贫矿、废弃的老矿。但是，在目前生产中还存在着不少问题，如生产周期长、对矿石有选择性，碱性矿石就更难见效、提取率不稳定等。培养细菌需要控制一定的温度和湿度，使冬季和寒带地区不能进行生产。人们正在设法攻克这些难关，使细菌在矿产资源开发中发挥更大的作用。

同时，人们还正在研究用微生物来提取另外一些稀有金属如镁、钼、锌、钛、钴、银等。尽管这些研究的成果应用到生产中还需要一段时间，但已不是不可捉摸的事了。微生物将成为冶金战线上一支不可低估的生力军。

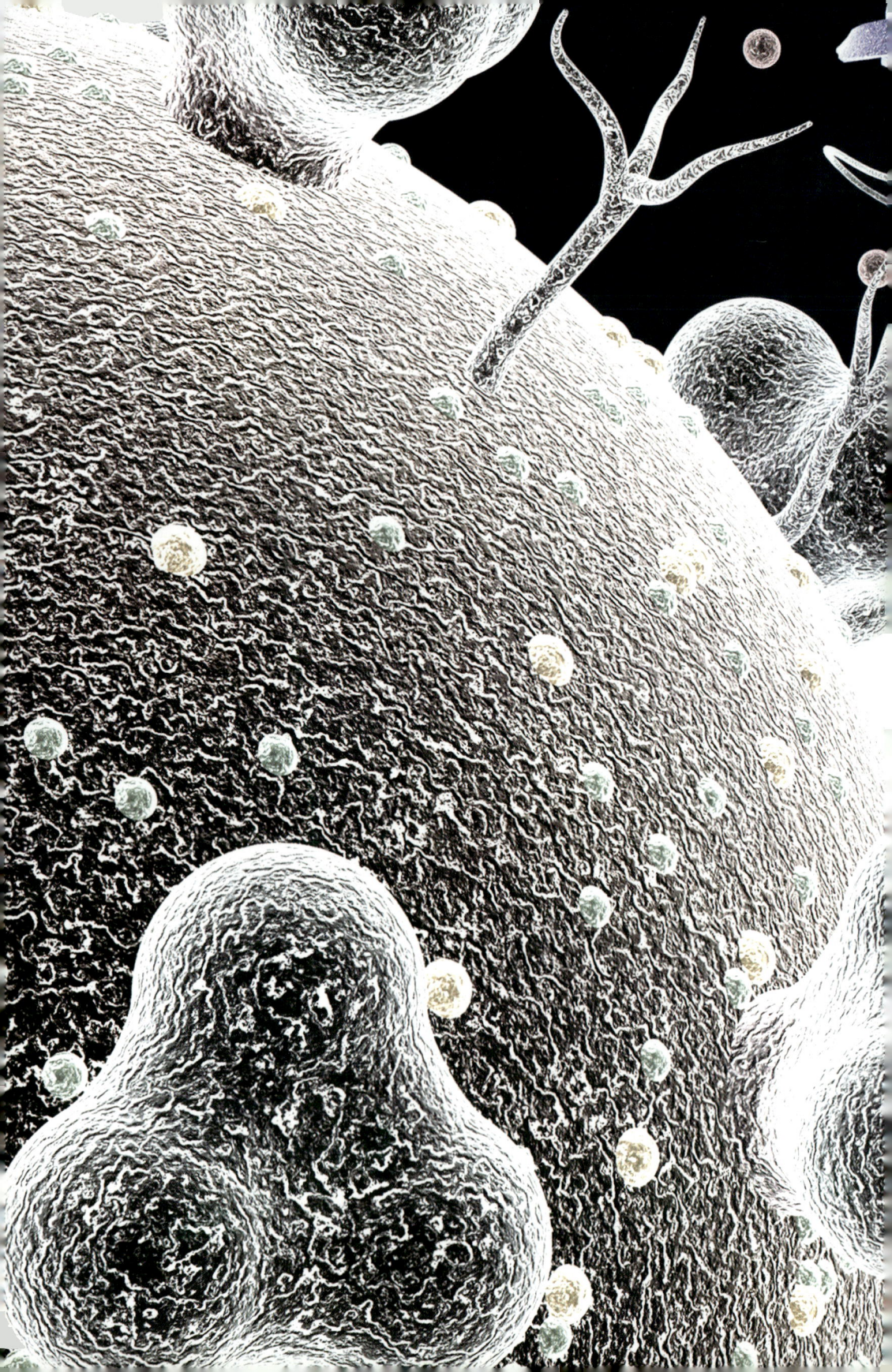

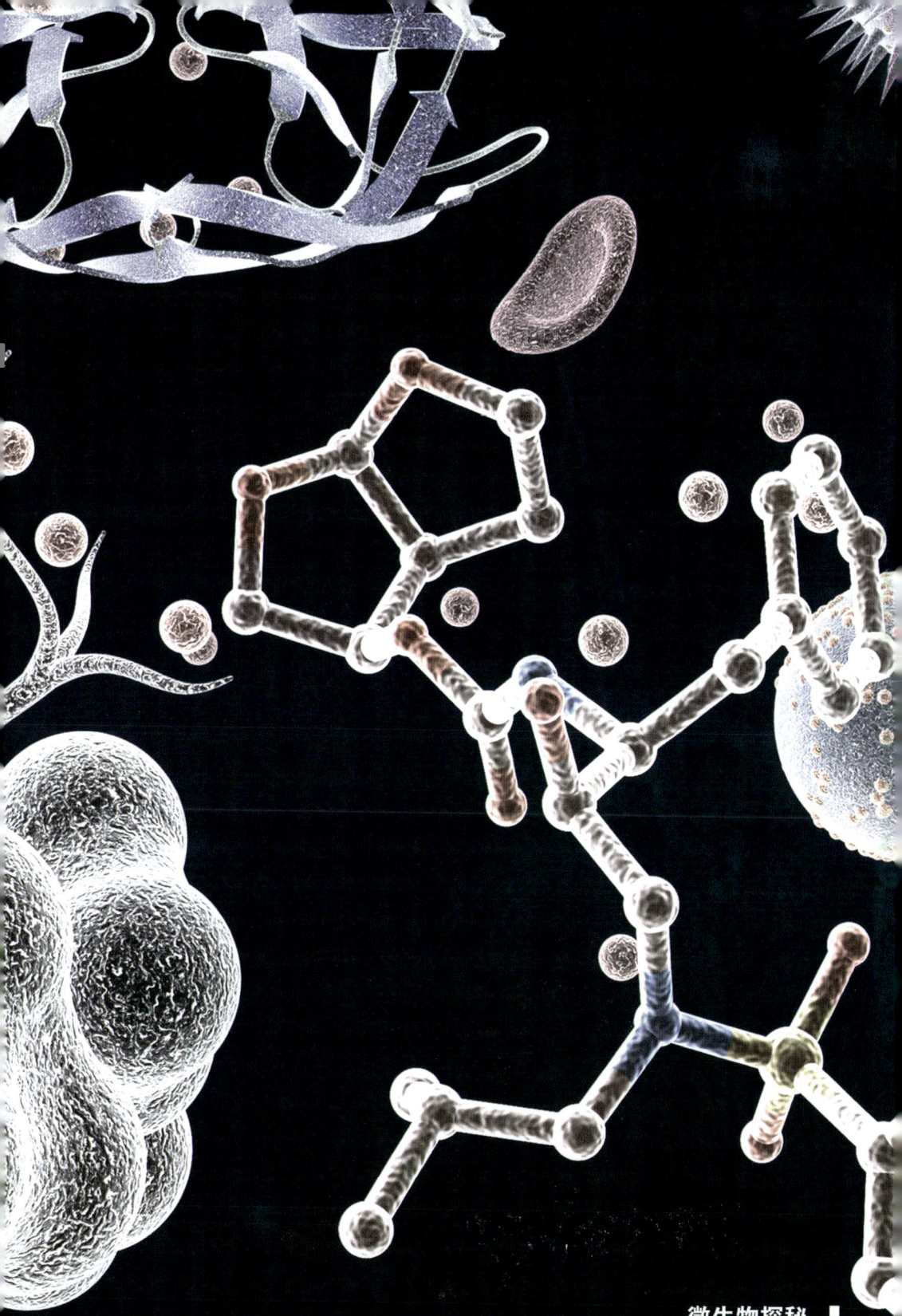

微生物是如何发现的

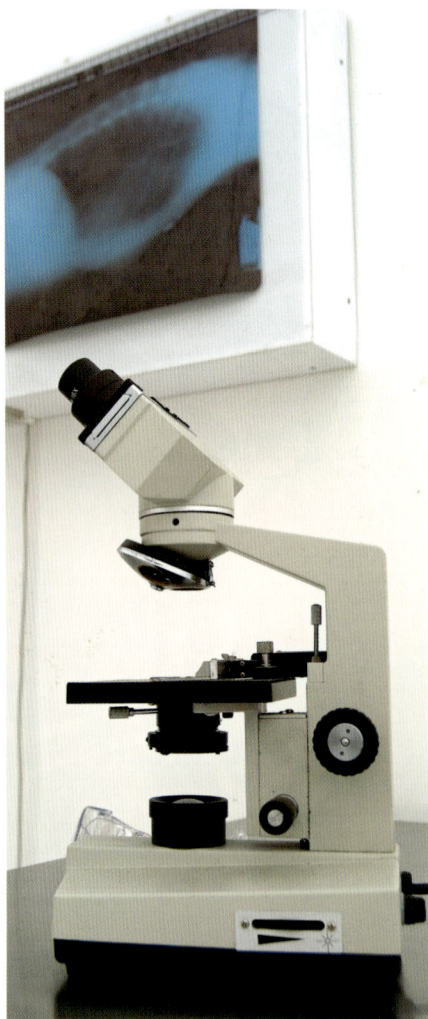

最早发现微生物的人

虽然早在人类出现以前，形形色色的微生物已经在地球上活动有几十亿年了，但人类第一次真正发现它，还只是300多年前的事。

第一个发现微生物的人叫列文虎克，他是荷兰一个小镇上经营布匹和干货的小商人，业余爱好是磨制镜片。他磨制了很多镜片，还自己动手制作了一架能把原物放大200多倍的简单显微镜。

他用这架显微镜观察了雨水、井水等，发现了其中都有许多微小的生物在活动。这是人们第一次看到了微生物世界，在当时引起了人们极大的关注。后来他被推选为英国皇家学会的会员，在以后的几十年里他通过书信往来，不断将自己的发现报告给这个学会。

有一次，他兴奋地报告，他在自己的牙垢里加入一滴雨水，在显微镜下看到了一个令他眼花缭乱的微生物世界。他在给英国皇家学会的信中写道："……我非常惊奇地

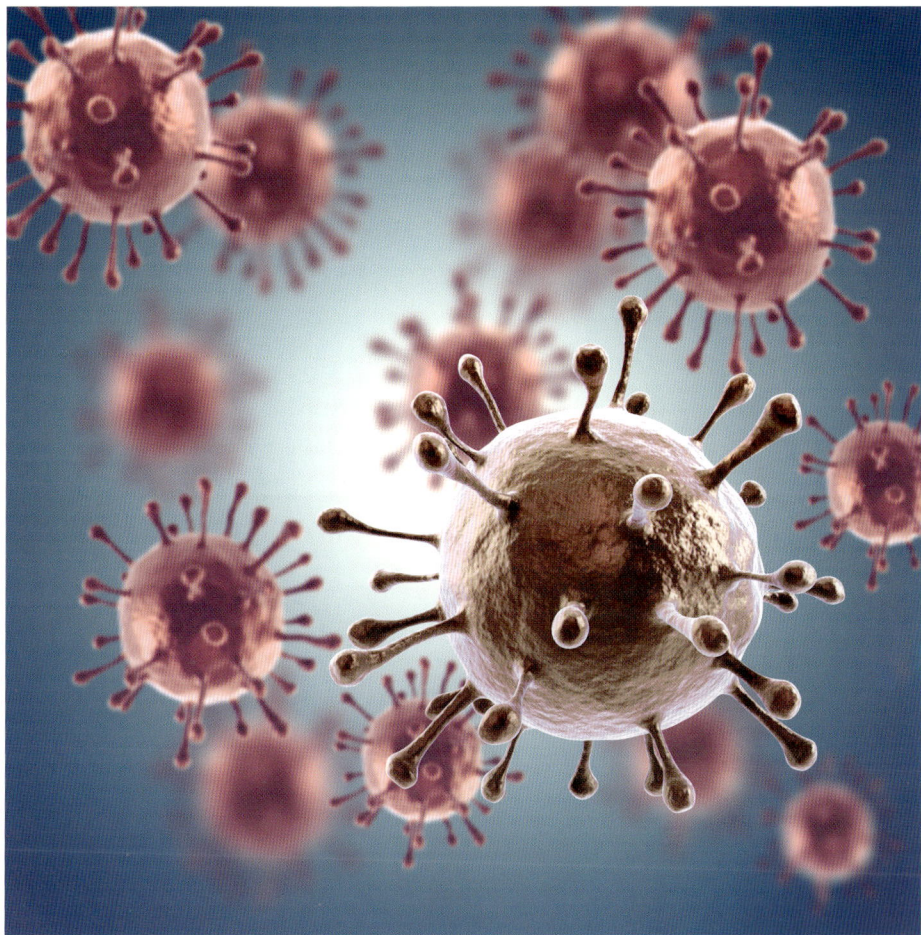

看到了在水中有许多极小的活的微生物，十分漂亮而又会动，有的如矛枪穿水直射，有的像陀螺团团打转，还有的灵巧地徘徊前进，成群结队，你简直可以把它们想象成一大群蚊蚋或苍蝇。"

又有一次，他在刚刚大口大口喝过热烫的咖啡以后，又挑出牙垢来观察时，却发现在显微镜下看到的只是一片一动不动的微生物的尸体，于是他机敏地做出了判断：热烫的咖啡把那些小生物杀死了。

还有一次，他诙谐地报告说："我家里的几位女眷想要看醋里的线虫，可是看了以后，发誓说再也不用醋了。要是有人告诉她们在口腔里、牙垢里生活着的动物比全国人口都多，她们将会怎样反应呢？"

1695年，他将自己20年来观察的结果写成一本书出版，书名是《列文虎克发现的自然界的秘密》。这是人类关于微生物的最早的专门著作。

微生物与人类生活的联系

直到19世纪，情况才有了变化。当时法国的主要经济部门——制酒业和蚕丝业不断发生问题：制酒业因为常有酿出的酒变了质，变酸变苦，而受到很大损失；许多蚕农也常常由于大批大批的蚕儿病死而破产。

人们迫切要求找到能防止这些灾害发生的办法。一位用甜菜酿酒的商人，向法国化学家巴斯德请教：为什么一桶桶的甜菜汁会变酸。

当时33岁的巴斯德以极大的热情投入到这个关系国计民生重要问题的研究。他把好酒和坏酒一起拿来用显微镜进行检查，发现好酒中的微生物是圆圆胖胖的，而坏酒中的微生物却是瘦瘦长长的。

由此，他得出结论：不同的微生物生活习性不同，所能引起的后果也不同。他找到了使酒变坏的根源。经过试验，以后他又找到了防止那种能

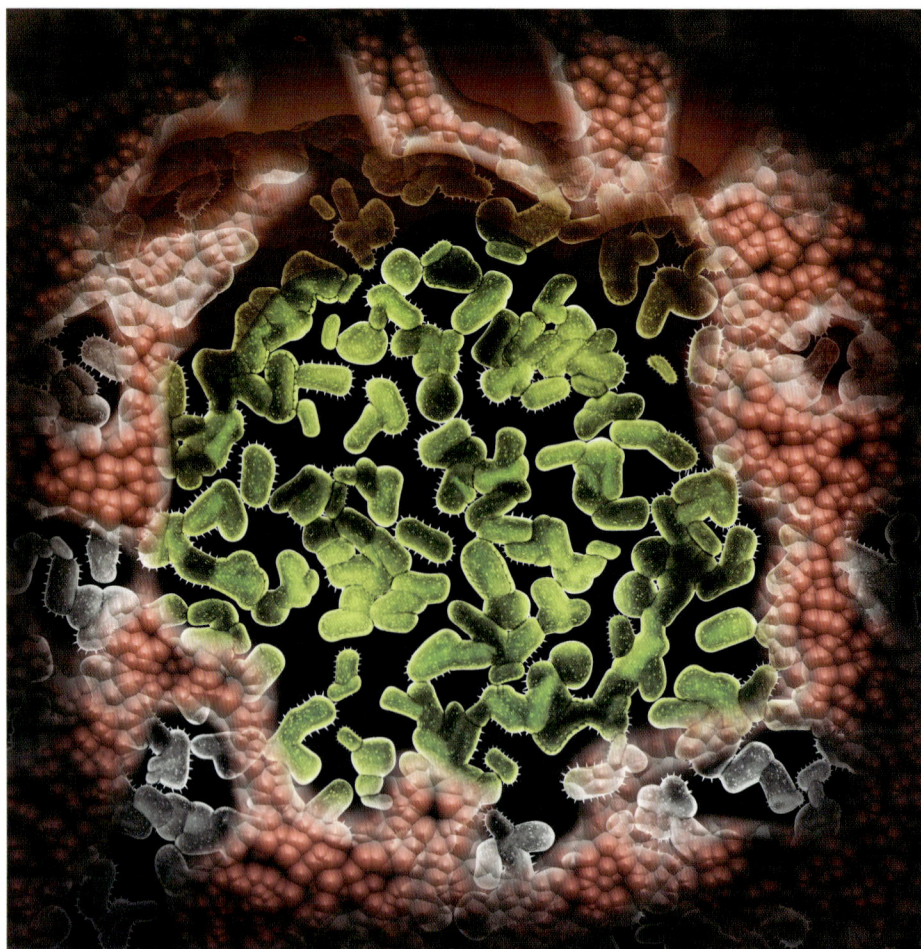

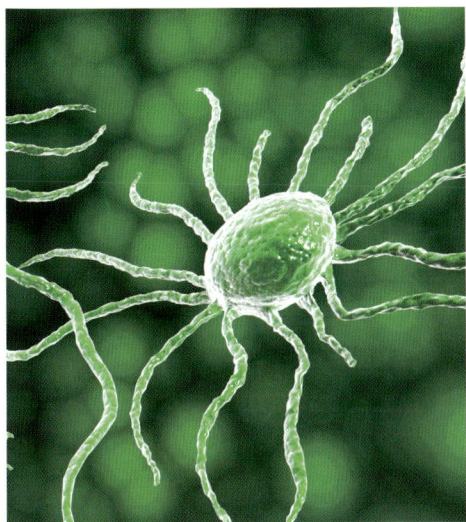
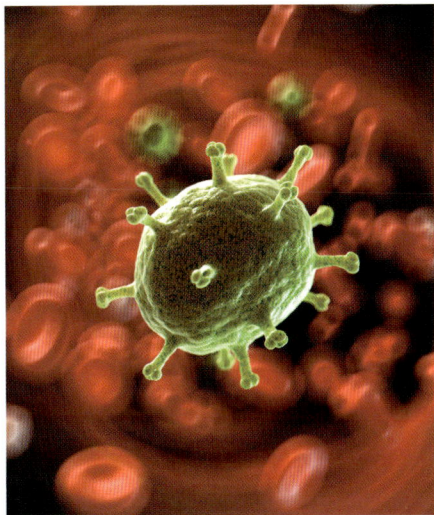

把酒质变坏的微生物，即乳酸菌进入酒液的办法。

在研究蚕病时，他发现好蚕吃了沾上病蚕粪便的桑叶就会得病，病蚕蛾下的卵孵化以后仍然是病蚕。经过5年多的研究，他终于找到了使蚕生病的那种微生物。

以后，他还和别的科学家一起证明了狂犬病、羊炭疽病、鸡霍乱等禽畜疾病都是由于不同的致病微生物寄生到这些动物身体里所引起的。

通过巴斯德的研究，人们不仅知道了某些微生物是什么样子，而且了解了它们怎样生活，能起什么作用。可以说，他是第一个证明微生物的活动与人类有密切关系的人。他在微生物发酵和病原微生物方面的研究，奠定了工业微生物学和医学微生物学的基础，并开创了微生物生理学，被世人推崇为近代微生物学的奠基人。

病毒是怎么发现的

1865年，巴斯德研究的结果，传到了一位名叫李斯特的苏格兰外科医生的耳朵里。这位医生一直在为当时经常发生的病人接受外科手术后因伤口恶化而死亡的事情所苦恼。受到巴斯德研究的启发，他想到这也可能是病人伤口上的微生物在作怪。

通过临床试验，他选用了石炭酸水对病人的伤口进行消毒，结果使80%以上的术后感染病被治好了。外科手术的消毒工作也由此而诞生了。

19世纪末，人们又发现了病毒。在这之前，人们在研究微生物时，已经发明了能阻挡细菌通过的过滤器，用这种过滤器来除去液体中的细菌。

但在1892年，有一位名叫伊万诺夫斯基的俄国植物生理学家在研究烟草花叶病时，却发现有病的烟叶汁即使用过滤器过滤后，擦在无病的烟叶上仍能使好叶子生病。

他由此推断：一定有一种更小的，能通过细菌过滤器的微生物存在。后来有些医生在研究某些人和动物的疾病时，也发现一些经过过滤除去了细菌的液体，仍然会使人和动物生病的情况。

由于当时人们还没有足够高明的观察手段，所以没能看到这类比细菌更小、小到过滤器都阻拦不住的小微生物是什么样子，却从它们活动的结果推断出这类具有滤过性和致病性很强的微生物的存在，并给它起了个名字，叫病毒。病毒的发现，标志着人类对微生物的认识又深入了一大步。但是，由于它太小了，以至于在发现它存在以后又过了几十年，直到20世纪40年代，人们才用新发明的电子显微镜真正将它看清楚。

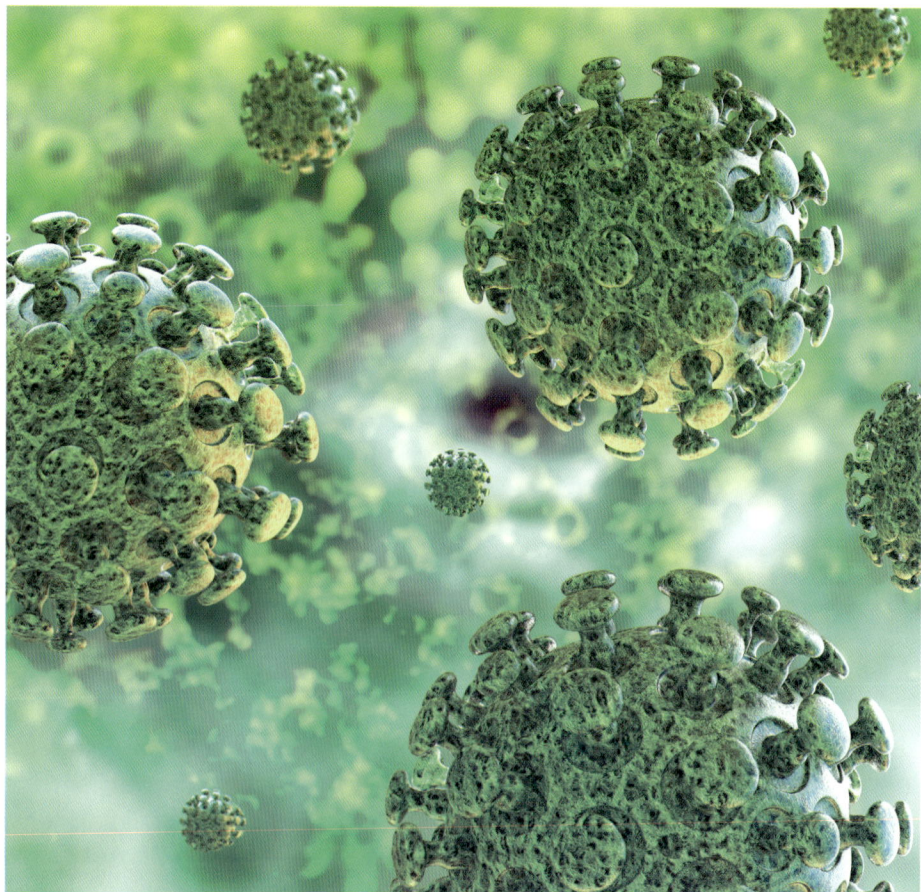

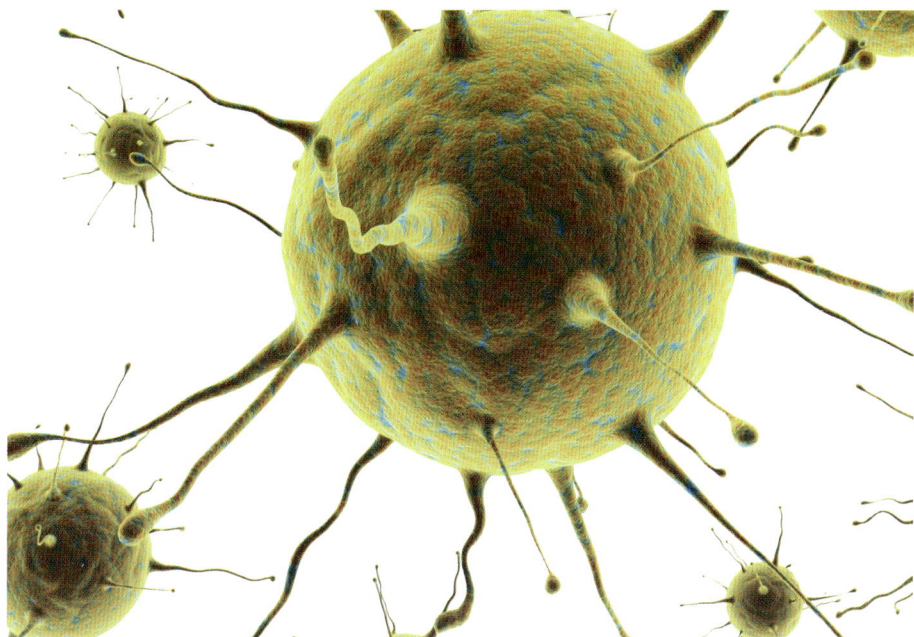

抗生素的发现

随着对微生物研究的不断进展，人们也有了越来越多的新发现。1928年，英国一位叫弗莱明的科学家发现在培养金黄色葡萄球菌的培养皿中，受到青霉菌污染了的培养基及其近旁就再见不到葡萄球菌了。这显示了青霉菌分泌某种能杀灭、抑制葡萄球菌生长的物质。

经过反复试验，弗莱明和他的同事们发现这种青霉菌的分泌物能抑制许多种病原菌的生长，从它的溶液中提取的物质，能十分有效地治疗败血病和创伤。这种物质后来就被称为青霉素。10多年以后，这个发现才引起了人们的重视，各国的科学家纷纷开展了这方面的研究工作，接连研究出了链霉素、土霉素等新的抗生素。时至今日，全世界已发现了4000多种抗生素，其中在医学和工农业生产上有使用价值的约有100多种。

近几十年来，世界上对微生物的研究发展得更快了。人们对微生物的认识大大加深了，许多曾经肆虐全球的致病微生物已有有效的应对药物；微生物在工业、农业、食品及医药卫生等方面越来越多地为人类提供有用的产品。

同时，微生物也被人们用作研究生命之谜的好材料，使生命科学迅速发展，这对人类的未来将会产生巨大的影响。

微生物的
种类有多少

有几十亿年历史的生物

地球上数量最多的恐怕是那些我们用肉眼看不见的、手摸不着的微生物了。微生物可称得上是地球生命中辈分最大的"老祖宗"它已经有几十亿年的历史。自从人类在地球上出现，微生物就一直与人类相伴走到今天。

微生物极其微小，因而长期以来，人们虽然几乎时时刻刻同它们打交道，却从来不识其"庐山真面目"。显微镜的发明和使用，为人类揭开微生物王国的奥秘提供了强有力的手段。

从列文虎克发明的显微镜能把物体放大200多倍，到现在的电子显微镜能放大几十万倍甚至更多，人类凭借着不断改进的显微镜和其他方法，对微生物的形态和内部结构，还有它们的类别和生命活动等各个方面的认识，都有了长足的进步。

现在，人们已经认识到，绝大多数生物都是由细胞构成的，细胞是生

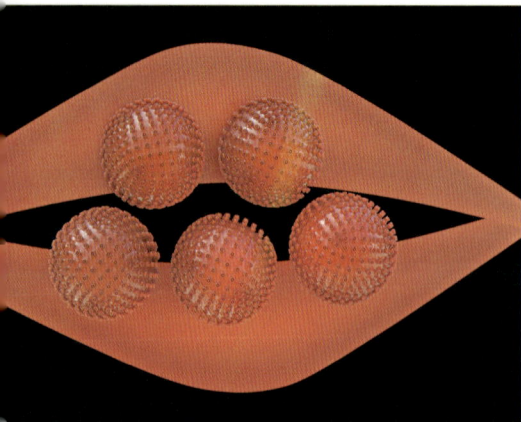

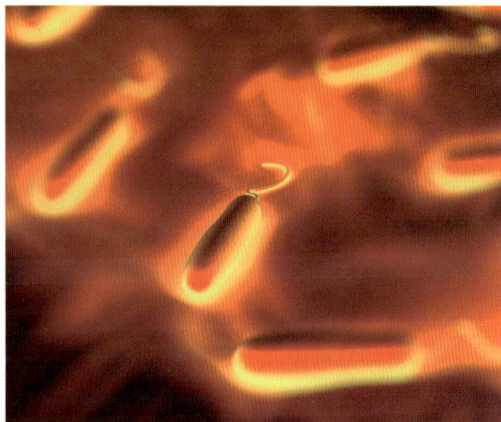

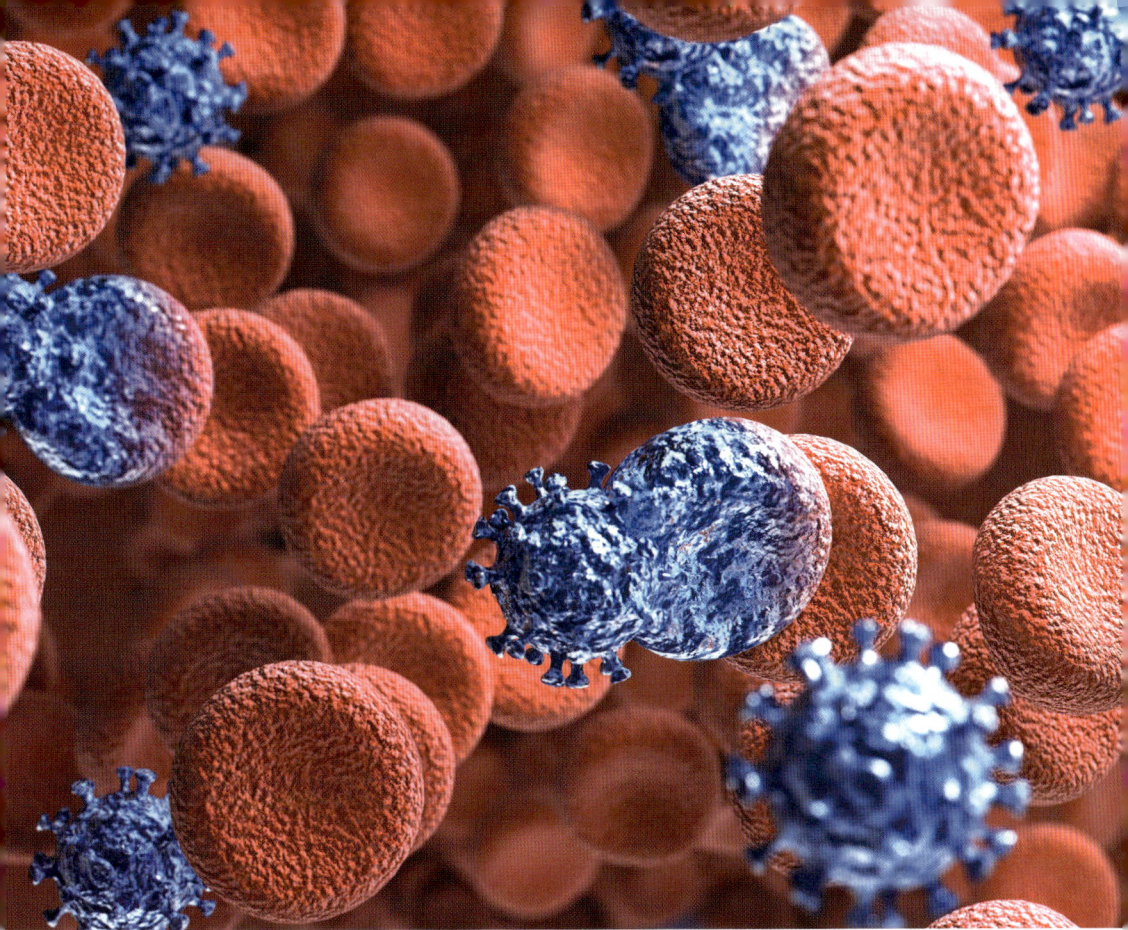

物体的结构和功能的基本单位。如果说，万丈高楼是由一砖一瓦砌成的，那么，细胞就好比生命之砖。

微生物的种类和结构

生物细胞可分为两类，一类比较原始，结构简单，没有成形的细胞核、细胞质中也没有线粒体、叶绿体、内质网等复杂的细胞器，这一类细胞称为原核细胞；另一类细胞结构比较复杂，有核膜包围的成形的真正的细胞核，细胞质中有各种类型的细胞器，称为真核细胞。

根据细胞的有无以及细胞结构特点的不同，人们把微生物分为三大类，它们是原核细胞型微生物，例如细菌和放线菌；真核细胞型微生物，如真菌；非细胞型微生物，例如病毒等。

原核微生物形状细短，结构简单，多以二分裂方式进行繁殖的原核生物，是在自然界分布最广、个体数量最多的有机体，是大自然物质循环的主要参与者。

原核微生物包括古菌（即古细菌）、真细菌、放线菌、蓝细菌、粘细菌、立克次氏体、支原体、衣原体和螺旋体。

微生物个体很小，一般只有用显微镜把它们放大几百倍或几千倍，乃至几十万倍才能看清楚它们。微生物结构都很简单，往往都是单细胞的，也就是说，一个细胞就是一个独立的生命体。像无处不在的细菌、主要存在于土壤中的放线菌以及我们平时发面蒸馒头用的酵母菌等，都是单细胞微生物。

而有的微生物如病毒，小得连一个细胞都不是，它们专门生活在活细胞内。一个细胞里可以装下许多个病毒。在普通的光学显微镜下根本看不到病毒，只有在电子显微镜下把它们放大几万倍甚至几百万倍才能看清。

还有一些微生物的结构和生活介于细菌和病毒之间，它们有了类似细胞的结构，但是比细菌更简单，像病毒一样，也不能独立生活，必须寄生在活细胞内，如引起流行性斑疹伤寒的立克次氏体、引起人体原发性不典型肺炎的支原体、引起沙眼的衣原体等。

在微生物王国里，真菌属于真核细胞型微生物，它们的结构要比细菌、放线菌复杂一些。除了酵母菌是单细胞的以外，绝大多数真菌都是由

许多细胞构成的。

真菌细胞的结构也与高等植物细胞相差无几。

在夏天里，如果食品放久了或衣物管理不当，就会长毛发霉，这是最常见的真菌，叫作霉菌。当然，在微生物的"小人国"里也有"巨人"，我们用肉眼就可以看到，如餐桌上常见的蘑菇、木耳、银耳、猴头菇等大型食用真菌。

地球上的微生物种类成千上万，它们无处不在、无所不能。可以说，我们每时每刻都在与微生物打着交道，甚至在我们的皮肤上、肠道里也有大量微生物的存在。

微生物离开氧气能活吗

厌氧微生物不需要氧气

我们周围的各种生物，像树木花草、飞禽走兽，包括人类自己，在生活中，都要吸进氧气，呼出二氧化碳。那么，是不是所有生物离开氧气就不能生活了呢？

事实并不是这样。在生物界有一类厌氧微生物，离开氧或缺氧也能生

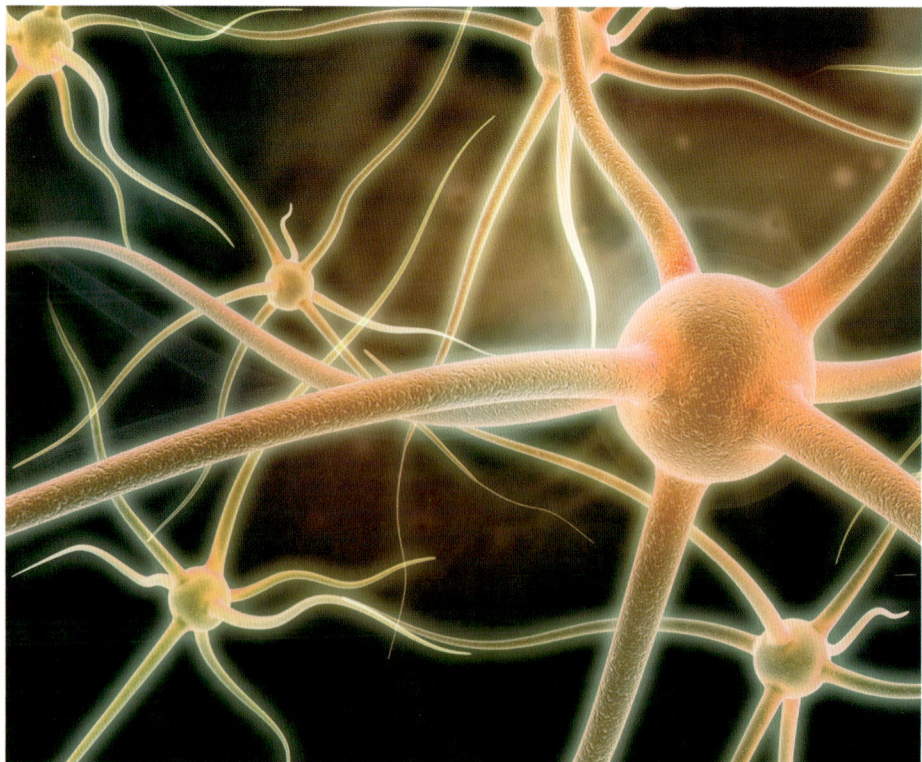

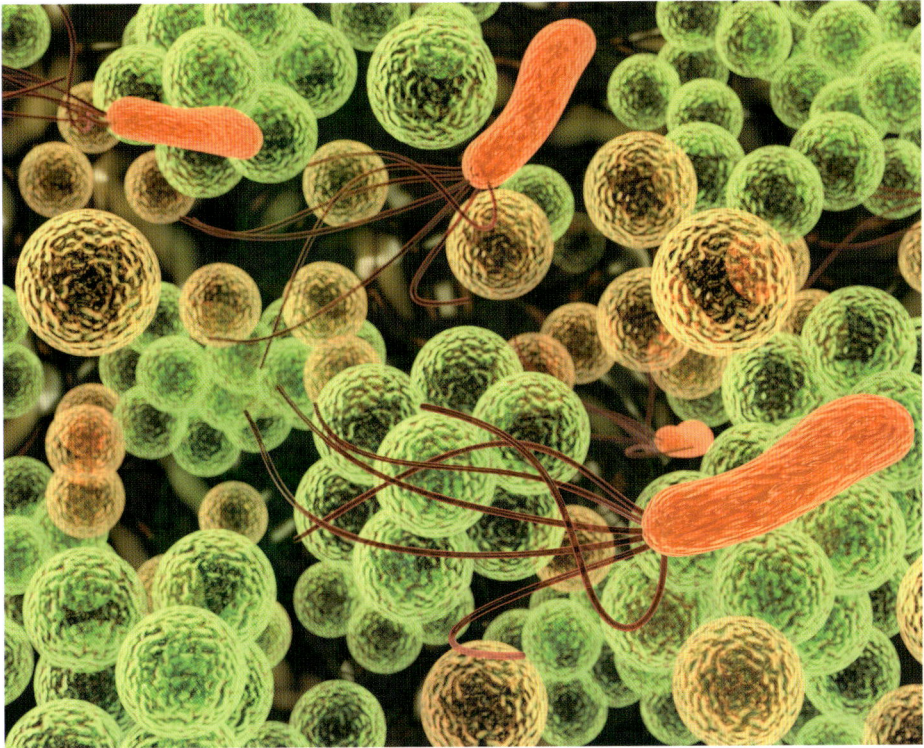

活，可以进行无氧呼吸。这类微生物分布广，种类多。

例如，动物肠道内的类杆菌，青贮饲料和泡菜中的乳酸菌，谷物或土壤深处的丙酮丁醇梭菌，能耐100℃以上高温的嗜热脂肪芽孢杆菌，在肉食品上产生毒素的肉毒梭菌，能使池塘里产生沼气的甲烷厌氧菌等。

厌氧菌为何不需要氧气

那么，厌氧微生物为什么离开氧气也能活呢？

它的这些"本领"是怎么来的呢？原来，细菌出现在很早以前的原始海洋，它的祖先是一类厌氧的、需要依赖别的细胞提供营养才能生存的原始生命，经过漫长的演化过程，才具有了细胞的形态。

尽管这是一个质的飞跃，这类细菌仍然在厌氧条件下生活。随着地球环境的变化和生物的进化，海洋里产生了一些释放氧气的藻类，有些细菌也变成了有氧呼吸的类型，地球上氧气增加导致需氧生物种类增多，并成为地球上生物的主体。但一些细菌仍然保留着厌氧的生活习性，继续发挥着它们特殊的作用。

微生物是
地球"清道夫"

微生物治理地球环境

近百年来，环境恶化的问题给人类带来了极大的麻烦。随着工业的高度发展，废物、废水、废气泛滥成灾。

光是美国，一年便要产生有害物质6000万吨。欧洲产生的有害物质也大致相当。即使是第三世界国家，"三废"的排放量也是相当大的。全世界的"三废"数量惊人，并且还在以惊人的速度增长。

在整个地球上，"三废"的产生和排放远远超过了大自然本身的净化能力。如果再不抓紧治理"三废"，再不采取有力措施保护环境，人类在地球上将很快没有立足之地了。发酵工程的巨大威力使人们看到了彻底治理环境的曙光。

微生物治理环境这件事，可说是源远流长。多少年来，人类的生活中何曾少过废物、废水。不过，由于工业不怎么发

达，城市人口也不怎么密集，这些废物、废水被伟大的自然界悄悄地消化掉了，不曾构成对人类生存、发展的威胁。大自然拥有神奇的净化力量，而微生物则是净化力量的主力军。这些不起眼的小不点无声无息地战斗在环境保护的第一线，吃掉废物、废水，把它们转化成可供动植物再次利用的无害物质，使地球保持着生态平衡。只是在进入工业社会后，由于"三废"排放量剧增，那些自生自灭、各自为战的微生物已无法应付，回天乏力，生态平衡才被打破，人类才面临环境恶化的威胁。最终，解决环境问题还得靠微生物，处理废物、废气、废水还得靠微生物。不过不是那些各自为战的微生物"游击队"，而是融合着人类智慧的、经过改造的微生物，是发酵工程的微生物"正规部队"。

微生物治理海上污染

1991年在美国西海岸由于一艘满载着18万吨原油的油轮失事，几百平方海里的海面被油层罩住了。

报道此事的电视新闻中有这么一个画面：一只海鸟呆呆地站在一块礁

石上，由于浑身的羽毛被原油粘住，它再也飞不起来，只能在那儿等死。

遭殃的何止是海鸟，那海面上的油层不会轻易消失，它在海水和空气之间形成了隔绝层，破坏了生态平衡。

数天之后，许多死鱼泛起，密密麻麻地漂浮在海面上。

那场"油祸"只是一个突出的例子。从20世纪60年代以来，海面的浮油污染已经成了环境保护中最令人头痛的问题之一。

浮油的来源不光是油轮失事，还有货轮和沿岸工厂的污油排放，那更是经常性的事。其结果便是整个地球的海洋表面上出现了一大片一大片的油污，久久无法褪去。

就在浮油污染日益严重，几乎使人束手无策的时候，一些聪明的学者又想起了发酵工程这一法宝。他们找到一种又一种以石油为食的微生物，筛选出生命力最强的菌株，供给最充分的营养，使它们活性更强，而且大量繁殖，然后配制成一瓶一瓶的药液——浓缩菌液。

在被污染的海面上，只要洒上一定数量的药液，不出一周，80%的油污即会被这些微生物吞噬掉，产品则是二氧化碳和菌体蛋白，菌体蛋白还是一些海洋生物的营养品呢！

这种神奇的药液已经量产进入市场了。彻底解决海面浮油污染已经是指日可待的事情。

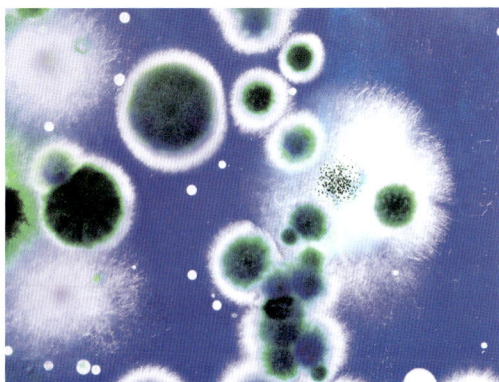

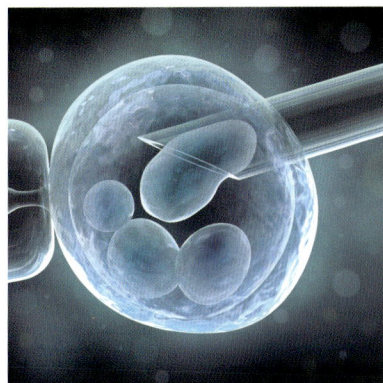

细菌都会
危害人类吗

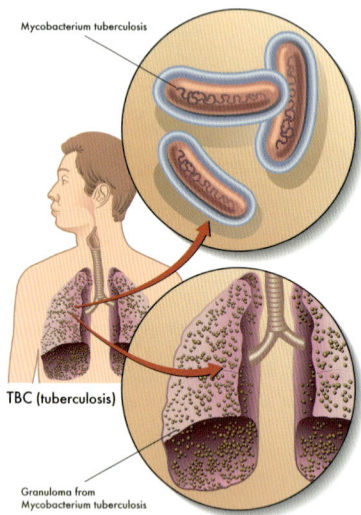

Mycobacterium tuberculosis

TBC (tuberculosis)

Granuloma from
Mycobacterium tuberculosis

细菌的用途很广

当你听到"细菌"这个词的时候，你可能马上就联想到生病，毕竟脓毒性咽喉炎、多种耳部传染病以及其他一些疾病都是由细菌引起的。细菌确实会致病，而且产生其他有害的影响。

然而，大多数细菌还是对人类无害的甚至是有益的。实际上，人们在许多方面还依赖于细菌。细菌的用途很广，如用于燃料和食品加工业、环境的再循环和净化，以及医药生产。

当你用天然气煮蛋、烤汉堡，或者在屋内取暖时，想一想就是古细菌创造了这一切。古细菌生活在无氧环境中，比如湖底和沼泽的淤泥中。它们在呼吸过程中产生一种气体——甲烷。数百万年前就已消亡的古细菌所制造的甲烷，是地层沉积的天然气的主要组成部分，约占20%。

你喜欢吃干酪、酸乳酪、苹果酒、腌菜和泡菜吗？各类有益细菌的存在使食物形成了许多新的风味。例如，把新鲜黄瓜浸泡在一种液体中，生活在该液体中的细菌就能把黄瓜制成酱瓜；而生活在苹果汁中的细菌将果汁转化成醋；生活在牛奶中的细菌则制造出日常食品如脱脂乳、酸奶、酸乳酪以及干酪。

细菌对自然界的贡献

在自然界中腐生着大量的细菌，它和其他腐生真菌联合起来，把动物、植物的尸体和排泄物以及各种遗弃物分解为简单物质，直至变为水、二氧化碳、氨、硫化氢或其他无机盐类为止。

细菌不仅完成自然界物质循环作用，还供给植物和农作物肥料和营养。如与豆科植物共生的根瘤菌，能将空气中的氮固定为氮化物，供给豆科植物营养；土壤中的固氮菌能给高等植物提供氮肥；磷细菌把磷酸钙、磷灰石、磷灰土分解为农作物容易吸收的养分；硅酸盐细菌能促进土壤中磷、钾转化为农作物可以吸收的物质。

细菌对工业方面的贡献也很大。如利用细菌的发酵作用制造乳酸、丁酸、醋酸、丙酮等；此外，在造纸、制革、炼糖等方面以及浸剥麻纤维等也要利用细菌的活动。

在医药方面，细菌也能大显身手。如利用大肠杆菌产生的冬酰胺酶，用于治疗白血病；肠膜状明串珠菌产生右旋葡萄糖酐，是很好的代用血浆；利用杀死的病原菌或处理后丧失毒力的活病原菌，制成各种预防和治疗疾病的疫苗；利用细菌的活动制取抗血清和抗生素，等等。

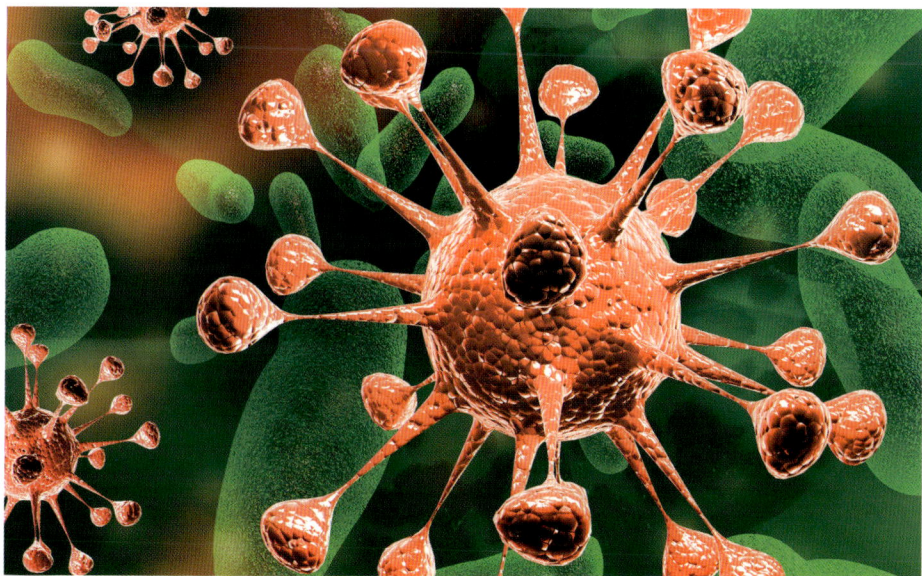

寄生菌的
威力有多大

冬虫夏草的真相

在绮丽多姿、变幻万千的自然界中，有许多奇特的现象。其中有一种奇特生物叫冬虫夏草。据说在冬天里它是虫子，等到了夏天，它就变成了草。一种生物竟然可以变成另一种生物，这种变化是真的吗？它的奥秘在哪儿呢？

首先，这种现象在自然界中的确存在。蒲松龄在《聊斋志异外集》中写道："冬虫夏草名符实，变化生成一气通。一物竟能兼动植，世间物理信难穷"。

国外也有类似的记述，240多年前，有一位名为波拉比亚的人，在古巴的哈瓦那郊外旅行，曾目睹一只死去的黄蜂，腹部长出一根长达一米的

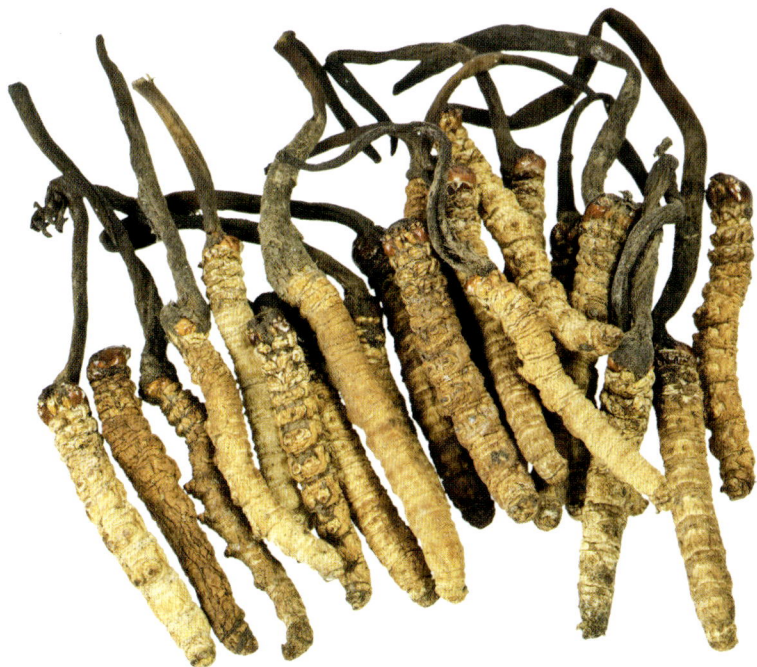

"细草"。访及当地的土人，据说这里有一种黄蜂在茂密的森林里飞舞，不慎碰到树叶，于是，黄蜂和树叶一起落入土中，在死去的黄蜂身上就会长出植物的叶子，称为"蜂变草"或"植物蜂"。

冬虫夏草果真如土人所说的那样幻化而成的吗？直至19世纪，人们才弄清冬虫夏草的真相。

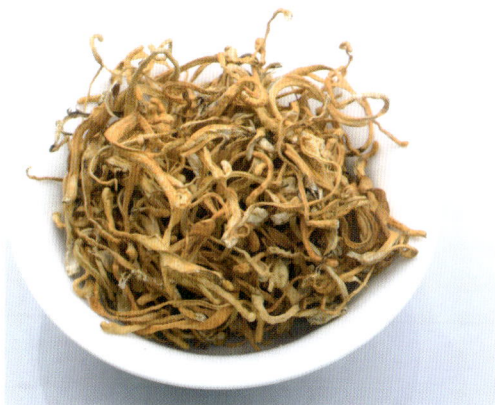

生物名片

名称：冬虫夏草
类别：肉座菌目蛇形虫草科
特征：冬为蝙蝠蛾幼虫，夏为从虫体生长的菌座
作用：调节免疫功能、抗肿瘤、补肺益肾等

青藏高原的雪线地带，有一种满身花斑的彩蝶，寒冬降临，它的幼虫蛰伏在潮湿而温暖的土内越冬，然而这里并非它们理想的天国，随时都会受到虫草菌的侵袭，这种真菌的菌丝一旦进入虫体内，就以幼虫的内脏为养料，滋生出无数新菌丝。有的菌丝萌生于体表之外，看去就像虫身上披着白毛。当幼虫死后，体腔内"五脏六腑"都已被菌丝消耗殆尽，只留下一具包裹着菌丝的外壳。虫草菌断绝了食源，只好安然入睡，进入休眠期。来年春晖转发，暖日烘晴，幼虫尸体的头部长出一根圆棒的东西，就是古人所说的"草"。不过，与其称之为"草"，倒不如说它是菌丝上结出的"果实"更为恰当，真菌学家就称之为子囊果，果实内盛装着数以万亿计的种子——子囊孢子。这就是冬虫夏草形成的过程，自然界乐曲中一段不太和谐的音乐——寄生。

寄生菌的危害和作用

寄生是一种生物生活在另一种生物的表面或体内，从后者的细胞、组织或体液中取得营养的生活方式，前者称为寄生物，后者称为寄主。在寄生关系中，寄生物对寄主一般是有害的，常使寄主发生病害或者死亡。

微生物中的寄生者就常常跑到动物、植物，或另外的微生物那儿去"做客"，一旦主人收留了它们，就会赖在那里不走。它们又吃又喝，又

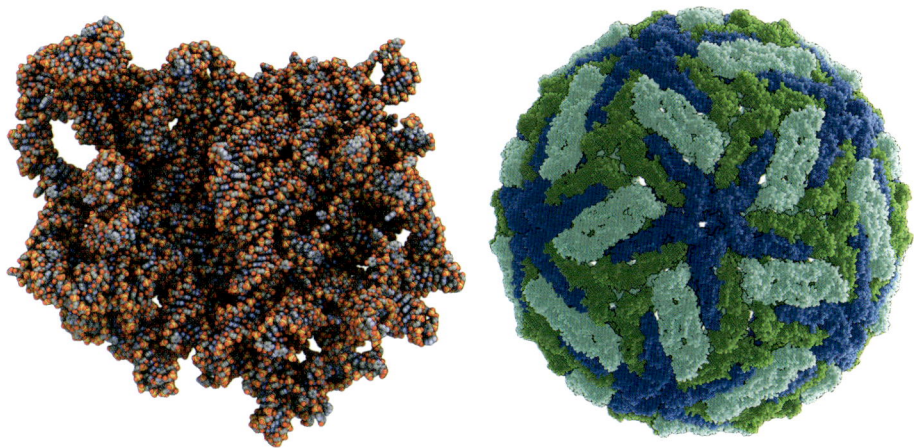

繁殖后代，一直把主人弄得家破人亡，才肯罢休。

引起人类疾病的致病菌都是寄生菌。例如，引起流行性感冒的流感病毒，引起肺病的结核杆菌，引起小儿麻痹症的脊髓灰质炎病毒等。

另外，造成动物疾病的寄生菌也是极为常见的，俗话说"传鸡"是病毒寄生造成的，这种病毒使鸡患急性败血症。病毒通过鸡的呼吸道或消化道进入鸡体，最初使鸡精神不振，不好吃食不好走动，继而鸡冠和肉唇变成黑紫红色，呼吸困难并发出"咕、咕"的叫声，最后嘴流黏液不能站立而死亡。这种病发病快死亡率高。病鸡身上有大量病毒，它们时刻都能传染到健康的鸡身上，造成传染病。

有一些真菌和放线菌也能在动物体上寄生，我们刚刚提到的冬虫夏草就是虫草菌寄生于昆虫虫体的结果。植物体内的寄生菌大部分是真菌。我们爱吃的西瓜常常受到一种引起西瓜枯萎的寄生菌的侵扰，它能在土壤中活七八年。如果在一块地里连年栽种西瓜，它们就越来越猖獗，使西瓜枯死。所以西瓜最怕它们，只有经常搬家来躲避它们。

微生物之间也存在寄生关系。有病毒、类病毒这些微乎其微的非细胞生命入侵其他微生物，也有细菌入侵细菌的同族相侵。看来，微生物世界中也有"本是同根生，相煎何太急"的悲叹呀！

微生物的这些不速之客给人类带来了许多危害。但是，聪明的人类将微生物的寄生关系应用到了生产之中。就像我们现在关注的"生物导弹"，不仅可以用来杀虫、杀草，而且可以避免由于化学试剂的使用而造成的环境污染。

六〇五次
试验后的发明

锥虫病袭击热带地区

在20世纪初，各式各样传染病的病菌被陆续发现，可是，对于由病菌引起的传染病，人们却束手无策。当时，在热带和亚热带地区，出现了一种伊氏锥虫病，易使家畜马、骡、牛、驴等患病，并迅速死亡。

家畜患上这种锥虫病后，发病常呈急性发作，体温高达40℃以上，几天后，略有好转，短期后病畜再度高烧。

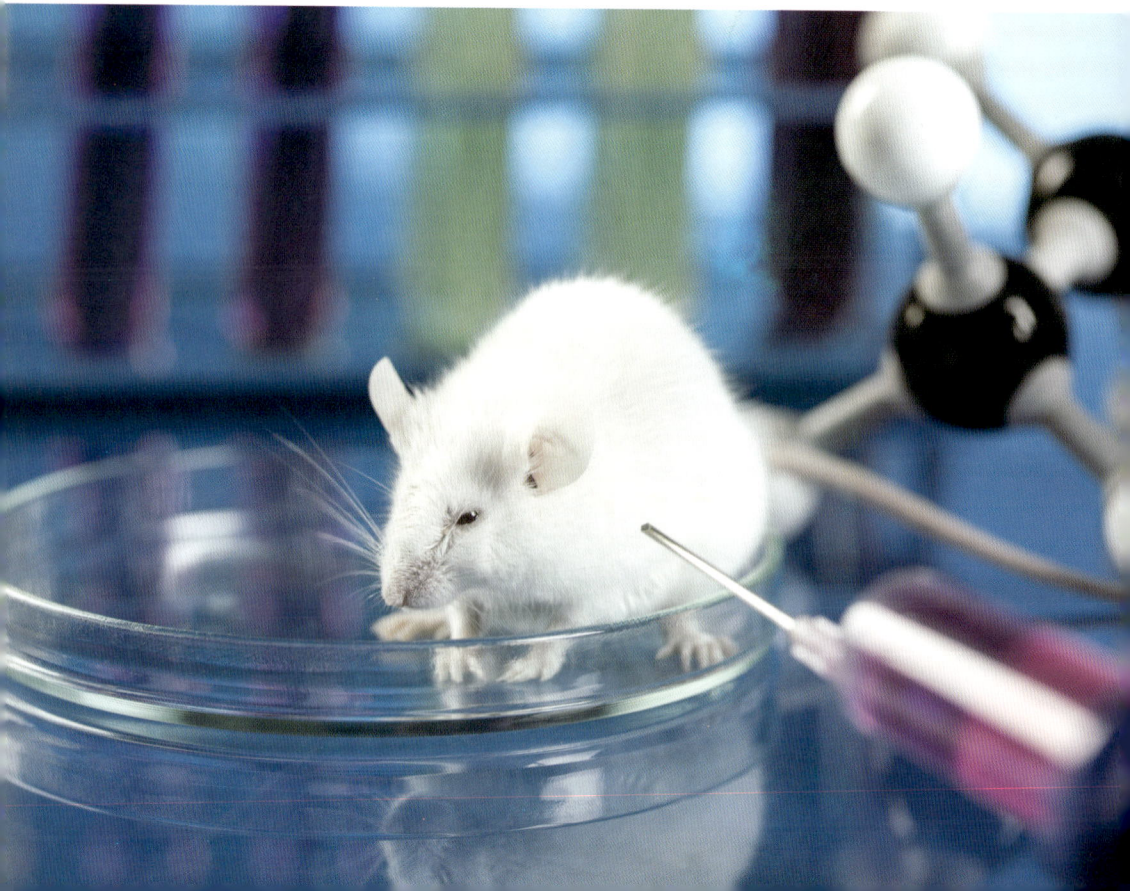

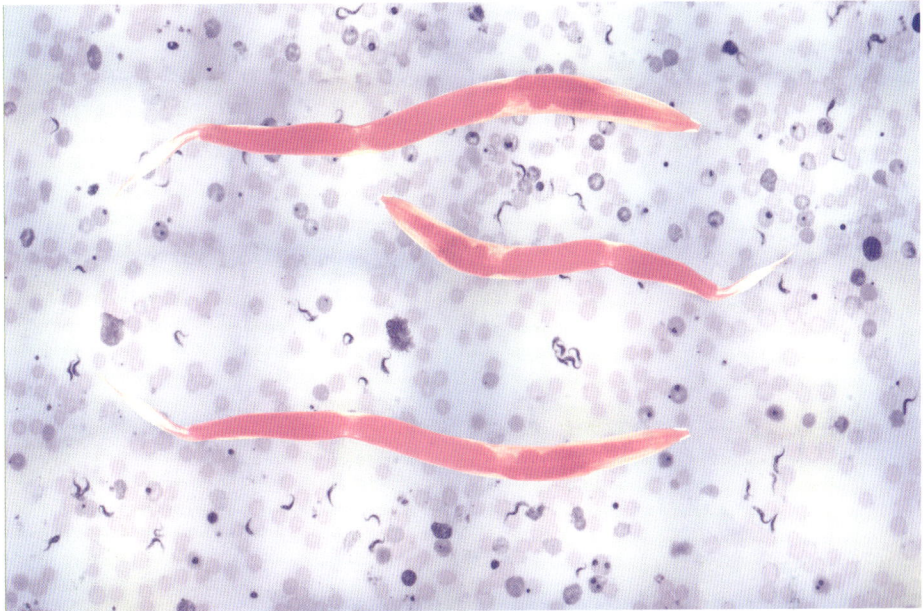

上图：原生动物锥虫。

经过数次反复高烧以后，病畜消瘦，食欲减退，体表水肿，贫血，眼结膜苍白或变成黄色，有时结膜出现出血斑。

病情严重后，家畜反应迟钝，有时还会神经质地向前猛冲，或做圆圈运动。到后期四肢麻痹，衰竭死亡。

据科学家观察，当地的黄牛、水牛和骆驼感染此病后多呈慢性病程，甚至不出现病状，只保持带虫状态，成为带虫宿主。黄牛和水牛也有急性发病的，间歇热一般不定型，病畜经多次发热后逐渐消瘦、被毛焦黄、皮肤皲裂出血，后期后肢乏力、卧地不起而死。骆驼患本病有的可长达3～5年，长期保持感染状态，病畜逐渐消瘦、双目无神，凝视天空，常卧地伸颈，口吐白沫而死。

科学家向细菌发起进攻

无数的家畜因锥虫病而死，引起了德国一个名叫保罗·埃尔

生物名片

名称：锥虫

类别：原生动物门动鞭毛纲锥虫属

特征：无鞭毛体、上鞭毛体和锥鞭毛体

寄生环境：血液或生殖器黏膜内

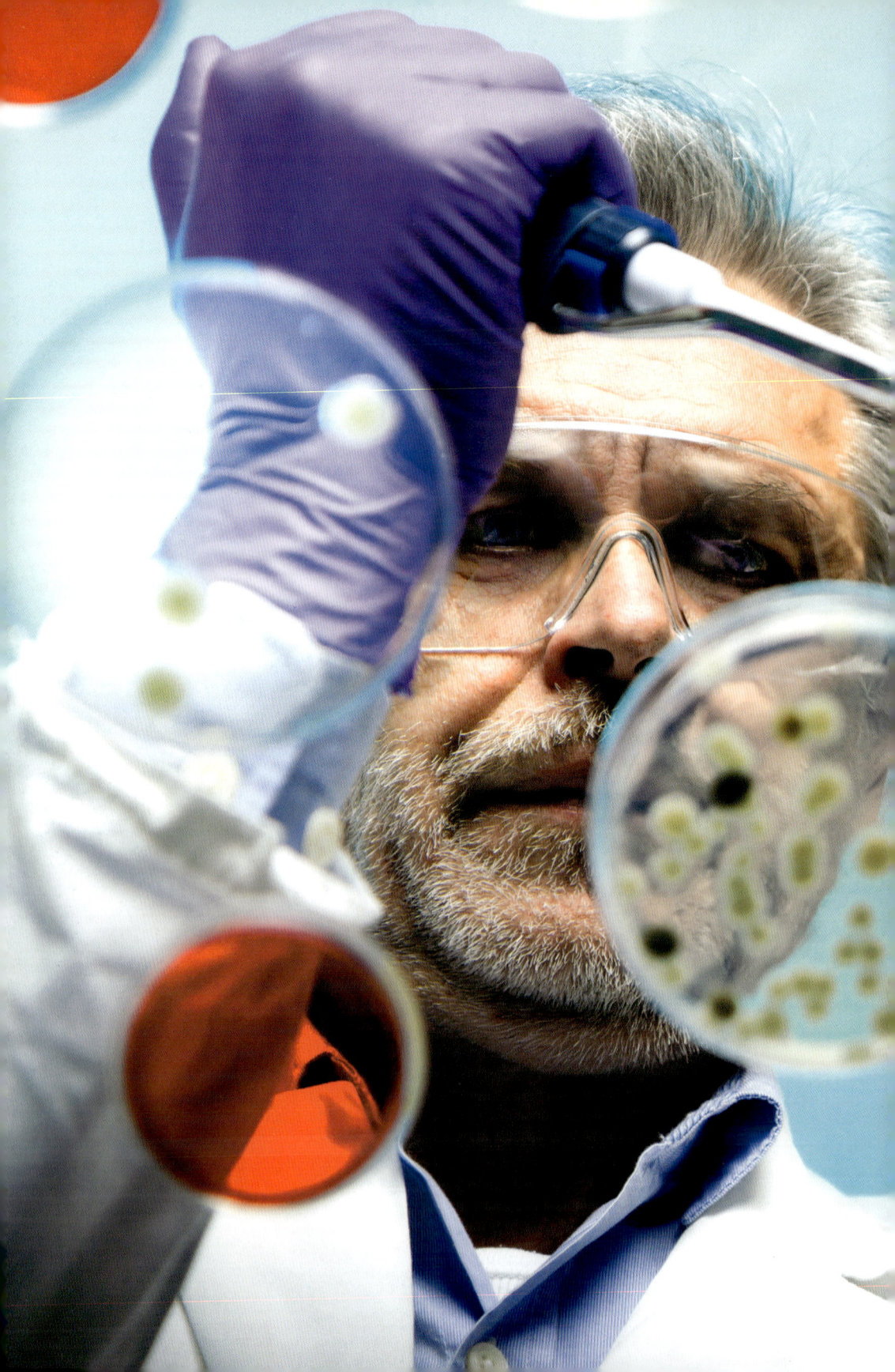

正在进行试验的科学工作者

利希的科学家的注意。埃尔利希是生物学家罗伯特·科赫的高徒。在科赫发明细菌染色法时，埃尔利希曾有突出贡献。

埃尔利希买来相关杂志、书籍开始研究这种夺走了成千上万家畜性命的可怕微生物。在实验室里，他突然想起了他的老师科赫的染色法：既然染料在玻璃片上能渗入细菌，使细菌着色而死，那么，借用染料能不能杀死侵入体内的微生物呢？如果给活的动物染色，可以看到染料顺着血液流动的情景，那就可以明白活体动物的一切了。

他就试着给一只兔子的静脉注射一点染料亚甲基蓝。他注视着颜色流经动物的血液和身体，还挑选活的神经末梢染成蓝色，但不染别的部分。

每次试验，他都只能把亚甲基蓝染到一种组织上。这种做法使保罗·埃尔利希升起了一个怪念头，他要发明一种魔弹，来射杀可恶的锥虫。他想，用一种染料，只给动物的一种组织染色，其余的一切组织都不

管，那么一定有一种染料，它不进攻人或家畜的组织，而只进攻侵害人的微生物，并把它们杀死。

　　于是，他养了许多小白鼠，把致病的锥虫注射到小白鼠体内，使小白鼠生病，然后用染料去为小白鼠治病。一批、二批、三批……成千上万只小白鼠全部用上了，可是从来没有一只小白鼠在注射锥虫后能重新活过来；一种、二种、三种……几百种五彩缤纷的染料全都试过了，可是没有一种染料能够挽救这些小白鼠的生命。

　　1901年，在他研究魔弹8年之后，他读到了拉弗兰的研究报告。拉弗兰是发现疟疾微生物的人，最近他又忙于研究锥虫。他拿这种有鳍的恶魔给老鼠注射，老鼠百分之百死亡。他又在得病的老鼠皮下注射砷，虽然砷杀死了老鼠体内的锥虫，但老鼠也逃脱不了死亡的命运。

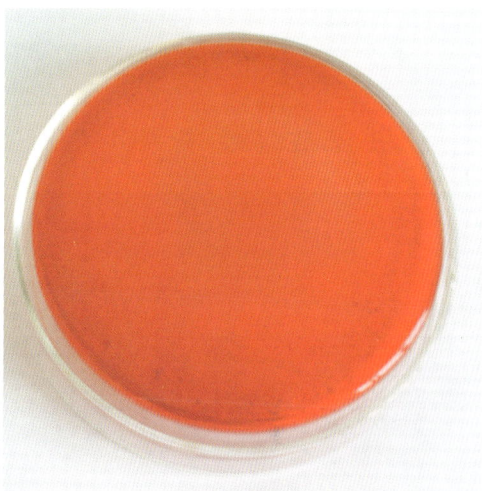

埃尔利希又产生了一个新的想法，他决定试一试。

一天早上，嘴上还叼着雪茄的埃尔利希来到实验室，对他的助手讲，如果把染料的结构稍稍变动一下，譬如加一个硫基，也许它们在血液里溶解得更好，也许能杀死锥虫。

新的试验又开始了。这一次，他们把加了硫基的染料注射到快死的老鼠体内。镜检的结果显示，血液中的锥虫数量越来越少，可老鼠也在呻吟声中痛苦地死去。又失败了。毕竟，加入硫基的染料杀死了锥虫。这也是一个充满希望的预兆啊！

时间又过去了几年。埃尔利希突然看到一篇报道，报道说：在非洲黑人中间流行一种由锥虫感染的昏睡病，感染了此病的黑人在昏睡中大批死去，有一种名叫阿托西的药可以杀死人体内锥虫，但却使病人双眼失明，再也看不见一丝光亮。

看到这篇报道，埃尔利希为之一振，既然含砷的化学药品可杀死锥虫，那么，如何才能既杀死锥虫，又不损伤眼睛呢？

保罗·埃尔利希运用各种改变含砷药品化学结构的方法，一种一种地进行试验。

没有白天，没有黑夜；没有节日，没有假日；实验在紧锣密鼓地进

行着。经过改变了化学结构的含砷药品已经用到第605种了，但是小白鼠依旧是死亡，不过在这漫长而艰苦的斗争中，埃尔利希有了充足的信心，对付锥虫的魔弹一定可以制造出来，哪怕要试验一千次、两千次，无论如何，胜利一定会到来。

1909年到来了。

这一年，埃尔利希已年过50，这时，他进行改变药品化学结构的试验已经到第606号编号的药剂了。蒸发皿里析出了一小撮淡黄色的结晶粉末，他立即用水稀释后将其注射到患病的小白鼠身上。

奇迹出现了，小白鼠竟然活了过来，这一次，他终于成功了。"606"，它的大名是"砷凡纳明"，又称"洒尔佛散"。它对锥虫的功效之大，正如它的名称一样不凡，一针下去，就肃清了一只老鼠血液里的锥虫，而且至关重要的是它从不使老鼠失明，也不会使老鼠发生溶血现象。

"606"的发明，不仅使热带和亚热带地区的无数家畜摆脱了死亡，而且使非洲人从"昏睡病"的痛苦中解救出来。砷凡纳明的功劳还不止于此，它还可以杀死其他一些作恶多端的微生物。

Qing Mei Jun
Shi Ru He
Bei Fa Xian De

青霉菌是
如何被发现的

细菌突破磺胺类药"封锁"

在埃尔利希发明606后，德国医生杜马克发明了磺胺药。磺胺有着一种特殊的杀死细菌的方法。原来，细菌在生长繁殖的时候需要一种生长代谢物质，这种生长代谢物质叫对氨基苯甲酸，它在酶的参与下合成叶酸，进一步可合成得到催化蛋白质、核酸合成的辅酶F。

在这个代谢途径中如果发生某种障碍，就会使这些致命菌的生长繁殖受抑制。在化学药品中，磺胺的结构与对氨基苯甲酸很相似，当磺胺存在

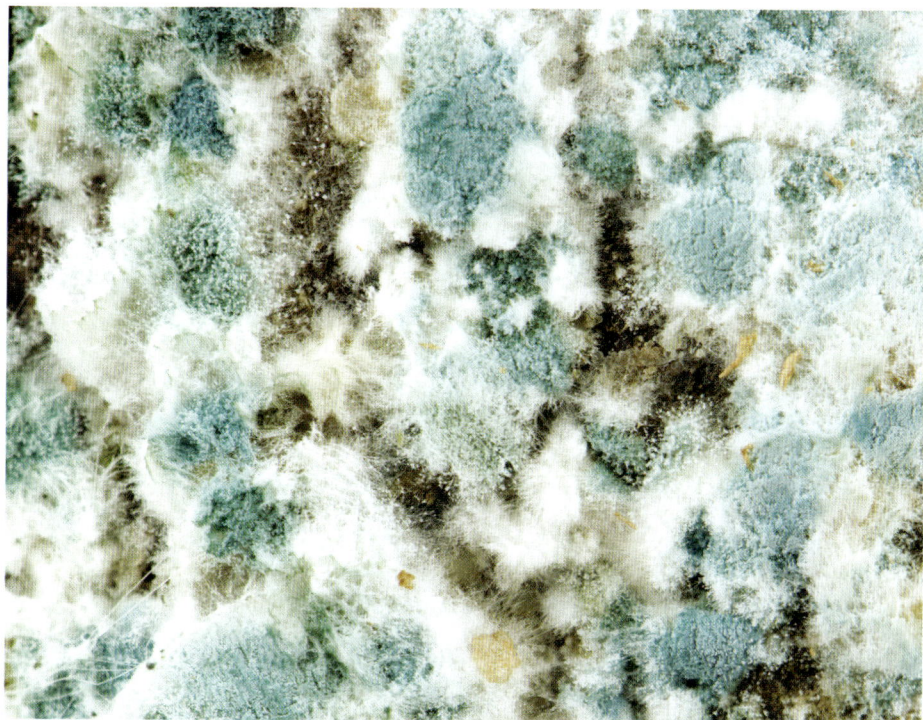

时，细菌体内合成叶酸的酶由于不能明察秋毫，就会把磺胺当作对氨基苯甲酸结合，这样菌体合成的叶酸就成了"假叶酸"，"假叶酸"不能继续再合成辅酶F，结果致命菌代谢发生紊乱，进而死亡。而人和动物可利用现成的叶酸生活，因此不受磺胺的干扰。

磺胺类药物能治疗多种传染性疾病，能抑制大多数革兰氏阳性细菌，如肺炎球菌、β-溶血性链球菌等和某些革兰氏阴性细菌的生长繁殖，对放线菌引起的疾病也有一定的疗效。

然而，尽管磺胺药有如此多的丰功伟绩，它也有弱点，它对付病菌的本领不是万能的，越来越多的事实促使人们要不断寻找更多更有效地杀死有害微生物的魔弹。

医生们发现，有的病开始用磺胺类药物效果还显著，可时间一长，磺胺药便不再奏效。细菌依然我行我素，最后病人还是被夺走了生命。这是怎么一回事呢？

原来有些病菌认出了以假乱真的磺胺类药物，也相应改变自己的代谢方式，让磺胺类药物失去作用，继续危害人们的健康和生命安全。

人们企盼着更有效的药物出现。

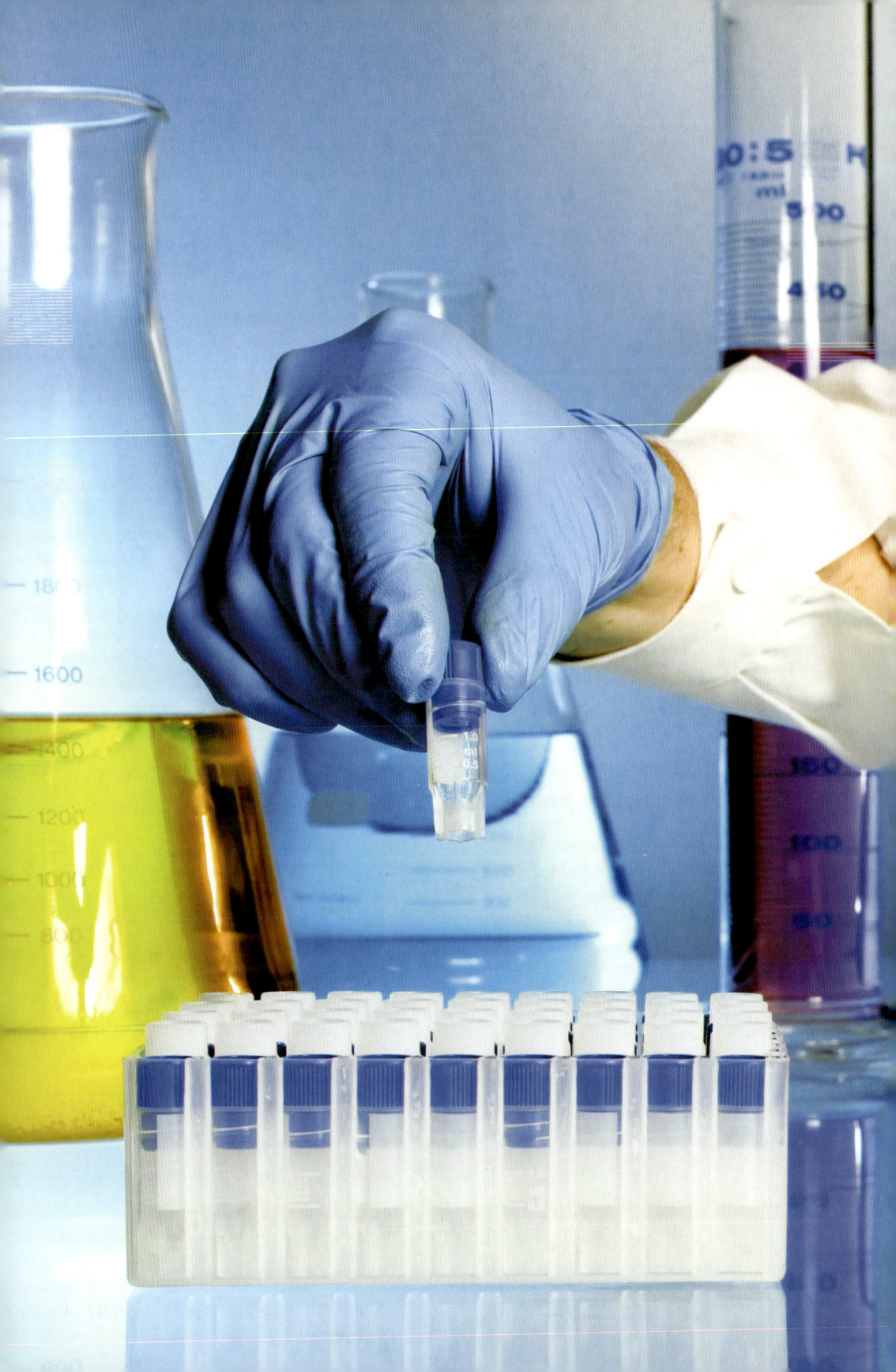

意外闯入培养基的青霉菌

1939年，第二次世界大战爆发。战场中鲜血淋漓的伤口成了病菌侵入血液的门户，已有的药物越来越显示出它们的局限性，越来越多的战士不是战死在沙场而是痛苦地死在后方的医院里。形势一天比一天严峻。

1943年初春，一个神奇的事实终于打破了这种可怕的局势。在对付病菌的战斗中，从此又掀开了历史上更加辉煌灿烂的新的一页。

这件事发生在美国西部太平洋沿岸的一个小镇伯克利。

伯克利城是救助受伤战士的重要场所，成百上千个受伤的战士从太平洋激战前线运到这里进行治疗。这一天，当医生们竭尽全力给一批病人做完治疗后，受伤的战士还是开始了昏睡，死亡之神已开始向他们招手。

就在这严峻时刻，医院来了一名年轻的医生，他带来两包淡黄色粉末。这位医生名叫李昂士，他是为了试验药效特地从外地赶来的。李昂士医生配好了药，给这批垂死的病人注射。

一小时、两小时过去了，奇迹开始发生。这些已被认为是必死无疑的病人睁开了双眼，并闪烁出活力的光芒。渐渐地，病人热度开始减退，一切症状都有了好转。李昂立的淡黄色粉末取得了惊人的成就，整个医院顿时轰动起来。这是真正的救世良药。

这种淡黄色粉末究竟是什么？为什么会有这般神奇的杀菌魔力呢？

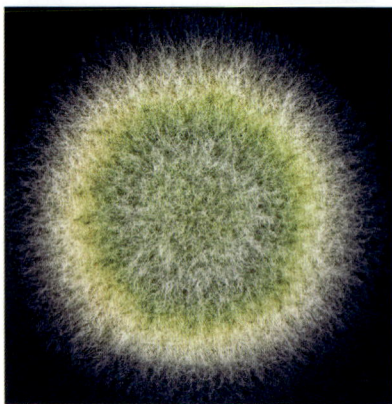

这种神奇的淡黄色粉末就是青霉素。青霉素的发现要归功于细心又勤勉的弗莱明教授。这里面有一段挺有趣味的故事呢！

早在青年时代，弗莱明就苦苦探寻过病菌引起疾病的秘密和消灭这些可怕病菌的方法。面对当时由病菌行凶作恶的世界，他曾经为发明杀菌药物而努力过，也为得不到满意的结果而苦恼过。在他那十分简陋的实验室里，弗莱明日夜辛勤地工作着，探索着保卫人类生命免受病菌威胁的种种方法。

1928年，弗莱明开始研究葡萄球菌，他主要从事葡萄球菌变异方面的研究。不同的养料、不同的光质、不同的温度、不同的水分都可以影响葡萄球菌的形态和生理变化。弗莱明每天像一名辛勤的园丁，观察着它们在培养过程中的变化。

每天早晨，弗莱明便一个一个小心地揭开培养皿盖，吸出一点菌落在显微镜下观察它们的形态变化。然而，不管他如何小心，空气中飘浮的微生物总是会很轻盈地钻到他的培养皿中吸收营养。

这些捣乱的家伙在培养皿中自由自在地生长繁殖，妨碍了正常实验的进行。这种空气微生物污染培养皿的情况几乎在每个细菌实验室都有过，只是程度有轻有重而已，谁能保证在揭开盖子的一刹那，没有任何小东西飞到里面去呢？

弗莱明每每遇到这种情况，都毫不灰心。而且，他从来不放过这一几乎被每个细菌学家熟视无睹、习以为常的事实。

一个初夏的早晨，弗莱明照例进行常规观察。突然，他的目光凝聚在了一瓶被污染的培养基上，原来长得很旺盛的葡萄球菌现在只剩下稀疏的几株了，取而代之的却是一片绿色的细菌。

这就怪了，难道是绿菌把葡萄球菌杀死了？弗莱明马上把这种绿菌进行纯化培养，然后把它接种到葡萄球菌皿中，结果葡萄球菌慢慢地死掉了。凶狠异常的葡萄球菌，现在被来自空气的不速之客——绿色霉菌制服了。这该是一种多么有意义的发现啊！

我们设想一下：一天早晨，弗莱明在揭开培养皿盖的同时，一种名叫青霉菌的细菌闯了进去，又被弗莱明尖锐的目光发现了，进而发现青霉菌可杀死葡萄球菌。

这是机遇吗？也许是的，可是历史上曾经有过多少类似的机遇啊！

苹果曾落到千百人的头上，而只有牛顿从中发现了万有引力定律；教堂里的吊灯，日日夜夜都在不停地摇晃，而只有伽利略才从灯的摇动中看到了著名的摆动定律。弗莱明也一样。几乎在每个细菌实验室里，来自空气中的微生物都不止一次地落到培养皿中，可只有弗莱明才注意到这种来自空气中的霉菌能杀死病菌的重要现象。

这真是机遇吗？不！机遇只偏爱那些有准备的头脑。

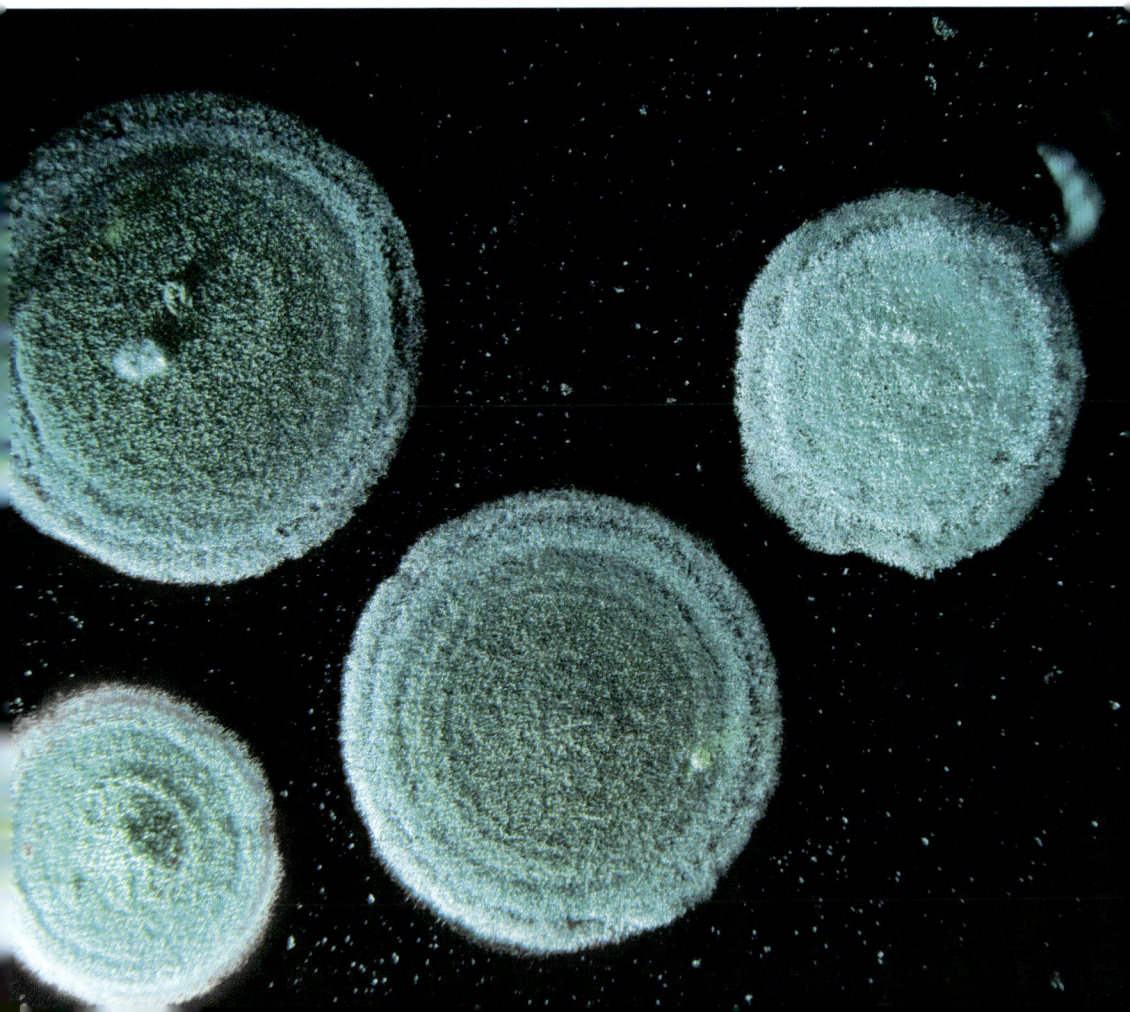

消灭有害细菌的方法

灭菌法

在瞬息万变的生活环境里，我们无时无刻不受到数以亿计的病菌的侵袭。人类为了保卫自身的健康，在体内和体外一直与病菌进行着无声激战。在保卫人体的外围战中，人们根据不同需要采用了不同的方法来击退病菌的侵犯，灭菌、消毒和防腐，就是三种常用而程度不同的斗争方法。

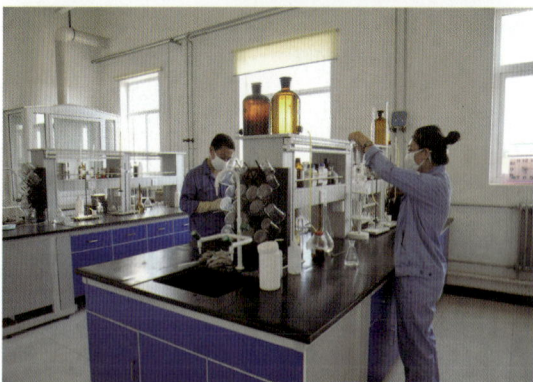

灭菌是在一定范围内消灭物体上所有微生物的方法。医院里对手术器械通常采用间歇灭菌法，即把器械煮沸30分钟，在20～37℃的恒温环境中放置一天，这样，某些没有被杀死的微生物芽孢会误以为危险期已过，又开始"放心大胆"地进行繁殖，这时再蒸煮杀菌，连续反复几次，手术器械便可以达到完全没有微生物的要求。

高压蒸汽和干热空气两种方法都可以用于灭菌，不过由于多数微生物的耐干热性较强，所以高压蒸汽灭菌一般仅需在121℃、30分钟的条件下即可达目的，而干热空气灭菌的条件则为140℃、4小时。

除此之外，太阳光中的红外线可以使微生物细胞中的水分大量蒸发，紫外线又能使微生物细胞中的核酸分子发生变化，所以常晒衣服和被褥是一种廉价的灭菌方法。

消毒法

消毒，是不彻底的灭菌方法。因为在许多场合下不需要把微生物全部杀死，只要消毒就可以了。例如手上碰破了一块皮，可以擦些紫药水或红

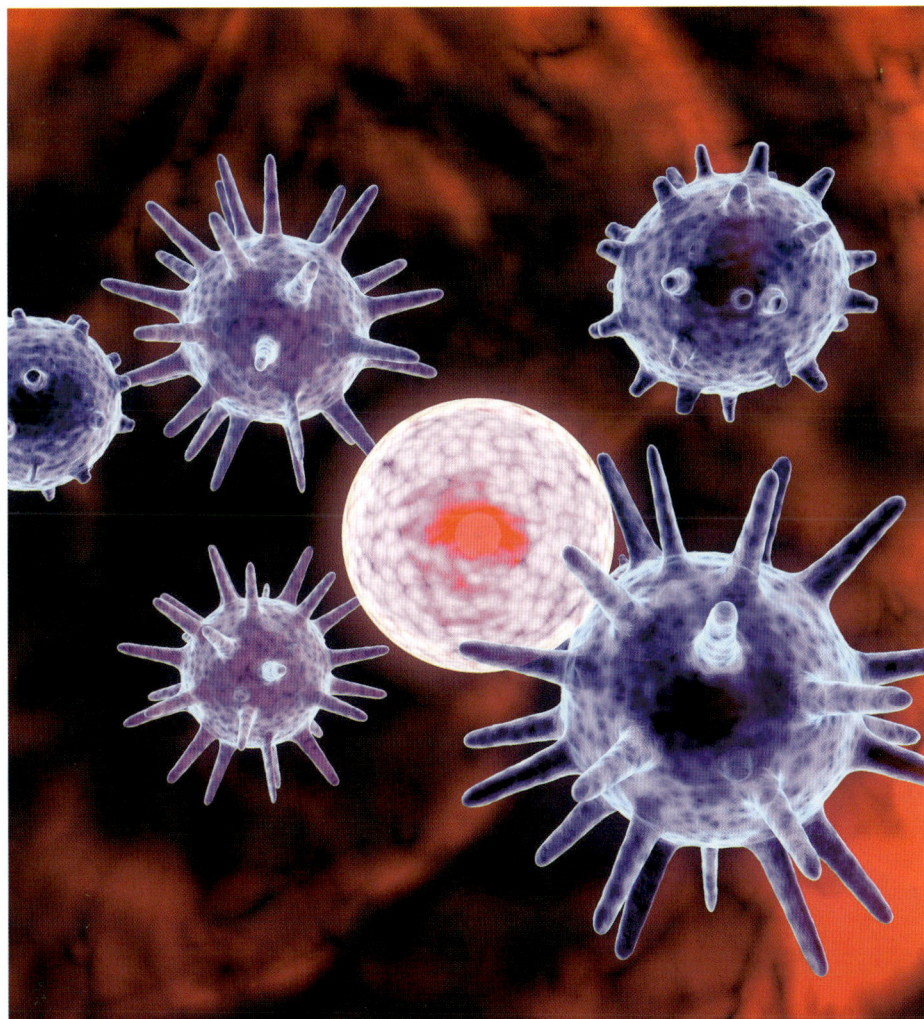

药水；打针的时候，大夫先用碘酒、后用酒精给皮肤消毒，这些都是为了达到局部灭菌的目的。在使用消毒药水时，千万不要把红药水和碘酒同时擦到皮肤上，以免引起中毒。

巴斯德经过多次实验确认：把鲜牛奶加热到71℃，持续15分钟，即可以消灭其中的结核杆菌和伤寒杆菌，又不至于损坏牛奶的营养价值和风味。在这之后，人们普遍地使用这种方法保存牛奶。这就是有名的巴氏消毒法。

防腐法

依靠各种手段抑制某些微生物生长繁殖的过程叫作防腐。人们经常把多余的鱼肉、蔬菜和水果或晒干，或盐腌，或制成蜜饯，这是因为微生物

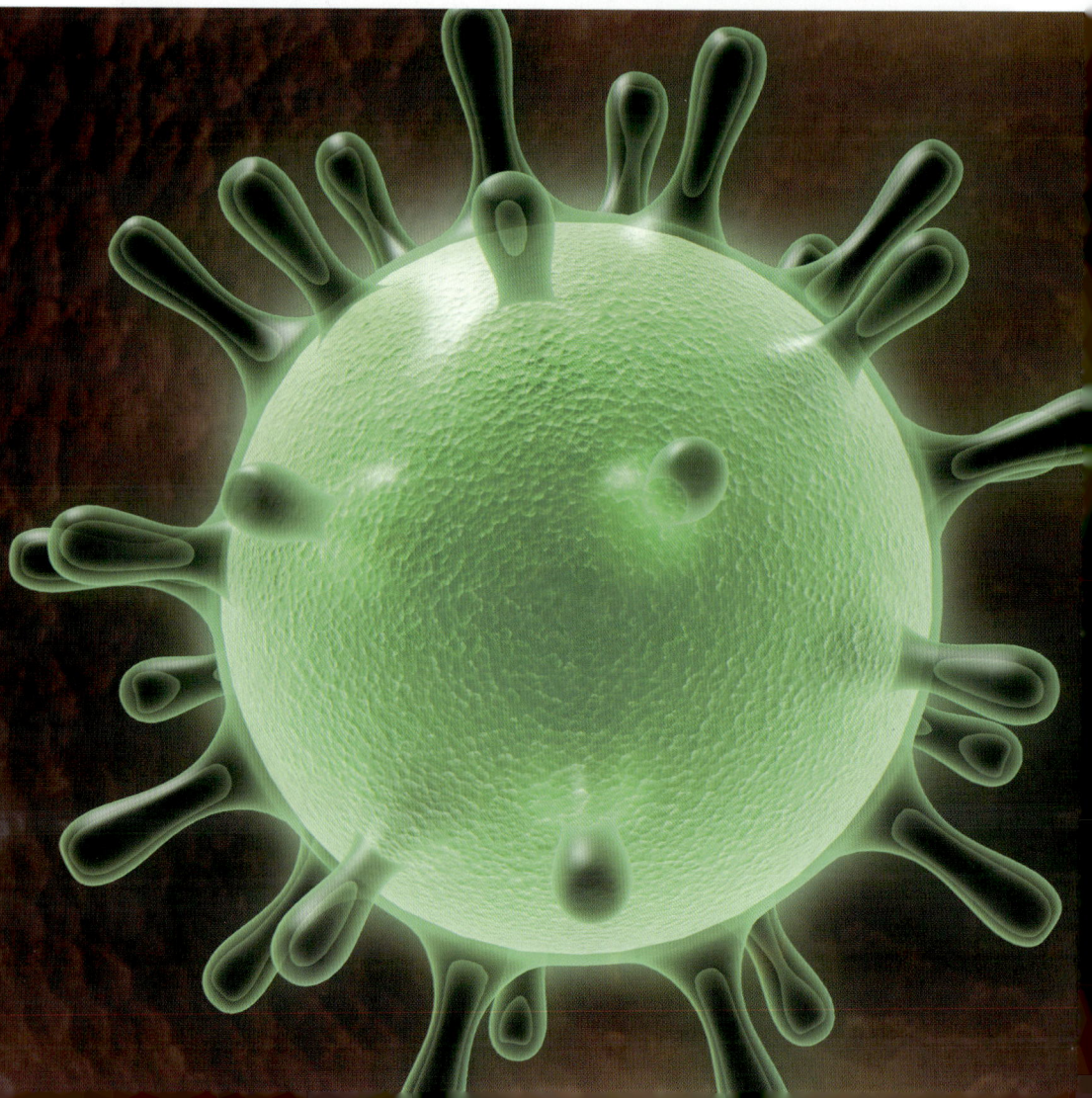

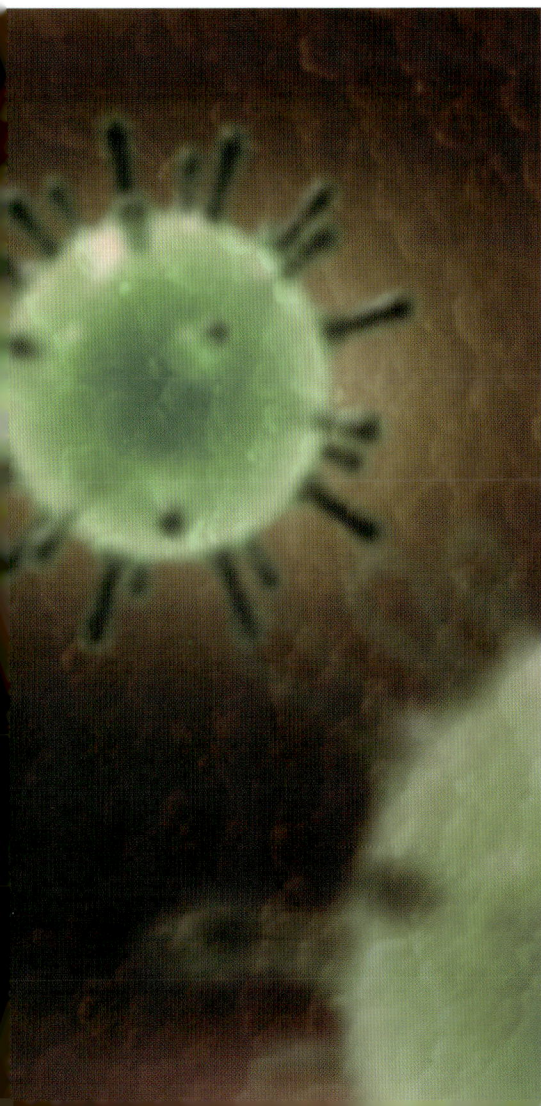

的繁殖需要一定的水分，而经过处理的食物不含或只含极少量的水分，从而铲除了滋生微生物的"温床"，起到了保存食物的作用。

微生物的生长还受温度的影响，一般细菌在30～37℃、霉菌在25～28℃生长最旺盛，如果降低温度便可以减弱微生物的生命活动，或者使它们处于休眠状态，因此人们利用冰箱、冰库来贮藏肉、蛋。但是冷藏仅仅是为了防腐，达不到灭菌和消毒的作用，所以冷藏食物需要有时间限制，一旦超过了冷藏期，微生物适应了低温环境，会从休眠中"醒来"，导致食物变质。肉类一般在低温下可以保存一年左右，蛋类的保存期更长一些。

时至今日，人们找到了并且还在继续寻找战胜有害微生物的有力武器。

病毒为何是
细菌的克星

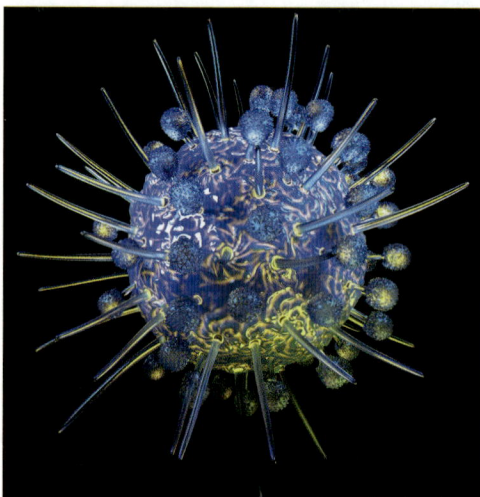

极具侵略性质的病毒

病毒，看到它的名字就觉得挺吓人，既是病又是毒的，肯定是一心一意制造疾病的家伙。的确，只要有生命的地方，病毒就会进行侵略，它在活细胞中就像一个夺权篡位的假君主，将宿主的基因赶到一边，随心所欲地掌管了细胞甚至整个宿主有机体的生死大权。

入侵到动物细胞内的叫作动物病毒，它进入细胞是利用细胞的吞噬作用，随后它会潜伏一段时间，待到周围的警戒解除以后，便开始增殖。被病毒侵染的细胞一般不进行再分裂，它们持续地释放出病毒颗粒。动物病毒能引起人和动物的许多疾病，狂犬病就是其中的一种，人被疯狗咬了以后，病毒就会随着疯狗的唾液由伤口侵入人体，它危害人的神经系统，使人患上狂

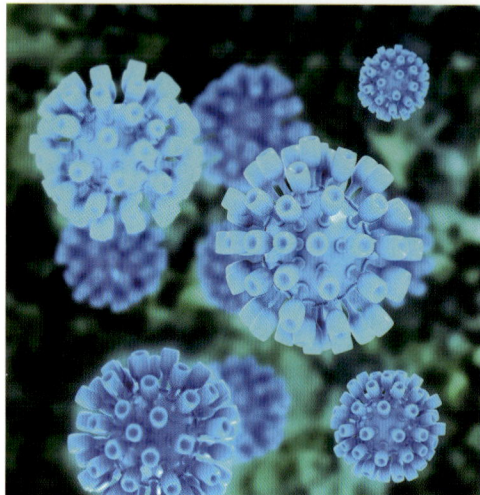

上图和下图：电脑制作的不同形态病毒的三维效果图片。

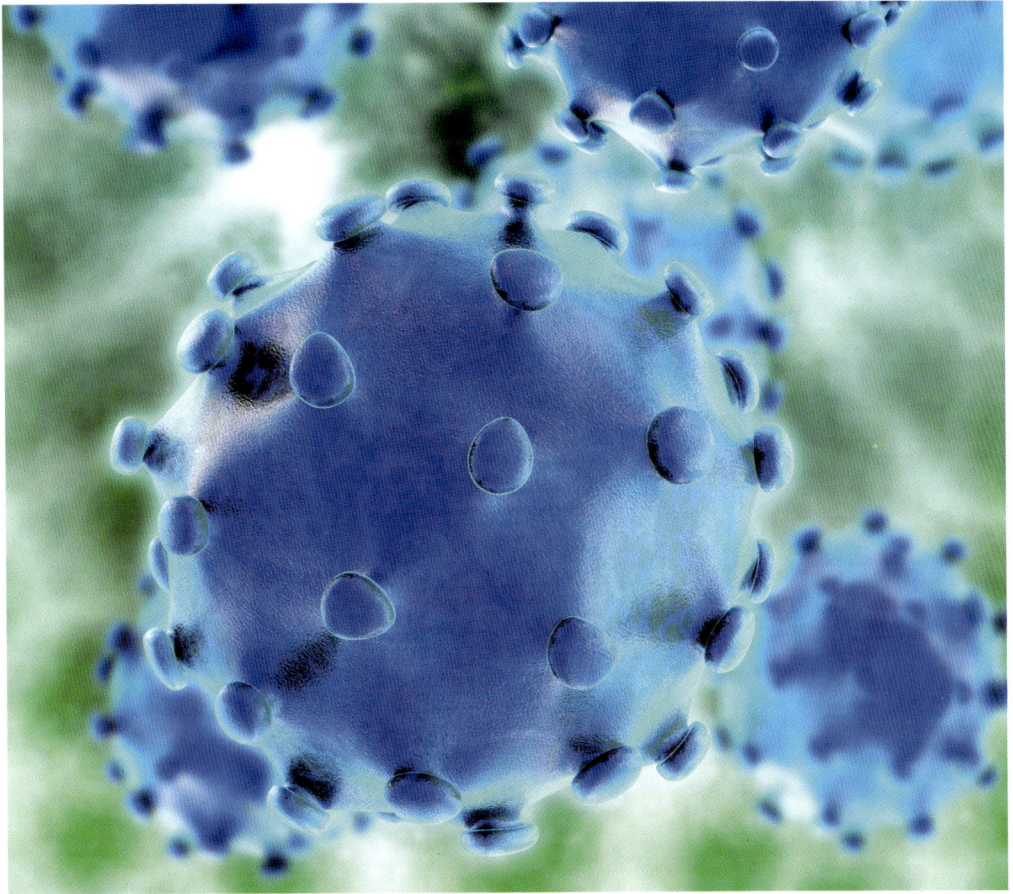

犬病，得病者的死亡率几乎是百分之百。

植物病毒引起植物的病害，例如前面我们曾提到的烟草花叶病毒，它严重影响烟草的产量，烟农对它恨之入骨。然而，花农却对植物病毒感激涕零。荷兰的郁金香是一种美丽的鲜花，但它有一个缺陷：它的花瓣是纯色的，这无疑是绚丽的自然界的缺憾。一天，一位有心的花农发现一朵郁金香的花瓣上竟然出现了彩色的斑纹，他把这朵花的浆汁涂在另一朵上，另一朵也形成杂了色花。这一发现使那位花农成为当时唯一一位能种植杂色郁金香的人。但是，不久以后，这一秘密很快被人们发现。以后的研究表明，使纯色郁金香变为争妍斗艳的杂色郁金香的不是别的，正是植物病毒。

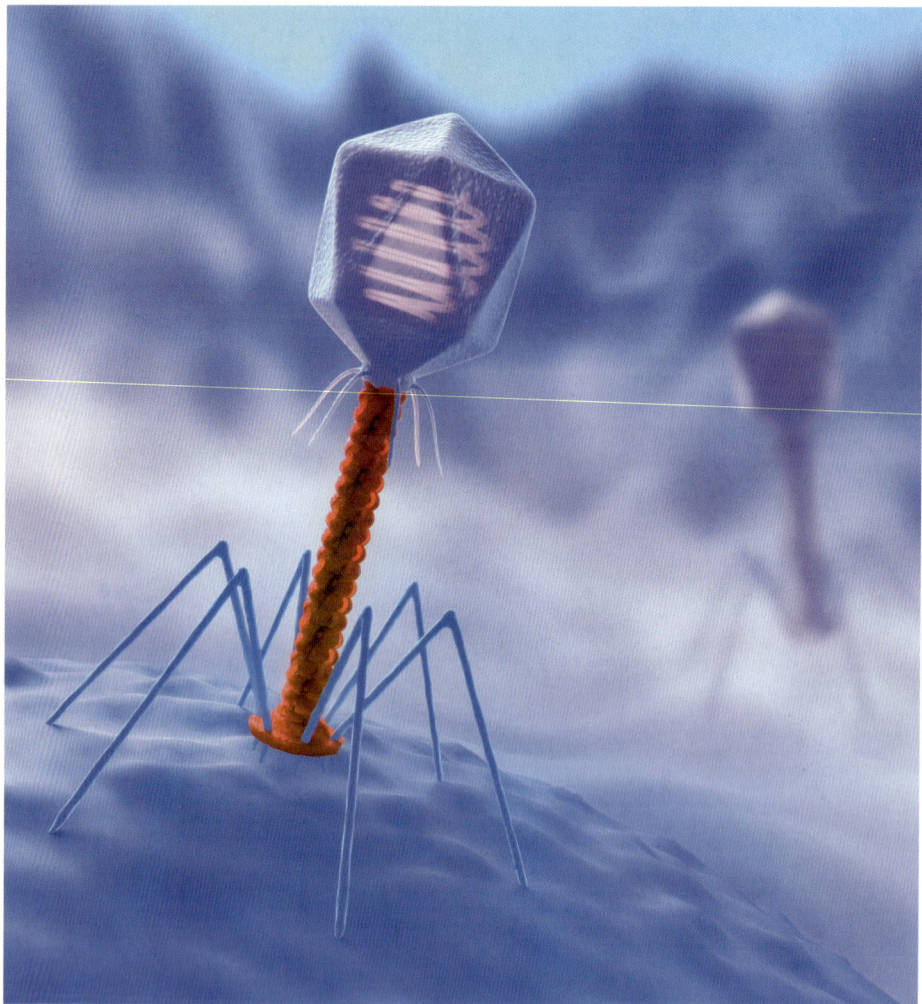

上图：细菌的天敌——噬菌体的三维效果图片。

细菌的天敌——噬菌体

　　噬菌体是1915年被发现的。它们像其他的病毒一样能通过细菌滤器。它们的外形像个蝌蚪，头部为圆形或多角形，后面是管状的尾部，末梢还有6根尾丝。在侵染细菌细胞时，尾丝先抓住细菌的细胞壁，分泌一种酶，把细菌的细胞壁溶解，形成一个洞，然后，尾鞘穿到细胞中，像注射器一样把头部的核酸注入菌体。这些核酸进入细菌的细胞后，俨然变成了细胞中的"国王"。它命令细胞停止原来的物质合成，转而制造噬菌体后代所需要的物质。

最后，它还导致细菌的细胞壁破裂，释放出新的噬菌体。从开始入侵到最后宿主细胞"国破家亡"，噬菌体带着"菌子""菌孙"们开辟新的殖民地，一般只需要20分钟的时间。在一个菌体的细胞内就能复制出约150个噬菌体。

科学家通常把这种噬菌体叫作烈性噬菌体，被烈性噬菌体破坏、溶解的微生物叫作敏感菌。

病毒的危害和益处

不仅细菌害怕病毒，而且放线菌、霉菌与其他微生物也是谈病毒色变，望病毒而逃。

病毒给我们带来了很多危害，单是侵染皮肤而引起的疾病就有水痘、天花、麻疹等，引起神经组织的疾病有狂犬病、脑膜炎和小儿麻痹症，还有最常见的流行性感冒、病毒性肝炎这类引起内部器官病变的疾病；它还能引起农副产品的减产，带来严重的经济损失。也不是所有的病毒都能引起疾病，对于不造成疾病的病毒又有孤儿病毒之称。有的两种病毒形影不离，常常寄生于一个细胞之中，我们称之为卫星病毒。

同时，病毒的存在也给人类带来了很多益处。在医治烧伤病人的时候，最担心的是烧伤创面被绿脓杆菌感染，给治疗造成困难。如果用绿脓杆菌的噬菌体来预防，就可以防患于未然。

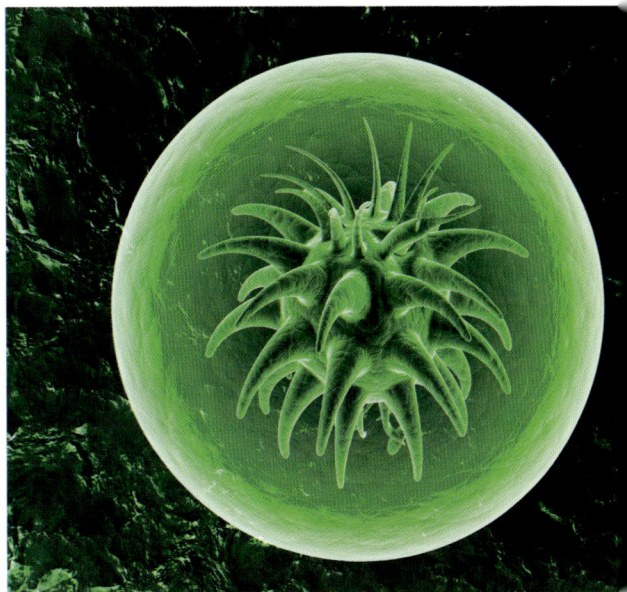

在农田管理中，农民最害怕的是害虫，为了杀灭它们，农民使用了大量的农药，但是大量的农药在杀死害虫的同时，还杀死了大量的益虫；而且农药的性质稳定，不易分解，它们在土壤、水、生物体内积累贮存，并相互转移，形成环境污染。

随着科学技术的发展，近几年来，农药被"生物导弹"所逐渐取代，这些生物导弹就是入侵害虫的细菌、病毒等。

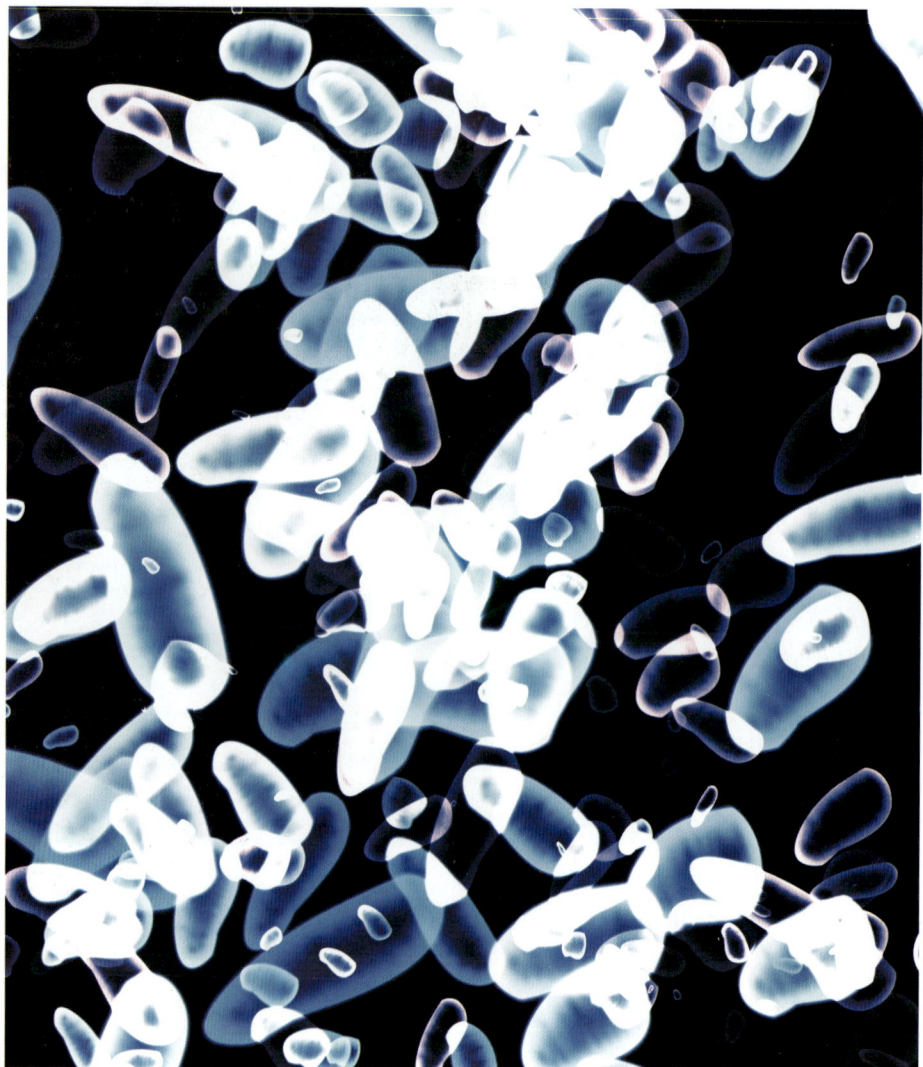